"十三五"国家重点出版物出版规划项目

材料科学研究与工程技术系列

材料加工技术基础

Fundamentals of Material Processing Technology

- 主　编　李洪波　栾亦琳　张金波
- 副主编　赵汉卿　焦仁宝　张　杨
- 主　审　王永东

哈尔滨工业大学出版社

内 容 简 介

本书以培养 21 世纪创新型人才为目标,结合作者多年来的教学经验编写而成。本书由两篇组成,第 1 篇冷加工技术基础,内容包括金属切削的基础知识、金属切削加工机床、常用加工方法综述、精密加工和特种加工概述、典型表面加工及工艺过程的基本知识;第 2 篇热加工技术基础,内容包括铸造成形、塑性成形、连接成形及粉末冶金与非金属材料成形。各章均附有复习思考题。

本书可作为金属材料工作、材料成型及控制工程、焊接技术与工程和机械类相关专业的本科生教材,也可供相关领域的工程技术人员参考。

图书在版编目(CIP)数据

材料加工技术基础/李洪波,栾亦琳,张金波主编.
—哈尔滨:哈尔滨工业大学出版社,2020.7
ISBN 978-7-5603-8943-1

Ⅰ.①材… Ⅱ.①李… ②栾… ③张… Ⅲ.①金属材料—热加工—高等学校—教材 Ⅳ.①TG15

中国版本图书馆 CIP 数据核字(2020)第 155114 号

材料科学与工程
图书工作室

策划编辑	许雅莹 杨 桦 张秀华
责任编辑	刘 瑶
封面设计	卞秉利
出版发行	哈尔滨工业大学出版社
社 址	哈尔滨市南岗区复华四道街 10 号 邮编 150006
传 真	0451-86414749
网 址	http://hitpress.hit.edu.cn
印 刷	哈尔滨市工大节能印刷厂
开 本	787mm×1092mm 1/16 印张 16.25 字数 390 千字
版 次	2020 年 7 月第 1 版 2020 年 7 月第 1 次印刷
书 号	ISBN 978-7-5603-8943-1
定 价	38.00 元

前　　言

为培养新世纪创新型人才,我国高等教育改革正朝着厚基础、宽专业、拓能力的方向发展。本书是根据高等教育"十三五"规划材料类和机械类等相关专业人才培养目标指定的基本教学要求,结合作者多年来的教学经验编写而成。本书可作为金属材料、材料成形、焊接工程、机械类等相关专业的本科生教学用书,也可供相关领域的工程技术人员选用。

本书对传统教材中的热加工工艺基础和金属工艺学内容进行了精选、拓宽和加深,以零件结构设计与成形方法的适用性为主线,涉及金属液态成形、塑性成形、材料连接成形、粉末冶金成形、陶瓷成形及复合材料成形工艺,并对当今材料成形的新工艺、新技术和新进展加以适当介绍。除此之外,加入切削成形内容,主要包括切削加工方面的基础知识,切削加工方法的原理和生产过程。通过本书的学习,读者可全面了解或掌握材料加工成形基本理论、工艺规程设计的基础上,具备一定综合分析和确定零部件材料及其合理加工的综合工艺方案设计能力。

本书由李洪波、栾亦琳、张金波任主编,赵汉卿、焦仁宝、张杨任副主编,由李洪波负责全书的统稿。其中第1章、第8章由佳木斯大学李洪波编写,第2章、第6章由佳木斯大学焦仁宝编写,第3～5章由佳木斯大学张金波编写,第7章由佳木斯大学赵汉卿编写,第9章由黑龙江科技大学栾亦琳编写,第10章由巢湖学院张杨编写。黑龙江科技大学王永东对全书进行了审阅,并提出了宝贵意见,在此深表谢意。

本书在编写过程中,参考了相关教材、文献和图片,在此向作者一并表示感谢!本书为黑龙江省教育科学"十三五"规划 2020 年度重点课题研究成果,课题编号为 GJB1320353。

由于编者水平有限,书中不妥之处在所难免,恳请读者在使用本书过程中提出宝贵意见。

编　者
2020 年 5 月

目　　录

第 1 篇　冷加工技术基础

第 2 篇　热加工技术基础

第 1 篇　冷加工技术基础

第1章 金属切削的基础知识

1.1 切削运动及切削要素

1.1.1 机床的切削运动

在切削加工过程中,刀具对工件的切削过程是通过刀具与工件之间的相对运动和相互作用实现的。刀具与工件之间的相对运动称为切削运动,包括主运动和进给运动。图1.1为对零件不同表面加工时的切削运动。

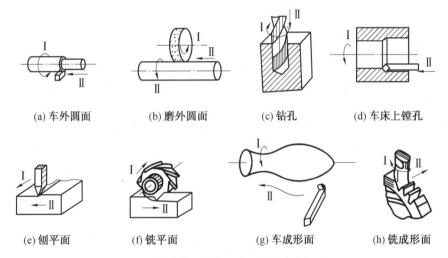

(a) 车外圆面　　　(b) 磨外圆面　　　(c) 钻孔　　　(d) 车床上镗孔

(e) 刨平面　　　(f) 铣平面　　　(g) 车成形面　　　(h) 铣成形面

图1.1 对零件不同表面加工时的切削运动

(1)主运动。如图1.1中Ⅰ,主运动是切下切屑所需的最基本的运动,与进给运动相比,它的速度高、消耗机床功率多。主运动一般只有一个。

(2)进给运动。如图1.1中Ⅱ,进给运动是多余材料不断被投入切削,从而加工出完整表面所需的运动。进给运动可以有一个或几个。

1.1.2 切削用量

切削用量是衡量切削运动大小的参数,包括切削速度、进给量和背吃刀量(又称为切削深度),它们是切削过程中不可缺少的因素,称为切削用量三要素。

1. 切削速度

主运动的线速度称为切削速度,即切削刃上选定点相对工件沿主运动方向单位时间内移动的距离,通常用 v_c 表示。

2. 进给量

在单位时间内刀具在进给方向上相对工件的位移量称为进给量。不同的加工方法,由于所用刀具和切削运动形式不同,进给量的表述和度量方式也不同。

3. 背吃刀量

通过切削刃上的选定点,垂直于进给运动方向上测量的主切削刃切入工件的深度尺寸,称为背吃刀量。

1.2　刀具材料及刀具结构

在金属切削过程中,刀具切削部分受到高温、剧烈摩擦和很大的切削力、冲击力的作用,因此刀具必须选用合适的材料、合理的角度及适当的结构。

1.2.1　刀具材料

刀具材料主要根据工件材料、刀具形状和类型以及加工要求等进行选择。切削加工中常用的刀具材料有碳素工具钢、合金工具钢、高速钢及硬质合金等,而超硬刀具材料应用较多的有陶瓷、立方氮化硼、金刚石等。

1.2.2　刀具结构

切削刀具种类很多,如车刀、钻头、刨刀、铣刀等。它们的几何形状各异,复杂程度不同。其中车刀是最常用、最简单和最基本的切削刀具,可以说各种复杂刀具都是以车刀为基本形态演变而成的。

车刀的结构形式有整体式、焊接式、机夹式、机夹可转位式等几种。车刀的结构形式及组成如图 1.2 所示。车刀是由切削部分(刀体)和夹持部分(刀柄)组成。切削部分又由前刀面、主后刀面、副后刀面、主切削刃、副切削刃和刀尖组成(简称三面、二刃、一尖),如图 1.2(a)所示。

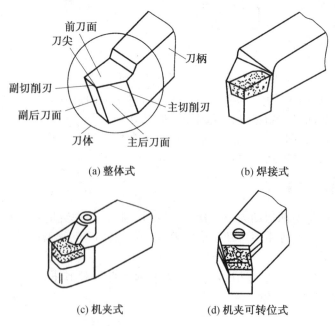

(a) 整体式　　　　　　　　(b) 焊接式

(c) 机夹式　　　　　　　　(d) 机夹可转位式

图 1.2　车刀的结构形式及组成

1.3 金属切削过程

金属切削过程中的许多物理现象,如切削力、切削热、刀具磨损、加工表面质量等都是以切屑的形成过程为依据的。而实际中的许多问题,如振动、短屑等都同切削过程紧密相关。因此,研究金属切削过程对于提高加工技术,保证加工质量,降低加工成本,提高生产率等具有重要意义。

1.3.1 切削过程

切削过程就是利用刀具从工件上切下切屑的过程,金属切削过程其实是一种挤压变形的过程。在这一变形过程中会产生许多现象,如弹性变形、塑性变形、切削力、切削热、刀具磨损以及加工表面质量的变化等。

对塑性金属以缓慢的速度进行切削时,切屑形成的过程如图 1.3 所示。当刀具逐渐向工件推进时,切削层金属在初始滑移面 OA 以左发生弹性变形,越靠近 OA 面,弹性变形越大。切削过程晶粒变形情况,如图 1.3(a) 所示。

由此可见,塑性金属的切削过程是挤压和切削变形的过程,经历了弹性变形、塑性变形、挤裂和切离四个阶段。

切削塑性金属材料时,在刀具与工件接触的区域产生三个变形区,如图 1.3(b) 所示。OA 与 OE 之间的区域Ⅰ称为第一变形区,切屑与前刀面摩擦的区域Ⅱ称为第二变形区,工件已加工表面与后刀面接触的区域Ⅲ称为第三变形区。

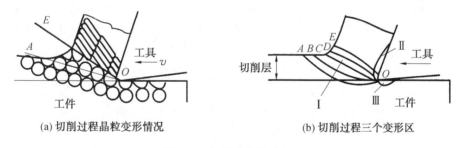

(a) 切削过程晶粒变形情况　　　　(b) 切削过程三个变形区

图 1.3　切屑形成的过程

1.3.2 切屑类型

在金属切削的过程中,由于所切削的工件材料力学性能各异,刀具的前角以及要求的切削量不同,从而会对切削过程产生不同的影响,形成不同的切屑种类。从切屑形成机理出发,根据切屑产生基本变形过程中的特征以及变形程度的不同,一般把切屑分为以下几种类型,如图 1.4 所示。

1. 带状切屑

图 1.4(a) 为带状切屑,这也是最常见的一种切屑,外观呈延绵的长带状,底层光滑,外表面成毛茸状,无明显裂纹。

2. 节状切屑

当粗加工中等硬度的材料时,采用较大的进给量,较低的切削速度,刀具前角很小时剪切面上的应力超过材料的抗剪强度,并且裂纹扩展,在整个剪切面上产生破裂,以至形成节状的分离切屑。这种切屑称为节状切屑,如图 1.4(b)所示。

3. 崩碎切屑

在加工铸铁和黄铜等脆性材料时,切削层金属发生弹性变形后一般不经过塑性变形就被挤裂或脆断,突然崩落形成不规则的细粒状碎片。这种切屑称为崩碎切屑,如图 1.4(c)所示。

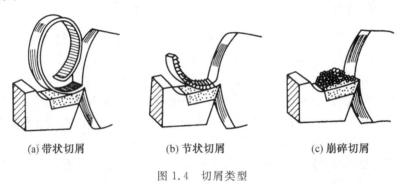

(a) 带状切屑　　　　(b) 节状切屑　　　　(c) 崩碎切屑

图 1.4　切屑类型

1.4　切削加工技术经济分析

在同样能满足零件使用性能要求的前提下,一种零件的生产往往可以通过几种不同的工艺方案来实现,但不同工艺方案的经济性可能差异很大。为了根据给定的生产条件选择最经济合理的工艺方案,必须对各种可能的工艺方案进行经济分析,比较其经济性。

制造一个零件所必须耗费的一切费用称为零件的生产成本,其中与工艺过程直接有关的费用称为零件的工艺成本。由于工艺成本占总生产成本的 70%～75%,因此对零件的工艺方案进行经济分析和评价时,只需分析比较其工艺成本即可。

按照工艺成本的费用项目与零件产量的关系,可将其划分为以下两部分。

1. 可变费用

可变费用包括材料费,操作工人的工资,机床电费,通用机床的折旧费和修理费,通用夹具和刀具的费用等与零件的年产量有关并与之成正比的费用。

2. 不变费用

不变费用包括机床调整工人的工资,专用机床的折旧费和修理费,专用夹具与刀具的费用等在一定范围内不随零件的年产量变化而变化的费用。因此,一种零件(或工序)的全年工艺成本可表示为

$$S = NV + C \tag{1.1}$$

式中　S—— 某种零件的全年工艺成本,元;

　　　N—— 该种零件的年产量,件;

　　　V—— 每个该种零件的可变费用,元／件;

C—— 该种零件的全年不变费用,元。

变换式(1.1)可知,零件(或工序)的单件成本可表示为

$$S_i = S/N = V + C/N \tag{1.2}$$

式中　S_i—— 某种零件的单件工艺成本,元/件。

由式(1.1)和式(1.2)可知,零件全年工艺成本 S 与其年产量 N 呈正比关系,如图 1.5(a)所示;零件单件工艺成本 S_i 与其年产量成双曲线关系,如图 1.5(b)所示。

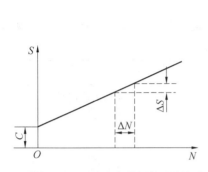

(a)零件全年工艺成本与其年产量的关系

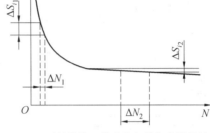

(b)零件单件工艺成本与其年产量的关系

图 1.5　零件工艺成本与年产量的关系

由图 1.5(b)可知,当 N 很小时,即使 N 只有很小的变化 ΔN_1,其单件工艺成本 S_i 也会产生很大的变化 ΔS_{i1},这相当于小批量生产的情况;当 N 很大时,即使 N 发生较大的变化 ΔN_2,单件工艺成本的变化 ΔS_{i2} 也很小,这相当于大批量生产的情况。

图 1.6 为两种工艺方案成本的比较。当两种工艺方案的基本投资额接近,或都采用现有设备的条件下只有少数工序不同时,应对这两种工艺方案的单件工艺成本进行分析和对比。由图 1.6(a)可知,当 N 大于两曲线的交点临界产量 N_K 时,方案 I 比较经济;当 N 小于 N_K 时,方案 II 经济性较好。

当两种工艺方案有较多不同工序,即基本投资相差较大时,应分析对比两种方案的全年工艺成本。由图 1.6(b)可知,当 N 大于两直线的交点临界产量 N_K 时,方案 I 的经济性较好;当 N 小于 N_K 时,方案 II 的经济性较好。

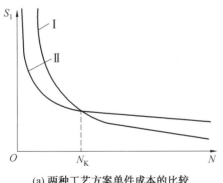

(a)两种工艺方案单件成本的比较

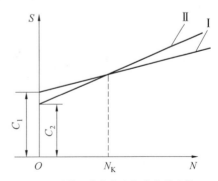

(b)两种工艺方案全年成本的比较

图 1.6　两种工艺方案成本的比较

应当指出,当两个工艺方案的基本投资额相差较大时,除了应比较两者的全年工艺成本外,还必须同时考虑高投资额方案的投资回收期。回收期越短,经济效果越好。

复习思考题

1. 试述切削加工的分类、特点及发展方向。

2. 试述合理选用切削用量三要素的基本原则。

3. 试说明表中切削加工方法的主运动和进给运动方式是转动还是移动,并说明是由刀具还是由工件实现的。

运动方式	加工方法					
	车床车外圆	车床钻孔	车床镗孔	钻床钻孔	龙门刨床刨平面	镗床镗孔
主运动方式						
进给运动方式						

4. 车削外圆时,已知工件转速 $n = 320$ r/min,$v_f = 64$ mm/min,$d_w = 100$ mm,$d_m = 94$ mm,求切削速度 v_c、进给量 f 及背吃刀量 a_p。

5. 车削外圆时,工件转速 $n = 360$ r/min,$v_c = 150$ m/min,测得此时电动机功率 $P_e = 3$ kW,设机床传动效率为 0.8,试求工件直径 d_w 及主切削力 F_z。

6. 请说明为什么现在常用高速钢制造拉刀和齿轮刀这类形状较复杂的刀具,而不用硬质合金。

7. 切削力是如何产生的?影响切削力的因素有哪些?

8. 何谓零件的生产成本和工艺成本?怎样对工艺方案进行经济分析?

第2章 金属切削加工机床

机械零件(产品)的精度和表面(或装配)质量主要是靠切削加工或其他方法保证的。机械加工(装配)的设备工艺装备和方法是保证加工(或装配)质量的基础。其中机械加工设备通常是指用来制造机器的机器,故又称为工作母机或工具机,人们习惯上简称为机床。不同的加工方法需要不同的机床,不同的机床对应着不同的加工方法。

2.1 机床的类型和基本构造

2.1.1 机床的分类

为了便于设计制造、使用和管理,需要对机床进行适当的分类。机床的分类方法很多,最基本的是按加工性质和所用刀具将金属切削机床分为12大类:车床、钻床、铣床、镗床、刨插床、拉床、磨床、齿轮加工机床、螺纹加工机床、特种加工机床、锯床和其他机床。

2.1.2 机床型号编制

机床型号是机床产品的代号,用以简明地表示机床的类型、主要技术参数、性能和结构特点等。我国现行的机床型号是按2008年颁布的标准,即《金属切削机床型号编制方法》(GB/T 15375—2008,不包括组合机床)编制的。根据这一标准,机床型号由汉语拼音字母和阿拉伯数字按一定规律组合而成,它可简明地表达机床的类型、主要规格及有关特征等。

1. 通用机床的型号编制

通用机床的型号由基本部分和辅助部分组成,中间用"/"隔开,读作"之"。基本部分需统一管理,辅助部分是否纳入型号由生产厂家自定。型号构成如下:

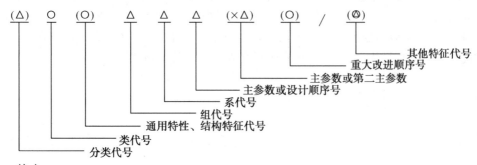

其中:
①有"( )"的代号或数字,若无内容,则不表示;若有内容,则不带括号。
②〇代表大写的汉语拼音字母。

③△表示阿拉伯数字。

④⊘表示大写的汉语拼音字母、阿拉伯数字或两者兼而有之。

2. 专用机床的型号编制

专用机床的型号表示方式为

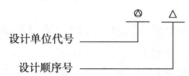

设计单位代号

设计顺序号

（1）设计单位代号。当设计单位为机床厂时,用机床厂所在城市名称的大写汉语拼音字母及该机床厂在该城市建立的先后顺序号或机床厂名称的大写汉语拼音字母表示;当设计单位为机床研究所时,用研究所名称的大写汉语拼音字母表示。

（2）设计顺序号。设计顺序号按各机床厂和机床研究所的设计顺序（由"001"起始）排列,并用"—"隔开。

2.2　机床的传动

机床的传动方式多种多样,现以机械加工中比较典型的加工设备 CA6140 型卧式车床为例介绍机床的传动方式。CA6140 型卧式车床传动系统包括主轴的传动,即主传动和刀架的传动两部分。其主要传动路线表达如下:

1. 主运动传动链

主运动传动链将电动机的旋转运动传至主轴,使主轴获得 24 级正转转速（10～1 400 r/min）和 12 级反转转速（14～1 580 r/min）。

主传动的传动路线是:运动由电动机经 V 带传至主轴箱的 I 轴,I 轴上装有双向多片摩擦离合器 M_1,用来使主轴正转、反转或停止。当 M_1 向左接合时,主轴正转;当 M_1 向右接合时,主轴反转;M_1 处于中间位置时,主轴停止转动。I、II 轴中间有两对齿轮可以啮合（利用 II 轴上的双联滑移齿轮分别滑动到左右两个不同的位置）,可使 II 轴得到两种不同的转速。II、III 轴之间有三对齿轮可以分别啮合（利用 III 轴上的三联滑移齿轮滑动到不同的位置）,可使 III 轴得到 2×3＝6 种不同的转速。从 III 轴到 VI 轴有两条传动路线:若将 VI 轴上的离合器 M_2 接合（传动路线图示右位）,则运动经 III—IV—V—VI 的顺序传至主轴 VI,使主轴以中速或低速回转;若 Z_{50} 处于图示的位置,即 M_2 脱开,则运动从 III 轴经齿轮副 63/50 直接传至主轴 VI,使主轴以高速回转。传动路线图为:

$$
\begin{array}{l}
主 \\
电 \\
动 \\
机
\end{array}
\begin{array}{l}
\phi130 \\
\phi230
\end{array}
- I -
\left\{
\begin{array}{l}
(M_1 向左接合) \\
\left\{\dfrac{56}{38} \atop \dfrac{51}{43}\right\} \\
(M_1 向右接合) \\
\dfrac{50}{34}\times\dfrac{34}{30}
\end{array}
\right\}
- II -
\left\{
\dfrac{39}{41} \atop \dfrac{22}{58} \atop \dfrac{30}{50}
\right\}
- III -
\left\{
\begin{array}{l}
\overline{(M_2 脱开)}\ \dfrac{63}{50} \\
\left\{\dfrac{20}{80} \atop \dfrac{50}{50}\right\}
- IV -
\left\{\dfrac{20}{80} \atop \dfrac{51}{50}\right\}
- V \xrightarrow{(M_2 接合)} \dfrac{26}{58}
\end{array}
\right\}
- 主轴\ VI
$$

2. 纵向横向进给传动链

刀架带着刀具做纵向或横向的进给运动时,传动链的两个末端件仍是主轴和刀具,计算位移关系为主轴每转一转时刀具的纵向或横向的移动量。

纵向进给传动链经米制螺纹的传动路线的运动平衡式为

$$f_{纵} = 1 \times \frac{58}{58} \times \frac{33}{33} \times \frac{63}{100} \times \frac{100}{75} \times \frac{25}{36} \times i_j \times \frac{25}{36} \times \frac{36}{25} \times$$

$$i_b \times \frac{28}{56} \times \frac{36}{32} \times \frac{32}{56} \times \frac{4}{29} \times \frac{40}{30} \times \frac{30}{48} \times \frac{28}{80} \times \pi \times 2.5 \times 12 \ \text{mm}$$

化简后得 $f_{纵} = 0.71 i_j i_b$。

横向进给传动链的运动平衡式与此类似,当主轴箱及进给箱的传动路线相同时,所得的横向进给量是纵向进给量的一半。所有纵向、横向进给量的数值及相应的各操纵手柄应处的位置均可从进给箱上的标牌中查到。

2.3 数控机床概述

在现代制造领域中,用数字化信息进行控制的技术称为数字控制技术。装备了数控系统,应用数字控制技术完成自动化加工的机床称为数控机床,如数控车床、数控铣床以及加工中心等。

2.3.1 数控机床的分类

数控机床的原则分类见表 2.1。

表 2.1 数控机床的分类原则

分类方式	工艺用途		运动轨迹			控制方式		
机床类型	普通数控机床	加工中心	点位控制系统	直线控制系统	轮廓控制系统(连续控制系统)	开环控制	半闭环控制	闭环控制

2.3.2 数控机床的组成

数控机床通常由输入介质、数控装置、伺服系统和机床本体四个基本部分组成,如图2.1 所示。

数控机床的工作过程大致如下:机床加工过程中所需要的全部指令信息,包括加工过程所需的各种操作(如主轴启动、停止变速,工件夹紧与松开,换刀、进刀与退刀,冷却液开关等),机床各部件的动作顺序以及刀具与工件间的相对位移量,都是用数字化的代码表示;将代码编制成规定的加工程序,通过输入介质送入数控装置;数控装置根据程序进行运算与处理,不断地发出各种指令,控制机床的伺服系统和其他执行元件(如电磁铁、液压缸等)动作,自动完成预定的工作循环,加工出所需的工件。

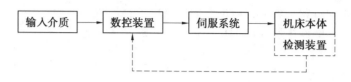

图 2.1 数控机床的组成框图

2.3.3 加工中心

加工中心按不同工序自动选择和更换刀具,自动改变机床主轴转速、进给量和刀具相对工件的运动轨迹及其他辅助功能,依次完成工件几个面上多工序的加工,因此减少了工序之间的工件周转、搬运和存放时间,缩短了生产周期,具有明显的经济性。

1. 加工中心的组成

①基础部件包括床身、立柱横梁、工作台等。基础部件一般为铸铁件或焊接钢结构。

②主轴部件是加工中心的关键部件,由主轴箱、主轴电动机和主轴轴承组成。

③数控系统由 CNC 装置可编程控制器、伺服驱动装置和操纵面板等部件组成。

④自动换刀装置主要包括刀库、机械手、运刀装置等。

⑤辅助装置主要由润滑、冷却、排屑、防护、液压和检测装置等构成。

加工中心有自动转位工作台,能实现轮流使用多种刀具,使工件一次装夹完成多种加工,适宜采用工序集中原则组织生产。

2. 加工中心的分类

加工中心可以根据主轴的布置方式分为立式、卧式和立卧两用式三类。

(1)立式加工中心,是指主轴轴线垂直于工作台台面的加工中心。立式加工中心大多为固定立柱式,工作台为十字滑台形式,以三个直线运动坐标为主,一般不带转台,仅做顶面加工。

(2)卧式加工中心,是指主轴轴线与工作台平行的加工中心。卧式加工中心通常有3～5个可控坐标,立柱一般有固定式和可移动式两种。卧式加工中心一般具有分度转台或数控转台,可加工工件的各个侧面,也可做多个坐标的联合运动,便于加工复杂的空间曲面。

(3)立卧两用式加工中心,是指带立卧两个主轴的复合式加工中心,以及主轴能调整成卧轴或立轴的立卧可调式加工中心,它们能对工件进行五个面的加工。

加工中心的分类方法很多,除了根据主轴的位置进行分类外,还可以按运动坐标数、工艺过程、自动换刀装置、加工精度等分类,其中按运动坐标数和同时控制的坐标数可分为三轴二联动、三轴三联动、四轴三联动、五轴四联动等。为了把加工中心的特征表述得更清楚,常在立式或卧式加工中心之后,同时说明是什么控制系统、几轴几联动或其他特性。

2.4　柔性制造系统和计算机辅助制造概述

2.4.1　柔性制造系统

柔性制造系统(Flexible Manufacturing System，FMS)起源于20世纪70年代，它是利用系统工程学原理和成组技术解决制造业中的多品种小批量生产，并使其达到整体最优的自动化加工系统。FMS通常是通过局域网把数控机床(加工中心)、坐标测量机、物料输送装置、对刀仪、立体刀库、工件装卸站、机器人等设备连接起来，由计算机控制形成一个加工系统。

1.柔性制造系统的组成

一个FMS主要由加工系统、物料系统、计算机控制系统及系统软件等几部分组成。加工系统采用的设备由待加工工件的类别决定；物料系统用以实现工件及工装夹具的自动供给和装卸，以及完成工序间的自动传送、调运和存贮工作；计算机控制系统用以处理FMS的各种信息，输出控制CNC机床和物料系统等自动操作所需的信息；系统软件用以确保FMS有效地适应中小批量和多品种生产的管理、控制及优化工作，包括设计规划软件、生产过程分析软件、生产过程调度软件、系统管理和监控软件。

2.柔性制造系统的分类

按规模大小FMS可分为如下四类：

(1)柔性制造单元(FMC)。柔性制造单元是由1至2台加工中心、工业机器人、数控机床及物料运送存储设备构成，具有加工多品种产品的灵活性。

(2)柔性制造系统。FMS通常包括四台或更多台全自动数控机床(加工中心与车削中心等)，由集中的控制系统及物料系统连接起来，可在不停机的情况下实现多品种和中小批量的加工及管理。

(3)柔性制造线(FML)。柔性制造线是处于单一或少品种大批量非柔性自动线与中小批量和多品种FMS之间的生产线，其加工设备可以是通用的加工中心和CNC机床，亦可采用专用机床或CNC专用机床。

(4)柔性制造工厂(FMF)。柔性制造工厂是将多条FMS连接起来，配以自动化立体仓库，用计算机系统进行联系，采用从订货、设计、加工、装配、检验、运送至发货的完整FMS。

2.4.2　计算机辅助设计和计算机辅助制造的基本概念

计算机辅助设计和计算机辅助制造(CAD/CAM)技术是一项综合性的技术，是复杂的系统工程，涉及许多学科领域的专业知识，是产品设计人员和组织产品制造的技术人员在计算机系统的辅助下，根据产品的设计和制造程序进行设计与制造的一项新技术，是传统技术与计算机技术的有机结合。同时，CAD/CAM技术本身具有自己的特点和发展规律。

1.计算机辅助设计

计算机辅助设计(Computer Aided Design ,CAD)是指工程技术人员在人和计算机组成的系统中以计算机为辅助工具,通过人-机交互操作方式进行产品设计构思和论证产品总体设计、技术设计、零部件设计,以及对有关零件的强度、刚度、热电等做出分析计算和零件加工信息(工程图样或数控加工信息等)的输出,以及技术文档和有关技术报告的编制等,从而达到提高产品设计质量:缩短产品开发周期、降低产品成本的目的。

2.计算机辅助工艺规划

计算机辅助工艺规划(Computer Aided Process Planning,CAPP)是指在人和计算机组成的系统中,根据产品设计阶段给出的信息,人-机交互地或自动地确定产品加工方法和工艺过程。

3.计算机辅助制造

在机械制造业中,利用计算机通过各种数值控制机床和设备,自动完成离散产品的加工装配检测和包装等制造过程,称为计算机辅助制造(Computer Aided Manufacture,CAM)。

CAM有广义和狭义两种定义。广义的CAM一般是指利用计算机辅助完成从生产准备到产品制造整个过程的活动,包括工艺过程设计、工装设计、CNC自动编程、生产作业计划、生产控制和质量控制等。狭义的CAM通常是指CNC程序编制,包括刀具路径规划、刀位文件生成、刀具轨迹仿真及CNC代码生成等。

复习思考题

1.查阅有关资料,说出下列机床符号的含义:CG6125B,X6132,M1432A,Y3150E,B6050,Z3040,XK5040。

2.金属切削机床由哪几个部分组成? 各起什么作用?

3.机床的传动方式有哪些形式? 它们各有什么特点?

4.机床的传动链中为什么要设置换置机构? 分析传动链有哪几个步骤?

5.什么是组合机床? 它与通用机床及一般专用机床有哪些主要区别? 它有什么优点?

6.简述 FMS 的分类和特点。

7.简述 CAD/CAM 的发展历史。

8.简述 CAPP 的基本功能。

9.简进虚拟制造的基本概念。

10.简述实施 CIMS 的主要意义。

11.简述 CAD/CAM 发展的关键技术。

第3章 常用加工方法综述

3.1 车削加工

3.1.1 车削加工的工艺特点及其应用

通常将车床主轴带动工件回转作为主运动,刀具沿平面做直线或曲线运动作为进给运动的机械加工方法称为车削加工。车削加工是机械加工方法中应用最为广泛的方法之一,是加工轴类、盘类零件的主要方法。

车削可以加工各种回转体和非回转体的内外回转表面,比如内外圆柱面、圆锥面、成形回转表面等。采用特殊的装置和技术措施,在车床上还可以车削零件的非圆表面,如凸轮、端面螺纹等。车削加工包括立式加工、卧式加工等。在一般机械制造企业中,车床占机床总数的 $20\%\sim35\%$,或更多。车削加工在机械加工方法中占有重要的地位。其工艺特点如下:

1. 保证表面精度

易于保证零件各加工表面的相互位置精度。车削加工时,一般短轴类或盘类工件用卡盘装夹,长轴类工件用前、后顶尖装夹,套类工件用心轴装夹,而形状不规则的零件用花盘装夹或用花盘弯板装夹。在一次安装中,可依次加工工件各表面。由于车削各表面时均绕回转轴线旋转,故可较好地保证各加工表面间的同轴度、平行度和垂直度等位置精度要求。

2. 生产率高

车削的切削过程是连续的(车削断续外圆表面除外),而且切削面积保持不变(不考虑毛坯余量的不均匀),所以切削力变化小。与铣削和刨削相比,车削过程平稳,允许采用较大的切削用量,常可以采用强力切削和高速切削,生产率高。

3. 生产成本低

车刀是刀具中最简单的一种,制造、刃磨和安装方便,刀具费用低。车床附件多,装夹及调整时间较短,生产准备时间短,加之切削生产率高,生产成本低。

4. 适合于有色金属零件的精加工

当有色金属零件的精度较高、表面粗糙度值较小时,若采用磨削,易堵塞砂轮,加工较为困难,故可由精车完成。若采用金刚石车刀,采用合理的切削用量,其加工精度可达 IT6 ~IT5,表面粗糙度 Ra 为 $0.8\sim0.1\ \mu m$。

5. 应用范围广

车削除了经常用于车外圆、端面、孔、切槽和切断等加工外,还用来车螺纹、锥面和成形表面。同时车削加工的材料范围较广,可车削黑色金属、有色金属和某些非金属材料,特别适合于有色金属零件的精加工。车削既适于单件小批量生产,也适于中大批量生产。

图 3.1 为车削加工的主要工艺类型(图示为卧式加工位置)。

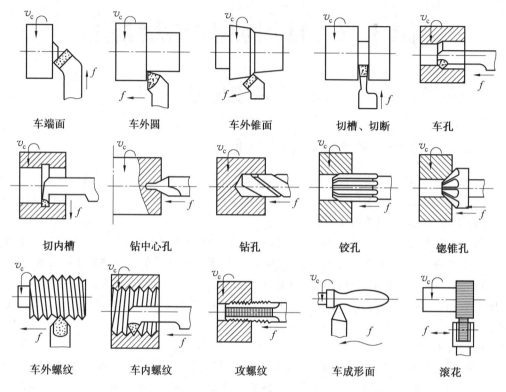

车端面	车外圆	车外锥面	切槽、切断	车孔
切内槽	钻中心孔	钻孔	铰孔	锪锥孔
车外螺纹	车内螺纹	攻螺纹	车成形面	滚花

图 3.1 车削加工的主要工艺类型

3.1.2 车削加工方法

1. 车外圆、端面及台阶面

(1)车外圆。刀具的运动方向与工件轴线平行时,将工件车削成圆柱形表面的加工称为车外圆,如图 3.2 所示。这是车削加工最基本的操作,经常用来加工轴销类和盘套类工件的外表面。

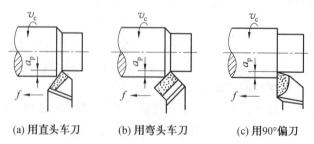

(a)用直头车刀   (b)用弯头车刀   (c)用90°偏刀

图 3.2 常见的外圆车削

外圆面的车削分为粗车、半精车、精车和精细车。

粗车的目的是从毛坯上切去大部分余量,为精车做准备。粗车时采用较大的背吃刀

量 a_p、较大的进给量以及中等或较低的切削速度,以达到高的生产率。粗车也可作为低精度表面的最终工序。粗车后的尺寸公差等级为 IT13~IT11,表面粗糙度 Ra 为 50 ~ 12.5 μm。

半精车的目的是提高精度和减小表面粗糙度,可作为中等精度外圆的终加工,亦可作为精加工外圆的预加工。半精车的背吃刀量和进给量较粗车时小。半精车的尺寸公差等级为 IT10 ~ IT9,表面粗糙度 Ra 为 6.3 ~3.2 μm。

精车的目的是保证工件所要求的精度和表面粗糙度,作为较高精度外圆面的终加工,也可作为光整加工的预加工。精车一般采用小的背吃刀量($a_p < 0.15$ mm)和进给量($f < 0.1$ mm/r),可以采用高的或低的切削速度,以避免积屑瘤的形成。精车的尺寸公差等级为 IT8~IT7,表面粗糙度 Ra 为 1.6 ~0.8 μm。

精细车一般用于技术要求高、韧性大的有色金属零件的加工。精细车所用机床必须有很高的精度和刚度,须使用经过仔细刃磨过的金刚石刀具。车削时采用小的背吃刀量($a_p \leqslant 0.03 \sim 0.05$ mm)、小的进给量($f = 0.02 \sim 0.2$ mm/r)和高的切削速度($v_c > 2.6$ m/s)。精细车的尺寸公差等级为 IT6 ~IT5,表面粗糙度 Ra 为 0.4 ~0.1 μm。

(2)车端面。轴类、盘套类工件的端面经常用来作为轴向定位和测量的基准。车削加工时一般都先将端面车出,对工件端面进行车削时刀具进给运动方向与工件轴线垂直,如图 3.3 所示。常采用弯头车刀或偏刀来车削,车刀安装时应严格对准工件中心,否则端面中心会留下凸台,无法车平。

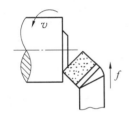 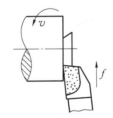 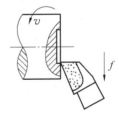

(a) 用弯头车刀　　　(b) 用偏刀(由外圆向中心进给)　　　(c) 用偏刀(由中心向外圆进给)

图 3.3　常见的端面车削

车端面时最好将床鞍固紧在床身上,而用小滑板调整背吃刀量,这样可以避免整个刀架产生纵向松动而使端面出现凹面或凸面。车刀的横向进刀一般是从工件的圆周表面切向中心,而最后一刀精车时则由中心向外进给,以获得较低的表面粗糙度。

车端面时背吃刀量较大,使用弯头刀比较有利。最后精车端面时,用偏刀从中心向外进给能提高端面的加工质量。

(3)车台阶面。阶梯轴上不同直径的相邻两轴段组成台阶,车削台阶处外圆和端面的加工方法称为车台阶。车台阶时可用主偏角等于 90°的外圆车刀直接车出台阶处的外圆和环形端面,也可以用 45°端面车刀先车出台阶外圆,再用主偏角大于 90°的外圆车刀横向进给车出环形端面,但要注意环形端面与台阶外圆处的接刀平整,不能产生内凹或外凸。车削多阶梯台阶时,应先车最小直径台阶,从两端向中间逐个进行车削。台阶高度小于 5 mm 时,可一次走刀车出;台阶高度大于 5 mm 时,可分多次走刀后再横向切出,如图

3.4 所示。

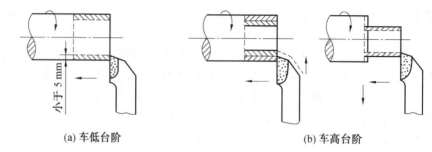

(a) 车低台阶　　　　　　　　　　(b) 车高台阶

图 3.4　车台阶面

2. 切槽与切断

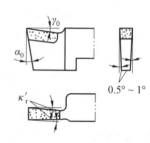

图 3.5　切槽刀

回转体工件表面经常需要加工一些沟槽,如螺纹退刀槽、砂轮越程槽、油槽、密封圈槽等,分布在工件的外圆表面、内孔或端面上。切槽所用的刀具为切槽刀,如图3.5 所示。它有一条主切削刃、两条副切削刃、两个刀尖,加工时沿径向由外向中心进刀。车削宽度小于 5 mm 的窄槽,用主切削刃尺寸与槽宽相等的车槽刀一次车出;车削宽度大于 5 mm 的宽槽,先沿纵向分段粗车,再精车,车出槽深及槽宽,如图 3.6 所示。

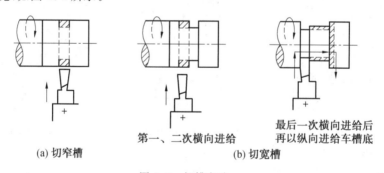

(a) 切窄槽　　　　第一、二次横向进给　　　(b) 切宽槽　　最后一次横向进给后再以纵向进给车槽底

图 3.6　切槽方法

当工件上有几个同一类型的槽时,槽宽如一致,可以用同一把刀具切削。

切断是将坯料或工件从夹持端上分离下来,使用切断刀。其形状与切槽刀基本相同,只是刀头窄而长。由于切断时刀头伸进工件内部,散热条件差,排屑困难,所以切削时应放慢进给速度,以免刀头折断。

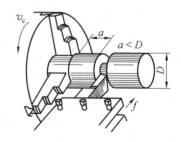

图 3.7　切断

切断时应注意下列事项:

①切断刀的刀尖应严格与主轴中心等高,否则切断时将剩余一个凸起部分,并且容易使刀头折断,如图 3.7 所示。

②为了增加系统刚性,工件安装时应距卡盘近些,以免切削时工件振动。另外,刀具伸出刀架长度不宜过长,以增加车刀的刚性,如图 3.7 所示。

③切削时采用手动进给,并降低切削速度,加切削液,以改善切削条件。

3.2　钻削、镗削的工艺特点及其应用

3.2.1　钻削加工

钻削、扩削、铰削都可以在钻床上实现对孔的加工,其主运动都是刀具的回转运动,进给运动是刀具的轴向移动,但区别是所用刀具和加工质量不同。

1. 钻床

机器零件上分布很多大小不同的孔,其中那些数量多、直径小、精度不高的孔都是在钻床上加工出来的。钻床主要分为立式钻床、台式钻床、摇臂钻床、深孔钻床、数控钻床和其他钻床。

(1)立式钻床。在立式钻床上可以完成钻孔、扩孔、铰孔、攻螺纹、锪沉头孔、锪端面等工作。加工时工件固定不动,刀具在钻床主轴的带动下旋转做主运动,并沿轴向做进给运动,如图 3.8 所示。图 3.9 为 Z5125 型立式钻床的外形图,其特点是主轴轴线垂直布置,位置固定。加工时通过移动工件来对正孔中心线,适用于中小型工件的孔加工。

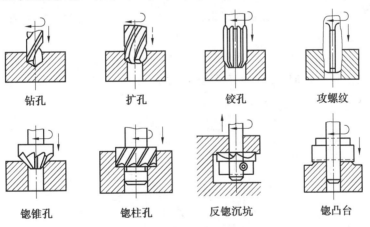

| 钻孔 | 扩孔 | 铰孔 | 攻螺纹 |

| 锪锥孔 | 锪柱孔 | 反锪沉坑 | 锪凸台 |

图 3.8　立式钻床的应用

(2)台式钻床。图 3.10 为 Z4012 型台式钻床的外形图。台式钻床钻孔直径一般在 12 mm 以下,最小可加工直径小于 1 mm 的孔。由于加工的孔径较小,台钻的主轴转速一般较高,最高转速可达 10 000 r/min。主轴的转速是通过改变 V 形带在带轮上的位置来调节的。

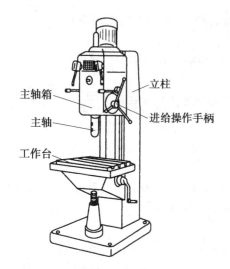

图 3.9　Z5125 型立式钻床的外形图

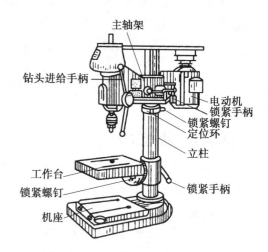

图 3.10　Z4012 型台式钻床的外形图

台式钻床主轴的进给是手动的。台式钻床小巧灵活,使用方便,主要用于加工小型零件上的各种小孔,在仪表制造、钳工和装配中使用较多。

(3)摇臂钻床。摇臂钻床是用于大型工件孔加工的钻床。Z3050 型摇臂钻床的外形图如图 3.11 所示。主轴箱可以在摇臂上水平移动,摇臂既可以绕立柱转动,又可以沿立柱垂直升降。加工时,工件安装固定在工作台或底座上,通过调整摇臂和主轴箱的位置来对正被加工孔的中心。

由于摇臂钻床的这些特点,操作时能很方便地调整刀具的位置,以对准被加工孔的中心,不需移动工件进行加工。因此该钻床适合加工一些笨重的大型工件及多孔工件上的大中小孔,广泛应用于单件和批量生产。

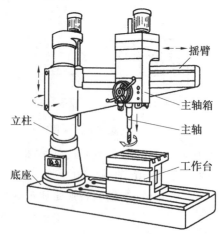

图 3.11　Z3050 型摇臂钻床的外形图

(4)数控钻削中心。图 3.12 为带转塔式刀库的数控钻削中心的外形图。它可以在工件的一次装夹中实现孔系的加工,并可通过自动换刀实现对不同类型和大小孔的加工,具有较高的加工精度和加工生产率。

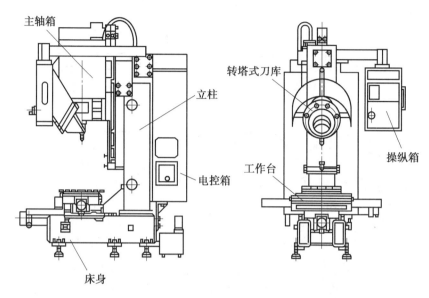

图 3.12 带转塔式刀库的数控钻削中心的外形图

2. 钻孔

钻孔是用钻头在实体材料上加工孔的方法。钻头有麻花钻、深孔钻、扁钻、中心钻等，其中最常用的是麻花钻。

(1)麻花钻。麻花钻是一种粗加工刀具，由工具厂大量生产，其常备规格为 $\phi 0.1 \sim$ 80 mm。按柄部形状分为直柄麻花钻和锥柄麻花钻，按制造材料分为高速钢麻花钻和硬质合金麻花钻。硬质合金麻花钻一般制成镶片焊接式，直径在 5 mm 以下的硬质合金麻花钻制成整体的。

图 3.13 为麻花钻的组成与结构，其中图 3.13(a)为锥柄麻花钻结构图，图 3.13(b)为直柄麻花钻的结构图。锥柄麻花钻由工作部分、柄部和颈部组成。

① 麻花钻的工作部分分为切削部分和导向部分。图 3.13 (c)为钻刀的结构图，钻刀的切削部分主要担负切削工作，包括以下结构要素：

前刀面：毗邻切削刃，是起排屑和容屑作用的螺旋槽表面。

后刀面：位于工作部分的前端，与工件加工表面（即孔底的锥面）相对，其形状由刃磨方法决定，在麻花钻上一般为螺旋圆锥面。

主切削刃：前刀面与后刀面的交线，由于麻花钻前刀面和后刀面各有两个，所以主切削刃也有两条。

横刃：两个后刀面相交所形成的切削刃，位于切削部分的最前端，切削被加工孔的中心部分。

副切削刃：麻花钻前端外圆棱边与螺旋槽的交线，在麻花钻上有两条副切削刃。

刀尖：两条主切削刃与副切削刃相交的交点。

钻头上的导向部分在钻削过程中起导向作用，并作为切削部分的后备部分。它包含刃沟、刃瓣和刃带。刃带是其外圆柱面上两条螺旋形的棱边，由它们控制孔的廓形和直

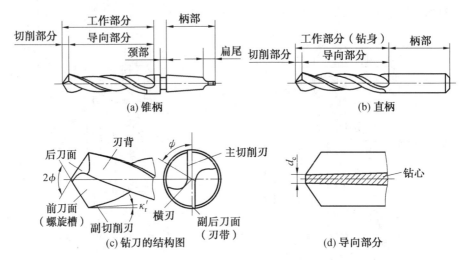

图 3.13 麻花钻的组成与结构

径,保持钻头进给方向。为减少刃带与已加工孔孔壁之间的摩擦,一般将麻花钻从钻尖向锥柄方向做成直径逐渐减小的锥度(每 100 mm 长度内直径往柄部减小 0.03~0.12 mm),形成倒锥,相当于副切削刃的副偏角。钻头的实心部分称为钻心,它用来连接两个刃瓣,钻心直径沿轴线方向从钻尖向锥柄方向逐渐增大(每 100 mm 长度内直径往柄部减小 1.4~2.0 mm),以增强钻头强度和刚度,如图 3.13 (d)所示。

② 麻花钻柄部用于装夹钻头和传递动力。钻头直径小于 12 mm 时,通常制成直柄(圆柱柄),如图 3.13 (b)所示;直径在 12 mm 以上时,做成莫式锥度的锥柄,如图 3.13 (a)所示。

③ 麻花钻颈部是柄部与工作部分的连接部分,并作为磨外径时砂轮退刀和打印标记处。小直径的钻头不做出颈部。

(2)麻花钻及工件在机床上的安装。麻花钻头按尾部形状的不同有不同的安装方法,锥柄钻头可以直接装入机床主轴的锥孔内。当钻头的锥柄小于机床主轴锥孔时,则需使用变锥套,如图 3.14 所示,安装时将钻头向上推压,拆卸时锤击楔铁将钻头向下抽出。而直柄钻头通常要用图 3.15 所示的钻夹头进行安装。

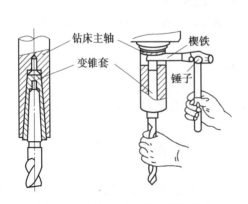

图 3.14 用变锥套安装与拆卸钻头

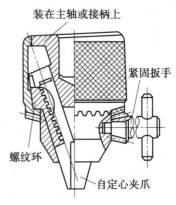

图 3.15 钻夹头

在台式钻床和立式钻床上,工件通常采用平口钳装夹,如图 3.16(a)所示。有时采用压板螺栓装夹,如图 3.16(b)所示。对于圆柱形工件可采用 V 形块装夹,如图 3.16(c)所示。

在成批和大量生产中,钻孔广泛使用钻模夹具,如图 3.16(d)所示。将钻模装夹在工件上,钻模上装有淬硬的耐磨性很高的钻套,用以引导钻头。钻套的位置是根据要求钻孔的位置确定的,因而应用钻模钻孔时可免去划线等工作,提高生产效率和孔间距的精度,降低表面粗糙度。大型工件在摇臂钻床上一般不需要装夹,靠工件自重即可进行加工。

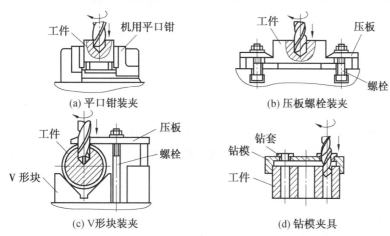

(a) 平口钳装夹 (b) 压板螺栓装夹

(c) V形块装夹 (d) 钻模夹具

图 3.16 工件的夹持方法

(3)钻孔的工艺特点及应用。钻孔与车削外圆相比工作条件要困难得多,钻削加工属于半封闭的切削方式,钻头工作部分处在已加工表面的包围中,因而易引起一些特殊问题,如钻头的刚度和强度、容屑和排屑、导向和冷却润滑等。其特点如下:

①容易产生"引偏"。引偏是指加工时因钻头弯曲而引起的孔径扩大、孔不圆或孔的轴线歪斜等缺陷,如图 3.17 所示。其主要原因有:

　　a.麻花钻直径和长度受所加工孔的限制,一般呈细长状,刚性较差。为形成切削刃和容纳切屑,必须做出两条较深的螺旋槽,致使钻心变细,进一步削弱了钻头的刚性。

　　b.为减少导向部分与已加工孔壁的摩擦,钻头仅有两条很窄的棱边与孔壁接触,接触刚度和导向作用也很差。

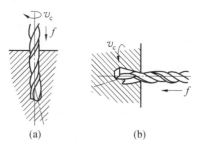

图 3.17 钻头的引偏

　　c.钻头横刃处的前角具有很大的负值,切削条件极差,实际上不是在切削,而是在挤刮金属,加上由钻头横刃产生的进给力很大,稍有偏斜将产生较大的附加力矩,使钻头弯曲。

　　d.钻头的两个主切削刃很难磨得完全对称,加上工件材料的不均匀性,钻孔时的背向力不可能完全抵消。

在孔的中心处打样冲孔,以利于钻头的定心,为防止或减小钻孔的引偏,对于直径较小的孔,先在孔的中心处打样冲孔,以利于钻头的定心;对于直径较大的孔,可用小顶角($2\alpha = 90°\sim100°$)短而粗的麻花钻预钻一个锥形坑,然后再用所需钻头钻孔,如图 3.18 所示。大批量生产中以钻模为钻头导向,如图 3.19 所示。这种方法对在斜面或曲面上钻孔更为必要。尽量把钻头两条主切削刃磨得对称,使径向切削力互相抵消。

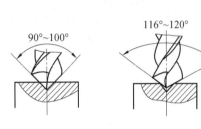

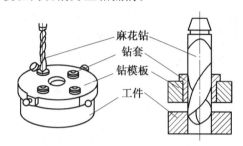

图 3.18　预钻定心坑　　　　　　　　　图 3.19　以钻模为钻头导向

②排屑困难。钻孔时由于主切削刃全部参加切削,切屑较宽,容屑槽尺寸受限制,因而切屑与孔壁发生较大摩擦和挤压,易刮伤孔壁,降低孔的表面质量。有时切屑还可能阻塞在容屑槽里卡死钻头,甚至将钻头扭断。

③钻头易磨损。钻削时产生的热量很大,又不易扩散,加之刀具、工件与切屑间摩擦力很大,使切削温度升高,加剧了刀具磨损,切削用量和生产效率提高受到限制。钻孔是孔加工中最常用的一种方法,加工精度一般为 IT13～IT11,表面粗糙度 Ra 为 50～2.5 μm,主要用于质量要求不高的孔的粗加工,如螺柱孔、油道孔等,也可作为质量要求较高的孔的预加工。钻孔既可用于单件小批量生产,也适用于大批量生产。

3.2.2　镗削加工

镗削加工可以在镗床、车床及钻床上进行。卧式镗床用于箱体、机架类零件上的孔或孔系的加工,钻床或铣床用于单件小批量生产,车床用于回转体零件上轴线与回转体轴线重合的孔的加工。下面主要叙述在镗床上用镗刀进行的孔加工。

1. 镗床

镗床主要用于镗孔,也可以进行钻孔、铣平面和车削等加工。镗床分为卧式镗床、坐标镗床以及金刚镗床等,其中卧式镗床应用最广泛。镗床工作时,刀具旋转为主运动,进给运动则根据机床类型不同,可由刀具或工件来实现。

(1)卧式镗床。卧式镗床的外形如图 3.20 所示。在床身右端前立柱的侧面导轨上,安装着主轴箱和导轨,它们可沿立柱导轨面做上下进给运动或调整运动。主轴箱中装有主运动和进给运动的变速与操纵机构。镗轴前端有精密莫氏锥孔,用于安装刀具或刀杆。平旋盘上铣有径向 T 形槽,供安装刀夹或刀盘。在平旋盘嘴面的燕尾形导轨槽中装有径向刀架,车刀杆座装在径向刀架上,并随刀具在燕尾导轨槽中做径向进给运动。后立柱可沿床身导轨移动,装在后立柱上的支架支撑悬伸较长的镗杆,以增加其刚度,工件安装在工作台上,工作台下面装有下滑座和上滑座,下滑座可在床身水平导轨上做纵向移动。另外,工作台还可以在上滑座的环行导轨上绕垂直轴转动,再利用主轴箱上下位置调节,可在工件一次安装中,对工件上互相平行或成某角度的平面或孔进行加工。

卧式镗床具有下列运动:

① 主运动,包括镗轴的旋转运动和平旋盘的旋转运动,而且二者是独立的,分别由不同的传动机构驱动。

② 进给运动,包括卧式镗床的进给运动和镗轴的进给运动,主轴箱的垂直进给运动,工作台的纵、横向进给运动,平旋盘上的径向刀架的径向进给运动。

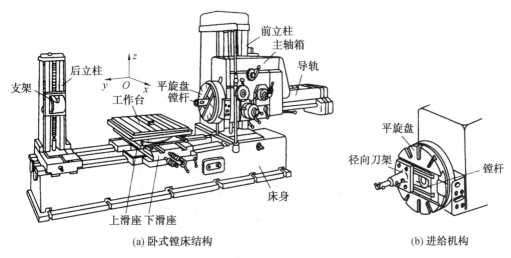

(a) 卧式镗床结构   (b) 进给机构

图 3.20 卧式镗床的外形图

③ 辅助运动,包括主轴、主轴箱及工作台在进给方向上的快速调位运动,后立柱的纵向调位运动,后支架的垂直调位运动,工作台的转位运动。这些辅助运动可以手动,也可以由快速电动机传动。卧式镗床的主要加工方法如图 3.21 所示。

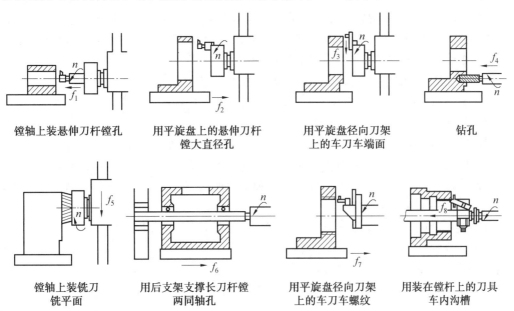

镗轴上装悬伸刀杆镗孔   用平旋盘上的悬伸刀杆   用平旋盘径向刀架   钻孔
                 镗大直径孔   上的车刀车端面

镗轴上装铣刀   用后支架支撑长刀杆镗   用平旋盘径向刀架   用装在镗杆上的刀具
铣平面   两同轴孔   上的车刀车螺纹   车内沟槽

图 3.21 卧式镗床的主要加工方法

（2）坐标镗床。坐标镗床是一种高精密机床，主要用于镗削高精度的孔，特别适于加工相互位置精度很高的孔系，如钻模、镗模等的孔系。加工孔时，由机床上具有坐标位置的精密测量装置按直角坐标来精密定位，所以称为坐标镗床。坐标镗床还可用于钻孔、扩孔、铰孔以及进行较轻的精铣工作。此外还可以进行精密刻度、样板划线、孔距及直线尺寸的测量等工作。

坐标镗床有立式和卧式两种，立式坐标镗床适合加工轴线与安装基面垂直的孔系和铣削顶面；卧式坐标镗床适合加工轴线与安装基面平行的孔系和铣削侧面。立式坐标镗床还有单柱和双柱之分。图 3.22 为立式单柱坐标镗床的外形图。

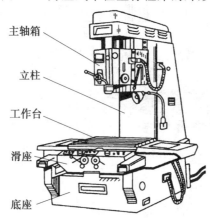

主轴箱

立柱

工作台

滑座

底座

图 3.22　立式单柱坐标镗床的外形图

2. 镗孔的工艺特点及应用

（1）镗孔的工艺特点。

① 可以加工机座、箱体、支架等外形复杂的大型零件上直径较大的孔，如通孔、不通孔、阶梯孔等，特别是有位置精度要求的孔和孔系。因为镗床的运动形式较多，工件安装在工作台上，可方便准确地调整被加工孔与刀具的相对位置，通过一次装夹就能实现多个表面的加工，能保证被加工孔与其他表面间的相互位置精度。

② 在镗床上利用镗模能校正原有孔的轴线歪斜与位置误差。

③ 刀具结构简单，且径向尺寸可以调节，用一把刀具就可加工直径不同的孔，在一次安装中，既可进行粗加工，又可进行半精加工和精加工。

④ 镗削加工操作技术要求高，生产率低。要保证工件的尺寸精度和表面粗糙度，除取决于所用的设备外，更主要的是与工人的技术水平有关，同时机床、刀具调整时间也较长。镗削加工时切削力小，一般情况下镗削加工生产效率较低。使用镗膜可提高生产率，但成本增加，一般用于大量生产。

（2）镗孔的应用。如上所述，镗孔适合单件、小批量生产中对复杂的大型工件上孔系的加工。这些孔除了有较高的尺寸精度要求外，还有较高的相对位置精度要求。镗孔尺寸公差等级一般为 IT9～IT7，表面粗精度 Ra 为 1.6～0.8 μm。此外，对于直径较大的孔（直径大于 80 mm）、内成形表面、孔内环槽等，镗孔是唯一适合的加工方法。

3.3 刨削、拉削的工艺特点及其应用

刨削、拉削和插削是平面加工的主要加工方法,它们共同的特点是主运动都是直线运动。

3.3.1 刨削加工

在刨床上用刨刀加工工件的工艺过程称为刨削加工。

1. 刨削加工的工艺特点

刨削主要用于加工平面和沟槽。刨削分为粗刨和精刨,精刨后的表面粗糙度 Ra 为 $3.2 \sim 1.6 \ \mu m$,两平面之间的尺寸精度为 IT9 $\sim$ IT7,直线度为 $0.04 \sim 0.12 \ mm/m$。

刨削和铣削都是以加工平面和沟槽为主的切削加工方法,刨削与铣削相比有如下特点:

(1) 加工质量。刨削加工的精度和表面粗糙度与铣削大致相当,但刨削主运动为往复直线运动,只能以中低速切削。当用中等切削速度刨削钢件时,易出现积屑瘤而影响表面粗糙度;而硬质合金镶齿面铣刀可采用高速铣削,表面粗糙度较小。加工大平面时,刨削进给运动可不停地进行,刀痕均匀;而铣削时,若铣刀直径(面铣)或铣刀宽度(周铣)小于工件宽度,则需要多次走刀,会有明显的接刀痕。

(2) 加工范围。刨削的加工范围不如铣削广泛,许多铣削的加工内容刨削是无法代替的,如加工内凹平面、型腔、封闭型沟槽以及有分度要求的平面沟槽等。但对于 V 形槽、T 形槽和燕尾槽的加工,铣削由于受铣刀尺寸的限制,一般适合加工小型工件,而刨削可以加工大型工件。

(3) 生产率。刨削的生产率一般低于铣削的生产率,因为铣削是多刃刀具的连续切削,无空程损失,硬质合金面铣刀还可以高速切削。但加工窄长平面,刨削的生产率则高于铣削,这是由于铣削不会因为工件较窄而改变铣削进给的长度,而刨削却可以因工件较窄而减少走刀次数。因此如机床导轨面等窄平面的加工多采用刨削。

(4) 加工成本。由于牛头刨床结构比铣床简单,刨刀的制造和刃磨比铣刀容易,因此一般刨削的成本比铣削低。

2. 刨削加工的应用

如图 3.23 所示,刨削主要用来加工平面(包括水平面、垂直面和斜面),也广泛用于加工直槽,如直角槽、燕尾槽和 T 形槽等。如果进行适当的调整和增加某些附件,还可用来加工齿条、齿轮、花键和母线为直线的成形面等。

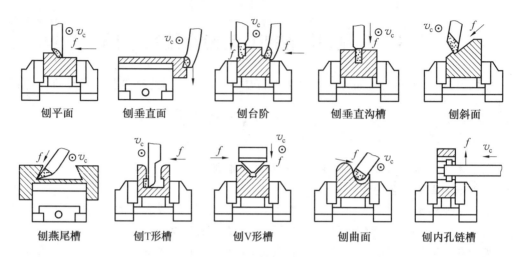

刨平面 刨垂直面 刨台阶 刨垂直沟槽 刨斜面

刨燕尾槽 刨T形槽 刨V形槽 刨曲面 刨内孔链槽

图 3.23 刨削加工的应用

3.3.2 拉削加工

1. 拉削加工的工艺特点及应用

拉削加工是在拉床上利用拉刀对工件进行加工,如图 3.24 所示。拉削的主切削运动是拉刀的轴向移动,进给运动是由拉刀前后刀齿的高度差来实现的。因此,拉床只有主运动,没有进给运动。拉削时动力通常由液压系统提供,拉刀做平稳的低速直线运动。

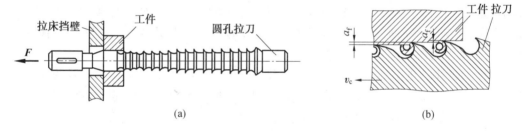

拉床挡壁 工件 圆孔拉刀 工件 拉刀

(a) (b)

图 3.24 圆孔拉削加工

(1)拉削加工的工艺特点。

① 生产率高。拉削时刀具同时工作的刀齿数多、切削刃长,且拉刀的刀齿分粗切齿、精切齿和校准齿,在一次工作行程中就能完成工件的粗、精加工及修光,机动时间短,因此,拉削的生产率很高。

② 加工质量较高。拉刀是定尺寸刀具,用校准齿进行校准、修光工作;拉床采用液压系统,驱动平稳;拉削速度低($v_c=2\sim8$ m/min),不会产生积屑瘤。因此拉削加工质量好,尺寸公差等级为 IT8~IT7,表面粗糙度 Ra 为 1.6~0.4 μm。

③ 拉刀寿命长。由于拉削切削速度低,切削厚度小,在每次拉削过程中,每个刀齿只切削一次,工作时间短,拉刀磨损小。另外,拉刀刀齿磨钝后,还可重磨几次。

④ 容屑、排屑和散热困难。拉削属于封闭式切削,如果被切屑堵塞,加工表面质量就会恶化,损坏刀齿,甚至会造成拉刀断裂。因此,要对切屑妥善处理。通常在切削刃上开出分屑槽,并留有足够的齿间容屑空间及合理的容屑槽形状,以便切屑自由卷曲。

⑤ 拉刀制造复杂成本高。每种拉刀只适用于加工一种规格尺寸的型孔或槽,因此拉削主要适合大批量生产和成批量生产。

（2）拉削加工的应用。拉削用于加工各种截面形状的通孔及一定形状的外表面,如图3.25所示。拉削加工的孔径一般为 8～125 mm,孔的深径比一般不超过5。拉削不能加工台阶孔和不通孔。由于拉床工作的特点,复杂形状零件的孔(如箱体上的孔)也不宜进行拉削。

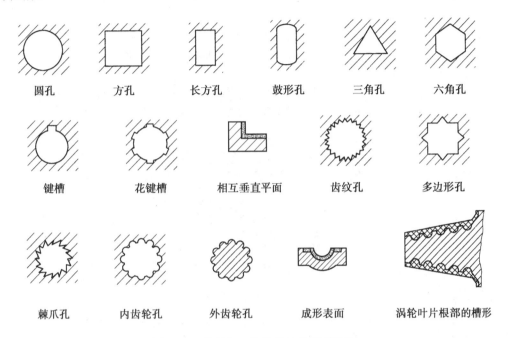

| 圆孔 | 方孔 | 长方孔 | 鼓形孔 | 三角孔 | 六角孔 |

| 键槽 | 花键槽 | 相互垂直平面 | 齿纹孔 | 多边形孔 |

| 棘爪孔 | 内齿轮孔 | 外齿轮孔 | 成形表面 | 涡轮叶片根部的槽形 |

图 3.25　拉削加工的典型工件截面形状

2. 拉床

常用的拉床按照加工表面分为内表面拉床和外表面拉床,按照结构和布局分为立式、卧式和连续式等拉床。

图 3.26 为卧式拉床外形图。

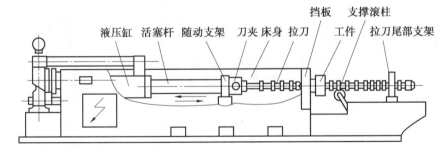

图 3.26　卧式拉床外形图

床身的左侧装有液压缸,由压力油驱动活塞通过活塞杆右部的刀夹(由随动支架支撑)夹持拉刀沿水平方向向左做主运动。拉削时,工件以其基准面紧靠在拉床挡板的端面上。拉刀尾部支架和支撑滚柱用于撑托拉刀。工件拉完后,拉床将拉刀送回到支撑座右端,将工件穿入拉刀,将拉刀左移使其柄部穿过拉床支撑座插入刀夹内,即可进行第二次拉削。拉削开始后,支撑滚柱下降不起作用,只有拉刀尾部支架随行。

3. 拉刀

拉刀是一种多刃的专用工具,结构复杂。一把拉刀只能加工一种形状和尺寸规格的表面,利用刀齿尺寸或齿形变化切除加工余量,以达到要求的尺寸和表面粗糙度。

(1)拉刀的种类。

① 按加工表面的不同,拉刀可分为内拉刀和外拉刀。常见的拉刀有圆柱拉刀、花键拉刀[图 3.27(a)]、四方拉刀、键槽拉刀[图 3.27(b)]和平面拉刀[图 3.27(c)]等。

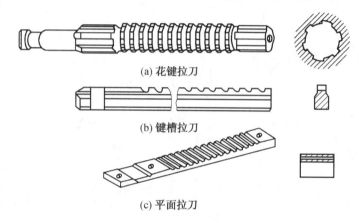

(a) 花键拉刀

(b) 键槽拉刀

(c) 平面拉刀

图 3.27　拉刀的形状

② 按拉刀结构不同,可分为整体拉刀、焊接拉刀、装配拉刀和镶齿拉刀。加工中小尺寸表面的拉刀,常制成高速钢整体形式。加工大尺寸复杂形状表面的拉刀,则可由几个零部件组装而成。对于硬质合金拉刀,可利用焊接或机械镶嵌的方法将刀齿固定在结构钢刀体上。

③ 按受力方向不同,又可分为拉刀和推刀。推刀是在推力作用下工作的,主要用于校正与修光硬度低于45HRC 且变形量小于 0.1 mm 的孔。推刀的结构与拉刀相似,其齿数少、长度短,如图 3.28 所示。

(2)拉刀的结构。图 3.29 为圆孔拉刀的结构图,包括柄部、颈部、过渡锥前导部、切削部、校准部、后导部和后托部。对于长而重的拉刀还必须做出支撑用的尾部。拉刀工作部分的结构参数主要有齿升量 f,它是相邻刀齿的半径差,用以达到每齿都切除金属的作用。每齿上具备前角 γ、后角 α、及后角为 $0°$ 的刃带,相邻齿间做出容屑槽。

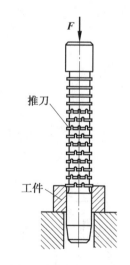

图 3.28　推刀及其工作图

拉孔时工件通常不夹持,但必须有经过半精加工的预孔,以便拉刀穿过。工件端面要求平整,并装在球面垫圈上。球面垫圈有自定位作用,可保证在拉刀作用下工件的轴线与刀具的轴线能调整一致,如图 3.30 所示。

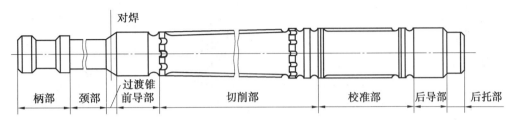

图 3.29 圆孔拉刀的结构图

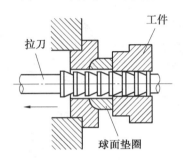

图 3.30 拉刀及工件的安装

3.4 铣削的工艺特点及其应用

3.4.1 铣削概述

1. 铣削加工的工艺特点及应用

铣削加工是应用相切法成形原理,用多刃回转体刀具在铣床上对平面、台阶面、沟槽、成形表面、型腔表面、螺旋表面进行加工的加工工艺方法,是目前应用最广泛的加工方法之一。铣削加工时,铣刀的旋转是主运动,铣刀或工件沿坐标方向的直线运动或回转运动是进给运动。不同坐标方向运动的配合联动和不同形状的刀具相配合,可以实现不同类型表面的加工。图 3.31 为常见铣削加工工艺类型的示例。

铣削加工可以对工件进行粗加工和半精加工,其加工精度为 IT9~IT7,精铣表面时表面粗糙度 Ra 为 3.2~1.6 μm。

铣刀的每一个刀齿相当于一把切刀,同时多齿参加切削,就其中一个刀齿而言,其切削加工特点与车削加工基本相同。但整体刀具的切削过程又有其特殊之处,主要表现在以下几个方面:

(1)铣削加工生产率高。由于多个刀齿参与切削,切削刃的作用总长度长,当每个刀齿的切削载荷相同时,总的金属切除率就会明显高于单刃刀具切削的效率。

(2)断续切削。铣削时每个刀齿依次切入和切出工件,形成断续切削,切入和切出时会产生冲击和振动。此外,高速铣削时刀齿还经受周期性的温度变化即热冲击的作用。这种热和力的冲击会降低刀具的寿命,振动还会影响已加工表面的粗糙度。

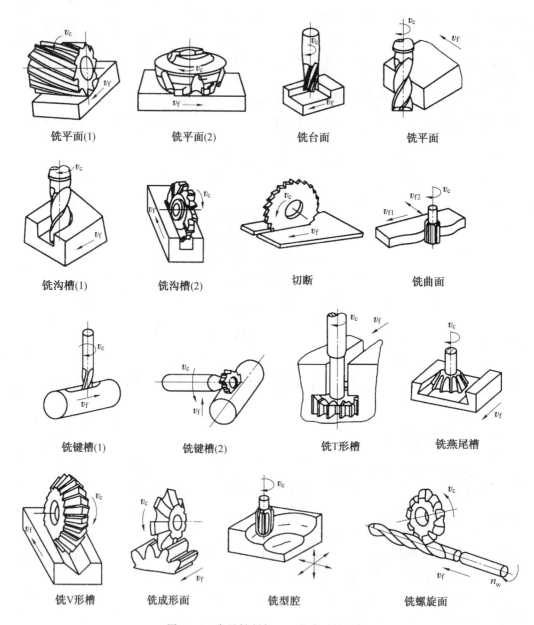

铣平面(1)　　　铣平面(2)　　　铣台面　　　铣平面

铣沟槽(1)　　　铣沟槽(2)　　　切断　　　铣曲面

铣键槽(1)　　　铣键槽(2)　　　铣T形槽　　　铣燕尾槽

铣V形槽　　　铣成形面　　　铣型腔　　　铣螺旋面

图 3.31　常见铣削加工工艺类型的示例

(3)容屑和排屑。由于铣刀是多刃刀具,相邻两刀齿之间的空间有限,每个刀齿切下的切屑必须有足够的空间容纳并能够顺利排出,否则会破坏刀具。

(4)加工方式灵活。不同的刀具采用不同的铣削方式,以适应不同工件材料和切削条件的要求,提高切削效率和刀具寿命。

2.铣削用量四要素

铣削时,铣刀相邻的两个刀齿在工件上先后形成的两个过渡表面之间的一层金属层称为切削层。铣削时切削用量决定切削层的形状和尺寸,切削层的形状和尺寸对铣削过程影响很大。

与车削用量不同,铣削用量有四个要素:背吃刀量 a_p、侧吃刀量 a_e、铣削速度 v_c 和进给量,如图 3.32 所示。

根据切削刃在铣刀上分布位置的不同,铣削分为圆周铣削和端面铣削。切削刃分布在刀具圆周表面的切削方式称为圆周铣削;切削刃分布在刀具端面上的铣削方式称为端面铣削。

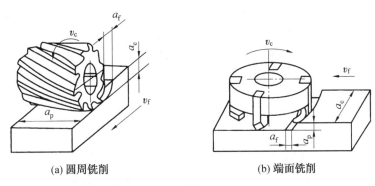

(a) 圆周铣削　　　　　　　　　　(b) 端面铣削

图 3.32　铣削用量要素

(1)背吃刀量 a_p。在通过切削刃基点并垂直于工作平面方向上测量的吃刀量,即平行于铣刀轴线测量的切削层尺寸,单位为 mm。

(2)侧吃刀量 a_e。在平行于工作平面并与切削刃基点的进给运动垂直的方向上测量的吃刀量,即垂直于铣刀轴线测量的切削层尺寸,单位为 mm。

(3)铣削速度 v_c。铣削速度为铣刀主运动的线速度,单位为 m/min。其计算公式为

$$v_c = \pi d n / 1\,000$$

式中　　d——铣刀直径,mm;

　　　　n——铣刀转速,r/min。

(4)进给量。进给量是铣刀与工件在进给方向上的相对位移量,有三种表示方法:

① 每齿进给量 f_z,是铣刀每转一个刀齿时,工件与铣刀沿进给方向的相对位移量,单位为 mm/r。

② 每转进给量 f,是铣刀每转一转时,工件与铣刀沿进给方向的相对位移,单位为 mm/r。

③ 进给速度 v_f,是单位时间内工件与铣刀沿进给方向的相对位移,单位为 mm/min。三者之间的关系为

$$v_f = fn = f_z z n$$

式中　　z——铣刀刀齿数。

铣床铭牌上给出的是进给速度。调整机床时,首先应根据加工条件选择 f_z 或 f,然后计算出 v_f,并按照 v_f 调整机床。

3.4.2　铣床

铣床的类型很多,主要有升降台铣床、龙门铣床、工具铣床等,此外还有仿形铣床、仪

表铣床和各种专门化铣床。随着数控技术的应用,数控铣床和以铣削、镗削为主要功能的铣镗加工中心的应用也越来越普遍。

1. 普通铣床

(1)升降台铣床。升降台铣床是普通铣床中应用最广泛的一种类型,如图 3.33 所示。其结构上的特征是,安装工件的工作台可在相互垂直的三个方向上调整位置,并可在各个方向上实现进给运动。安装铣刀的主轴仅做旋转运动。升降台铣床可用来加工中小型零件的平面、沟槽,配置相应的附件可铣削螺旋槽、分齿零件等,因而广泛用于单件小批量生产车间、工具车间及机修车间。根据主轴的布置形式,升降台铣床分为卧式和立式两种。图 3.33 为 XA6132 型卧式升降台铣床。机床结构比较完善,变速范围大,刚性好,操作方便。它与普通升降台铣床的区别在于工作台与升降台之间增加一回转盘,可使工作台在水平面上回转一定角度。

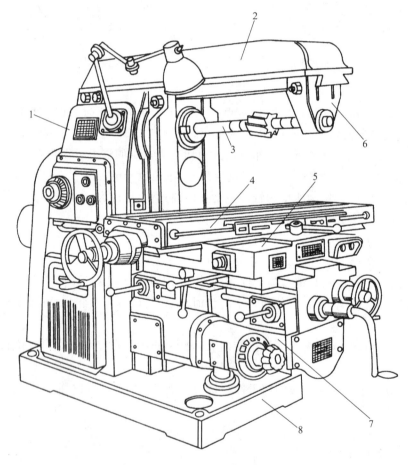

图 3.33　XA6132 型卧式升降台铣床

1—床身;2—悬梁;3—铣刀轴;4—工作台;5—滑座;6—悬梁支架;7—升降台;8—底座

(2)龙门铣床。龙门铣床是一种大型高效通用机床,结构上是框架式结构布局,具有较高的刚度及抗振性,如图 3.34 所示。在横梁及立柱上均安装有铣削头,每个铣削头都是一个独立的主运动部件,其中包括单独的驱动电动机、变速机构、传动机构、操纵机构及主轴向进给,其余运动由铣削头实现。

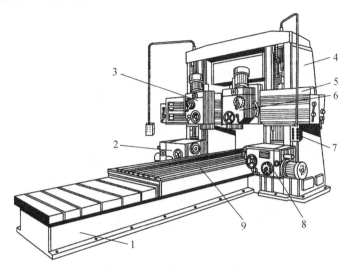

图 3.34 龙门铣床

1—床身;2,8—侧铣头;3,6—立铣头;4—立柱;5—横梁;7—操纵台;9—工作台

龙门铣床主要用于大中型工件平面、沟槽的加工,可以对工件进行粗铣、半精铣,也可以进行精铣加工。由于龙门铣床可以用多把铣刀同时加工几个表面,所以它的生产效率很高,在成批和大量生产中得到广泛的应用。

(3)万能工具铣床。万能工具铣床的横向进给运动由主轴座的移动来实现,纵向及垂直方向进给运动由工作台及升降台的移动来实现,如图 3.35 所示。

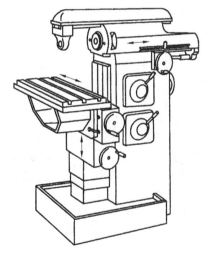

图 3.35 万能工具铣床

万能工具铣床除了能完成卧式铣床和立式铣床的加工外,还配备固定工作台、可倾斜工作台、回转工作台、平口钳、分口钳、分度头、立铣头、插削头等附件,可大大增加机床的万能性。它适合工具、刀具及各种模具的加工,也可用于加工仪器仪表等形状复杂的零件。

2. 加工中心

加工中心是一种带有刀库和自动换刀装置的数控机床,通过自动换刀,可使工件在一次装夹后自动连续完成铣削、钻孔、镗孔、铰孔、攻螺纹、切槽等加工。如果加工中心带有自动分度回转台,可以使工件在一次装夹后自动完成多个表面的加工。

因此,加工中心除了可加工各种复杂曲面外,特别适用于箱体类和板类等复杂零件的加工。与传统的机床相比,采用加工中心在提高加工质量和生产效率、减少加工成本等方面效果显著。下面以 XH715A 型立式加工中心为例,简单介绍加工中心的结构特点及应用。

XH715A 型立式加工中心如图 3.36 所示,它包括基础部件(床身、立柱)、主轴部件、自动换刀系统、$x-y$ 工作台部件、辅助装置和数控系统等部分,采用了机、电、气、液一体化布局。滑座 2 安装在床身 1 顶面的导轨上做横向(前后)运动(y 轴);工作台 3 安装在滑座 2 顶面的导轨上做纵向(左右)运动(x 轴);主轴箱 5 在立柱 4 导轨上做竖直(上下)运动(z 轴)。在立柱左侧前部是圆盘式刀库 7 和换刀机械手 8,在机床后部及其两侧分别是驱动电动机柜、数控柜、液压系统、主轴箱、恒温系统、润滑系统、压缩空气系统和冷却排屑系统。操作面板 6 悬伸在机床的右前方,操作者可通过面板上的按键和各种开关实现对机床的控制。该机床以铣削、镗削为主,配用日本 FANUC－OME 或德国 SIEMENS－810M 等系统实现三坐标联动,具有足够的切削刚性和可靠的精度稳定性。其刀库容量为 20 把刀,可在工件一次装夹后,按程序自动完成铣、镗、钻、铰、攻螺纹及三维曲面等多种加工。XH715A 型立式加工中心适合一般机械制造、汽车、电子等行业中加工批量生产的板类、盘类及中小型箱体、模具等零件。

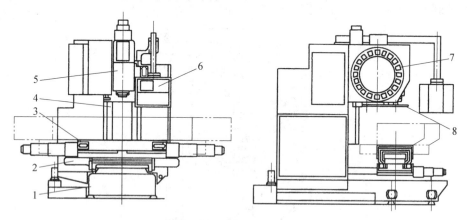

图 3.36　XH715A 型立式加工中心

1—床身;2—滑座;3—工作台;4—立柱;5—主轴箱;6—操作面板;7—刀库;8—换刀机械手

3.5　磨削的工艺特点及其应用

磨削是对零件进行精加工和超精加工的典型加工方法。在磨床上采用各种类型的磨具,可以完成内外圆柱面、平面、螺旋面、花键、齿轮、导轨等各种表面的精加工。不仅能磨削普通材料,也能实现一般刀具难以切削的高硬度材料的加工,如淬硬钢、硬质合金和各种宝石等。磨削加工精度为 IT6~IT4,表面粗糙度 Ra 为 1.25~0.02 μm。

磨削主要用于零件的精加工,但也可以用于零件的粗加工甚至毛坯的去皮加工,可获得很高的生产率。除了用各种类型的砂轮进行磨削加工外,还可采用条状、块状(刚性的)、带状(柔性的)磨具或用松散的磨料进行磨削,比如珩磨、砂带磨、研磨和抛光等。

3.5.1　磨具

凡在加工中起磨削、研磨、抛光作用的工具统称磨具,根据所用的磨料不同,磨具可分为普通磨具和超硬磨具两大类。

1. 普通磨具

(1)普通磨具的类型。普通磨具是指用普通磨料制成的磨具,如刚玉类磨料、碳化硅类磨料和碳化硼磨料制成的磨具。普通磨具按照磨料的结合形式分为固结磨具、涂附磨具和研磨膏。根据不同的使用方式,固结磨具可制成砂轮、磨石、砂瓦、磨头、抛磨块等;涂附磨具可制成纱布、砂纸、砂带等。研磨膏分为硬膏和软膏。

(2)砂轮的特性与选用。砂轮是把磨料用各种类型的结合剂粘合起来的磨削工具。砂轮具有很多气孔,由磨粒进行切削,它的特性主要由磨料、粒度、结合剂、硬度和组织五个因素所决定。

(3)砂轮的形状、尺寸与标志。为了适合在不同类型的磨床上磨削各种形状的工件,砂轮需要有许多种形状和尺寸规格。

常用砂轮的形状、代号及用途见表 3.1。

表 3.1　常用砂轮的形状、代号及用途

砂轮名称	代号	断面形状	主要用途
平形砂轮	1		外圆磨、内圆磨、平面磨、无心磨、工具磨
薄片砂轮	41		切断及切槽
筒形砂轮	2		端磨平面
碗形砂轮	11		磨刀具刃具,磨导轨
蝶形 1 号砂轮	12a		磨铣刀、铰刀、拉刀,磨齿刀

续表 3.1

砂轮名称	代号	断面形状	主要用途
双斜边砂轮	4		磨齿轮及螺纹
杯形砂轮	6		磨平面、内圆,磨刀具刃具

砂轮的标记印在砂轮的端面上,其顺序是:形状代号、尺寸、磨料、粒度号、硬度、组织号、结合剂、线速度。例如:外径 300 mm,厚度 50 mm,孔径 75 mm,棕刚玉,粒度 60,硬度 L,5 号组织,陶瓷结合剂,最高工作线速度 35 m/s 的平形砂轮,其标记为:

砂轮 $1-300\times50\times75-$A60L5V-35m/sGB/T 2484-2006

2. 超硬磨具

超硬磨具是指用金刚石、立方氮化硼等以显著高硬度为特征的磨料制成的磨具,可分为金刚石磨具、立方氮化硼磨具和电镀超硬磨具。超硬磨具一般由基体、过渡层和超硬磨料层三部分组成,磨料层厚度为 1.5～5 mm,主要由结合剂和超硬磨粒所组成,起磨削作用。过渡层主要由结合剂组成,其作用是使磨料层与基体牢固地结合在一起,以保证磨料层的使用。基体起支撑磨料层的作用,并通过它将砂轮紧固在磨床主轴上,基体一般用铝、钢、铜或胶木等制造。

超硬磨具的粒度、结合剂等特性与普通磨具相似,浓度是超硬磨具所具有的特殊性质。浓度是指超硬磨具磨料层内每立方厘米体积内所含的超硬磨料的质量,它对磨具的磨削效率和加工成本有着重大的影响。浓度过高很多磨粒容易过早脱落,导致磨料的浪费;浓度过低磨削效率不高,不能满足加工要求。

金刚石砂轮主要用于磨削超高硬度的脆性材料,如硬质合金、宝石、光学玻璃和陶瓷等,不适合加工铁族金属材料。

由于立方氮化硼砂轮的化学稳定性好,可加工一些难磨的金属材料,尤其是磨削工具钢、模具钢、不锈钢、耐热合金钢等具有独特的优点。

电镀超硬磨具的结合剂强度高,磨料层薄,砂轮表面切削锋利,磨削效率高,不需修整,经济性好。主要用于形状复杂的成形磨具、小磨头、套料刀、切割锯片、电镀铰刀及高速磨削方式使用的各种刀具。

3.5.2　磨削方式及其特点

根据工件被加工表面的形状和砂轮与工件的相对运动,磨削加工方法主要有外圆磨削、内圆磨削、平面磨削、无心磨削等几种类型,此外还可对凸轮、螺纹、齿轮等零件进行磨削。

1. 外圆磨削

外圆磨削方法如图 3.37 所示,它不仅能加工圆柱面,还能加工圆锥面、端面、球面和特殊形状的外表面。磨削中,砂轮的高速旋转运动为主运动 n_c,磨削速度是指砂轮外圆的线速度 v_c,单位为 m/s。

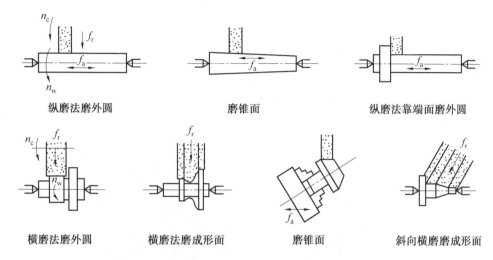

图 3.37　外圆磨削方法

2. 内圆磨削

普通内圆磨削方法如图 3.38 所示。砂轮高速旋转做主运动 n_c,工件旋转做圆周进给运动 n_w,同时砂轮或工件沿其轴线往复做纵向进给运动 f_a,工件沿其径向做横向进给运动 f_r。与外圆磨削相比,内圆磨削有以下一些特点:

①磨孔时因受工件孔径的限制,砂轮直径较小。小直径的砂轮很容易磨钝,需要经常修整或更换。

②为了保证磨削速度,小直径砂轮转速要求较高,目前生产的普通内圆磨床砂轮转速为 10 000~24 000 r/min,有的专用内圆磨床砂轮转达 80 000~100 000 r/min。

③受孔径的限制,砂轮轴的直径比较细小,悬伸长径比大,刚性较差,磨削时容易发生弯曲和振动,影响工件的加工精度和表面质量,限制磨削用量的提高。

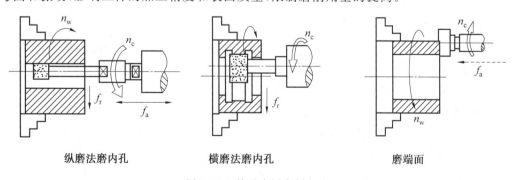

图 3.38　普通内圆磨削方法

3. 平面磨削

常见的平面磨削方法如图 3.39 所示。

(1)周边磨削。如图 3.39(a)所示,砂轮的周边为磨削工作面,砂轮与工件的接触面积小,摩擦发热小,排屑及冷却条件好,工件受热变形小,且砂轮磨损均匀,所以加工精度较高。但是,砂轮主轴处于水平位置,呈悬臂状态,刚性较差,磨削中的磨削用量不能太大,生产效率较低。

(2)端面磨削。如图3.39(b)所示,用砂轮的一个端面作为磨削工作面。端面磨削时砂轮轴伸出较短,磨头架主要承受进给力,所以刚性较好,磨削中的磨削用量可以很大。另外,砂轮与工件的接触面积较大,同时参加磨削的磨粒数较多,生产效率较高。但磨削过程中发热量大,冷却条件差,脱落的磨粒及磨屑从磨削区排出比较困难,所以工件热变形大,表面易烧伤。且砂轮端面沿径向各点的线速度不等,使砂轮磨损不均匀,因此端面磨削质量比周边磨削质量低些。

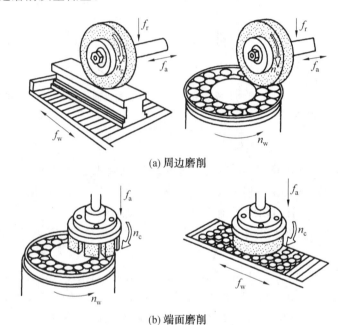

(a) 周边磨削

(b) 端面磨削

图3.39　平面磨削方法

4. 无心磨削

无心磨削是工件不定中心的磨削,主要有无心外圆磨削和无心内圆磨削两种方式。无心磨削不仅可以磨削外圆柱面、内圆柱面和内外锥面,还可磨削螺纹和其他形状的表面。下面介绍无心外圆磨削。

(1)工作原理。无心外圆磨削与普通外圆磨削方法不同,工件不是支撑在顶尖上或夹持在卡盘上,而是放在磨削轮与导轮之间,以被磨削外圆表面作为基准,支撑在托板上,如图3.40(a)所示。砂轮与导轮的旋转方向相同,由于磨削砂轮的旋转速度很大,但导轮(用摩擦系数较大的树脂或橡胶作结合剂制成的刚玉砂轮)是依靠摩擦力限制工件的旋转,使工件的圆周速度基本等于导轮的线速度,从而在砂轮和工件间形成很大的速度差,产生磨削作用。

为了加快工件的成圆速度和提高工件圆度,工件的中心必须高于磨削轮和导轮中心连线,这样工件与磨削砂轮和导轮的接触点不可能对称,从而使工件上凸点在多次转动中逐渐磨圆。实践证明：工件中心越高,越易获得较高圆度,磨削过程越快。但高出距离不能太大,否则导轮对工件的向上垂直分力会引起工件跳动,一般取 $h=(0.15\sim0.25)d$, d 为工件直径。

(2)磨削方式。无心外圆磨削有两种磨削方式,即贯穿磨削法(纵磨法)和切入磨削法(横磨法)。

贯穿磨削法是使导轮轴线在垂直平面内倾斜一个角度 α,如图 3.40(b)所示,这样把工件从前面推入两砂轮之间。它除了做圆周进给运动以外,还由于导轮与工件间水平摩擦力的作用,同时沿轴向移动,完成纵向进给。导轮偏转角 α 的大小直接影响工件的纵向进给速度。α 越大,进给速度越大,磨削表面粗糙度越高。通常粗磨时 α 取 $2°\sim6°$,精磨时 α 取 $1°\sim2°$。

切入磨削法是先将工件放在托板和导轮之间,然后使磨削砂轮横向切入进给来磨削工件表面,这时导轮中心线仅需偏转一个很小的角度(约 $30°$),使工件在微小轴向推力的作用下紧靠挡块,得到可靠的轴向定位,如图 3.40(c)所示。

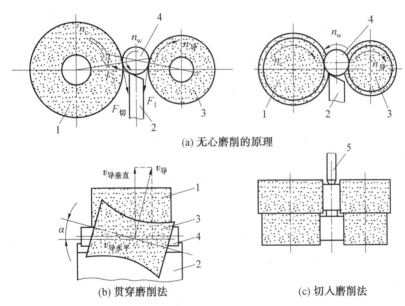

(a) 无心磨削的原理

(b) 贯穿磨削法

(c) 切入磨削法

图 3.40 无心外圆磨削

1—砂轮;2—托板;3—导轮;4—工件;5—挡板

3.5.3 普通磨床

用磨料磨具(砂轮、砂带、磨石和研磨料)作为工具对工件进行磨削加工的机床称为磨床。随着现代机械对零件质量要求的不断提高,各种高硬度材料的应用日益增多,而且精度较高的毛坯可不经切削粗加工而直接由磨削加工成成品,因此磨床在切削加工机床中的比例不断上升。

常见的磨床类型如下：

(1)外圆磨床。如万能外圆磨床、普通外圆磨床、无心外圆磨床等。

　　(2)内圆磨床。如普通内圆磨床、行星内圆磨床、无心内圆磨床等。

　　(3)平面磨床。如卧轴矩台平面磨床、立轴矩台平面磨床、卧轴圆台平面磨床、立轴圆台平面磨床等。

　　(4)工具磨床。如工具曲线磨床、钻头沟槽磨床等。

　　(5)刀具刃具磨床。如万能工具磨床、车刀刃磨磨床、滚刀刃磨磨床等。

　　(6)专门化磨床。如花键轴磨床、曲轴磨床、齿轮磨床、螺纹磨床等。

　　(7)其他磨床。如珩磨机、研磨机、砂带磨床、超精加工磨床等。

3.5.4　先进磨削技术

　　下面介绍几种先进磨削技术。

　　1. 精密及超精密磨削

　　精密磨削是指加工精度为 $1\sim0.1\ \mu m$、表面粗糙度 Ra 为 $0.2\sim0.01\ \mu m$ 的磨削方法，而强调表面粗糙度 Ra 为 $0.01\ \mu m$ 以下，表面光泽如镜的磨削方法，称为镜面磨削。

　　精密磨削主要靠砂轮的精细修整，使磨粒在微刃状态下进行加工，从而得到小的表面粗糙度。微刃的数量很多且具有很好的等高性，因此能使被加工表面留下大量极微细的磨削痕迹，残留高度极小，加上无火花磨削的阶段，在微切削、滑挤、抛光、摩擦等作用下使表面获得高精度。磨粒上的大量等高微刃要通过金刚石修整工具以极低的进给速度 $(10\sim15\ mm/min)$ 精细修整而得到。

　　2. 高效磨削

　　(1)高速磨削。高速磨削是通过提高砂轮线速度来达到提高磨削去除率和磨削质量的工艺方法。一般砂轮线速度高于 $45\ m/s$ 就属于高速磨削。过去由于受砂轮回转破裂速度的限制，以及磨削温度高和工件表面烧伤的制约，高速磨削长期停滞在 $80\ m/s$ 左右。随着立方氮化硼磨料的广泛应用和高速磨削机理研究的深入，现在工业上实用磨削速度已达到 $150\sim200\ m/s$，实验室中已达到 $400\ m/s$，并得到了令人惊喜的效果。

　　(2)缓进给大切深磨削。缓进给大切深磨削又称深槽磨削或蠕动磨削，是以较大的磨削深度(可达 $30\ mm$)和很低的工作台进给速度($3\sim300\ mm/min$)进行磨削。经一次或数次磨削即可达到所需要的尺寸精度，适于磨削高强度高韧性材料，如耐热合金、不锈钢等工件的型面、沟槽等。目前国外还出现了一种称为 HEDG(High Efficiency Deep Grinding)的超高速深磨技术，其磨削工艺参数集超高速(达 $150\sim250\ m/s$)、大切深($0.1\sim30\ mm$)、快进给速度($0.5\sim10\ m/min$)于一体，采用立方氮化硼砂轮和计算机控制，其功效已远高于普通的车削或铣削。

　　(3)砂带磨削。用高速运动的砂带作为磨削工具，磨削各种表面的方法称为砂带磨削。砂带的结构由基体、结合剂和磨粒组成，每颗磨粒在高压静电场的作用下直立在基体上，均匀间隔排列。

　　3. 磨削自动化

　　数控磨床已在我国应用和普及，利用磨削加工中心(GC)具有的数控功能，进行三轴同时控制，可磨削加工三维复杂表面，实现磨削加工的复合化与集约化。三维形状的 GC 磨削如图 3.41 所示。

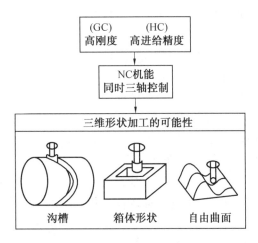

图 3.41　三维形状的 GC 磨削

　　近几年来,磨削过程建模、模拟和仿真技术有了很大的发展,在磨削过程智能监测方面,声发射技术应用较多,它与力、尺寸、表面完整性、微观参数的测量相结合,通过"中性网络"和"模糊推理"为磨削过程提供全面的在线信息,已用于过程监测与控制。此外,神经网络系统、自适应控制、磁力轴承轴心偏移实施补偿、分子动力学计算机仿真等也都有了一定的发展。

复习思考题

1. 简述车削加工的工艺特点及其应用。

2. 简述车床的类型及各自适应的加工场合。

3. 简述数控车床的加工特点。

4. 数控车床的组成与结构有何特点? 适合何种加工对象?

5. 车刀有哪些类型? 各自适合哪些加工场合?

6. 简述钻、扩、铰削加工的工艺特点及其应用。

7. 简述麻花钻的组成及其作用。

8. 为什么用扩孔钻扩孔比用钻头扩孔质量好?

9. 简述钻床的类型及各自适应的加工场合。

10. 简述镗削加工的工艺特点及其应用。

11. 简述镗刀的种类及其应用。

12. 镗床镗孔与车床镗孔有何不同? 各自适合哪种场合?

13. 简述坐标镗床的特点和用途。

14. 简述刨削、插削加工的工艺特点与其应用。

15. 分析下列机床在结构上的区别:牛头刨床与龙门刨床;龙门刨床与龙门铣床。

16. 在牛头刨床上如何加工 T 形槽和燕尾槽?

17. 工件在刨床上的安装方法有哪些? 各自的应用场合是什么?

18.拉削加工的特点是什么？拉削加工适用什么场合？

19.简述拉刀的种类及其结构特点。

20.简述铣削加工工艺特点及其应用。

21.铣削用量包括哪几项？试举例说明。

22.铣床主要有哪些类型？各用于什么场合？

23.在成批和大量生产中,铣削平面常采用端铣法还是周铣法？为什么？

24.简述工件在铣床上的安装方法及其应用场合。

25.简述磨削的类型、特点及适用加工对象。

26.砂轮的特性主要取决于哪些因素？如何在其代号中体现？如何进行选择？

27.磨削过程分哪三个阶段？如何按此规律来提高磨削生产率和减小表面粗糙度？

28.何谓表面烧伤？如何避免？

29.人造金刚石砂轮和立方氮化硼砂轮各有何特性？分别适合磨削哪些材料？

30.磨削 45 钢、灰铸铁等一般材料时,如何调整磨削用量,才能使工件表面粗糙度较小？

第4章 精密加工和特种加工概述

4.1 光整加工和精整加工

4.1.1 光整加工

随着科学技术的迅猛发展,许多领域尤其是国防、航天航空、电子等对产品和零件的加工精度要求越来越高,对表面粗糙度要求越来越小。常用的传统加工方法已不能满足需要,一些光整加工方法因而得到迅速发展。

光整加工是指使被加工表面具有比磨削等精加工方法获得更好的表面质量(表面粗糙度 Ra 在 $0.2\mu m$ 以下)和更高的加工精度的加工方法。许多无法或很难利用磨削等精加工方法加工的表面,采用某些光整加工方法就可达到既方便又经济的效果。

常用的光整加工工艺方法有研磨、珩磨、超级光磨、镗面磨削、磨料喷射加工、抛光、刮研、滚压、挤压珩磨、振动光饰、离子溅射等。随着科学技术的发展光整加工正处于不断完善和发展的过程中。

1. 光整加工工艺概述

(1)研磨。研磨是用研具与研磨剂对工件表面进行光整加工的方法。研磨时,研磨剂置于研具与工件之间,在一定压力作用下研具与工件作复杂的相对运动,通过研磨剂的机械及化学作用,研磨去掉工件表面极薄的一层材料,从而达到很高的精度,获得良好的表面质量。

① 研具材料,为了使研磨剂中的磨料能嵌入研具表面,充分发挥其切削作用,研具材料应比工件材料软。最常用的研具材料是铸铁。

② 研磨剂。研磨剂由磨料、研磨液和辅助填料混合制成。磨料主要起切削作用,常用的有刚玉、碳化硅等。研磨液主要起冷却润滑作用,并能使磨料均匀地分布于研具表面,常用的有煤油、汽油、全损耗系统用油等。辅助填料的作用是利用其化学作用,使金属表面产生极薄的、较软的化合物薄膜,使工件表面的凸峰容易被磨料切除,从而提高研磨效率和表面质量,最常用的有硬脂酸、油酸等化学活性物质。

研磨有手工研磨和机械研磨两种方式,手工研磨是由人手持研具或工件进行研磨,机械研磨是在研磨机上进行研磨。图 4.1 为研磨滚柱外圆所用研磨机工作示意图。

(2)珩磨。珩磨是用装有磨条(油石)的珩磨头对孔进行光整加工的方法。珩磨时工件固定不动,装有若干磨条的珩磨头插入被加工孔中,并使磨条以一定压力与孔壁接触。珩磨头由机床主轴带动旋转,同时沿轴向做往复运动,使磨条从孔壁上切除极薄的一层金属。由于磨条在工件表面上的切削轨迹是均匀而不重复的交叉网纹,因此可获得很高的精度和很好的表面质量。珩磨时,为了及时排出切屑,降低切削温度和减小表面粗糙度需要大量的切削液。珩磨铸铁和钢件时常用煤油加少量全损耗系统用油作切削液。

珩磨一般在专门的珩磨机上进行,普通车床或立式钻床进行适当的改装,也能完成珩磨加工。图4.2为珩磨加工示意图。

(3)超级光磨。超级光磨也称超精加工,是用装有细磨粒和低硬度磨条的磨头,在一定压力下对工件表面进行光整加工的方法。加工时工件低速旋转,磨条以一定压力轻压于工件表面,在做轴向进给的同时还沿轴向做往复振动。这三个运动使每个磨粒在工件表面上的运动轨迹都不重复,从而对工件的微观不平表面进行修磨,使工件表面达到很高的精度,获得很好的表面质量。图4.3为超级光磨外圆的工作示意图。

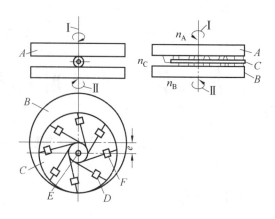

图4.1　研磨机工作示意图

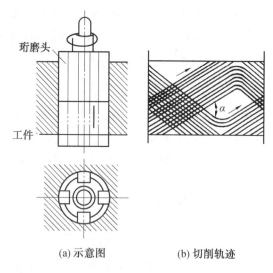

(a)示意图　　　　(b)切削轨迹

图4.2　珩磨加工示意图

(4)抛光。抛光是利用高速旋转的涂有磨膏的抛光轮(用帆布或皮革制成的软轮),对工件表面进行光整加工的方法。抛光时将工件压在高速旋转的抛光轮上,通过磨膏介质的化学作用使工件表面产生一层极薄的软膜。由于使用了比工件材料软的磨膏磨料进行加工,才不会在工件表面留下划痕。此外,由于抛光轮转速很高,剧烈的摩擦使工件表层出现高温,表层材料被挤压而发生塑性流

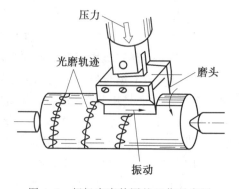

图4.3　超级光磨外圆的工作示意图

动,可填平表面原来的微观不平,而获得很光亮的表面(呈镜面状)。图 4.4 为单轮双工位抛光机工作示意图。

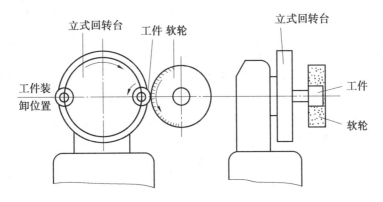

图 4.4 单轮双工位抛光机工作示意图

2. 光整加工的特点和应用

光整加工的特点与应用见表 4.1。

表 4.1 光整加工的特点与应用

工艺方法	加工工艺特点	应用举例
研磨	1. 设备和研具均较简单,成本低廉; 2. 不仅能提高工件的表面质量,而且还能提高工件的尺寸精度和形状精度; 3. 尺寸公差等级为 IT5~IT3,表面粗糙度 Ra 为 0.1~0.008 μm,圆度误差为 0.025~0.001 μm; 4. 生产率较低,研磨余量为0.03~0.01 mm	1. 可加工钢、铸铁、铜、铝、硬质合金、半导体、陶瓷、塑料等材料; 2. 可加工内外圆柱面、圆锥面、平面、螺纹和齿形等形面; 3. 广泛应用于各种精密零件的最终加工,如精密量具、精密刀具、光学玻璃、镜片以及精密配合表面
珩磨	1. 生产率较高,珩磨余量为0.15~0.02 mm; 2. 珩磨能提高孔的表面质量、尺寸和形状精度,但不能提高位置精度; 3. 珩磨头结构复杂; 4. 尺寸公差等级为 IT6~IT4,表面粗糙度 Ra 为 0.8~0.05 μm,孔的圆度误差为 5 μm,圆柱度误差不超过 10 μm	1. 不宜加工非铁金属; 2. 主要用于孔的光整加工,孔径范围为 $\phi15$~500 mm,孔的深径比可达 10 以上; 3. 广泛用于大批量生产中,例如加工发动机的气缸、液压装置的液压缸及各种炮筒等
超级光磨	1 nm	

4.1.2　精密加工和超精密加工

按加工精度和加工表面质量的不同,通常把机械加工分为一般加工、精密加工和超精密加工。所谓精密和超精密的概念是相对的,其界限随着科学技术的进步而发展,某一时期的超精密加工在过了一定时间后就可能成为精密加工或者是一般加工了。

精密加工是指在一定的发展时期,加工精度和表面质量均达到较高要求的加工工艺。超精密加工是指加工精度和表面质量均达到极高要求的精密加工工艺。当代精密超精密加工正从微米亚微米级的微米工艺、亚微米工艺向纳米级的纳米工艺发展。

超精密加工指加工精度为 $0.1 \sim 0.01\ \mu m$,表面粗糙度 Ra 为 $0.001\ \mu m$ 的加工工艺。超精密加工往往用于一些精密的装置和仪器零件及部件上。

精密加工和超精密加工主要包括金刚石刀具超精密切削、超精密磨削和磨料加工以及精密特种加工三个领域。

4.2　特种加工

由于具有高强度、高硬度、高韧性的新材料不断出现,具有各种复杂结构与特殊工艺要求的工件也越来越多,依靠传统的机械加工方法难以达到技术要求,有的甚至无法进行加工。为此,特种加工就是在这样的情况下产生和发展起来的。

所谓特种加工就是直接利用电能、化学能、声能、光能、热能等,或它们与机械能的组合等形式去除坯料或工件上多余的材料,以获得所要求的几何形状、尺寸精度和表面质量的加工方法。它与切削加工的不同点是:

①切削加工是利用机械能或机械力把工件上多余材料切除下来,特种加工是直接利用电能,或将电能转为化学能、声能、光能或热能进行加工的。

②加工用的工具硬度不必大于被加工材料的硬度。

③加工过程中工具和工件之间不存在明显的机械切削力。

4.2.1　电火花线切割

1. 工作原理

电火花线切割加工是通过线状工具电极与工件间规定的相对运动,对工件进行脉冲放电加工。脉冲电源的正极接工件,负极接电极丝。电极丝以一定的速度移动,它不断地进入和离开放电区域。只要有效地控制电极丝相对于工件的运动轨迹和速度,就能切割出一定形状和尺寸的工件。其切割工艺及装置示意图如图 4.5 所示。

2. 加工工艺特点与应用

电火花线切割加工对象除普通金属、超硬合金材料外,已能加工人造聚晶金刚石、导电陶瓷等。除能进行一般精密加工外,已涉及精密微细加工领域。例如,要求尺寸精度达 $\pm 2\ \mu m$ 的半导体集成电路引线框架模具的加工;大尺寸工件的加工,如汽车零件等。不仅能进行二维轮廓的加工,而且还能加工各种锥度、变锥度以及上下面形状不同的三维直纹曲面。

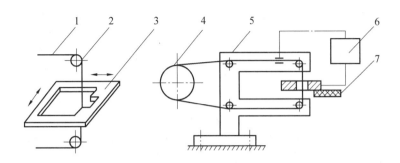

图 4.5 电火花线切割工艺及装置示意图

1—电极丝;2—导向轮;3—工件;4—传动轴;5—支架;6—脉冲电源;7—绝缘底板

(1)工艺特点。

① 用非成形工具电极即可实现复杂形状工件的加工。

② 适合微孔、窄缝等精细零件的加工。

③ 电极丝损耗少,对加工精度的影响小。

④ 自动化程度高。

⑤ 成本低,能实现大厚度、高效率的切割加工。

(2)电火花线切割的应用。

① 加工各种模具。

② 加工成形工具。

③ 加工微细孔、槽、窄缝。

④ 各种稀有贵重金属材料和难加工金属材料的加工和切割。

从几何角度来看,电火花线切割加工方法适宜加工各种由直线组成的直纹曲面以及各种二维曲面。

4.2.2 光化学加工

光化学加工(PCM)是将曝光制板技术与化学腐蚀技术结合起来加工复杂精细图形的一种工艺方法,主要用于对壁厚 2.4 mm 以下复杂的薄壁零件及亚微米级深度以上的零件表面进行刻蚀。

1. 光化学加工原理

光化学加工的基本原理是利用辐射线曝光技术,把复制模板(Mask),又称为掩模的图形精确地复制到涂有光敏胶,又称为光致抗蚀剂的工件表面,只有未被复制模板遮住的光敏胶才能受到光线的照射,光敏胶吸收光能发生光化学反应,致使光敏胶的溶解性发生本质变化,在特定的显影液中从不溶解改变成完全溶解。显影后,再利用光敏胶的耐腐蚀特性,对未被保护的工件表面进行化学腐蚀,从而获得所需形状和尺寸精度的零件。光化学加工主要有两种类型,即腐蚀法和电成形法。它们之间的主要区别在于:前者直接对工件材料未被保护的部位腐蚀加工成形,而后者是将抗蚀层制作在导电的衬底上,将零件材料电铸到衬底上,再把零件材料与衬底分离而获得所需的零件,如图 4.6 所示。在集成电路制造中,衬底一般是硅片。

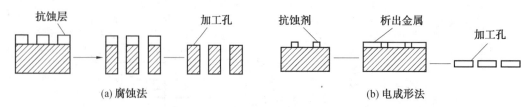

图 4.6   光化学加工成形示意图

2. 光化学加工工艺过程

光化学加工的工艺过程是非常复杂的,图 4.7 为光化学加工的主要工艺过程。

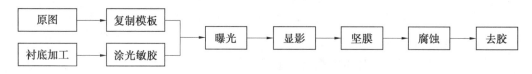

图 4.7   光化学加工的主要工艺过程

(1)原图与复制模板。通过计算机绘图,将原图变成一个个计算机数据文件,将原图文件直接输入到光绘机中,通过激光头的运动,在涂有卤化银的底片上将图形直接打印,然后经过显影等工作,即可以将模板加工好。

(2)衬底加工和涂光敏胶。

① 衬底加工主要是指对工件材料进行前期预处理,使用化学或物理的方法,完成除油、除氧化皮、粗化等工作。其目的在于提高光敏胶与工件表面的黏附力。

② 涂光敏胶无论是光化学加工的腐蚀法还是电成形法,光敏胶的制作方法基本相同,所不同的是前者的光敏胶直接涂覆在工件欲加工表面上,而后者的光敏胶是制作在导电的支撑体上,工件的成形是通过电铸法间接获得。

(3)曝光。用紫外线等光波透过掩模板,对已涂覆光敏胶的薄膜进行选择性的照射,使照射的部分充分完成光化学反应,从而改变照射部分的光敏胶在显影液中的溶解度。曝光时间为几十秒至几分钟的范围内。常用的曝光方式有接触式曝光[图 4.18(a)]、接近式曝光[图 4.18(b)]、光学投影式曝光、电子束曝光、离子束曝光及 X 射线曝光。其光路图如图 4.8(c)所示。

(4)显影。显影是在显影液中进行的,目的是利用曝光后的光敏胶在显影液中溶解度的不同除去不需要保护的光敏胶薄膜、保留被保护表面的光敏胶薄膜的工艺过程。

(5)坚膜。坚膜又称为后烘,就是将显影液漂洗后的工件在一定的温度下进行烘焙。其目的是去除残余的溶剂,改善由于溶剂浸泡造成的聚合物软化和膨胀情况,使胶膜致密坚固,并通过胶联作用,进一步提高光敏胶薄膜与工件表面的黏结力,从而减少腐蚀加工过程中产生针孔等缺陷。

(6)腐蚀。腐蚀是把工件表面无光敏胶薄膜保护的加工表面腐蚀掉,而使有光敏胶薄膜掩蔽的区域保存下来。这是完成光化学加工复制模板的图像向工件材料转移的过程,是光化学加工的另一个重要环节。它的基本要求是,图形边缘整齐,对光敏胶薄膜及其保护表面无损伤。实际上,工件在腐蚀过程中形成的加工断面形状,如图 4.9 所示。

(7)去胶。在腐蚀加工之后,去除工件表面的光敏胶薄膜的过程称为去胶,最常

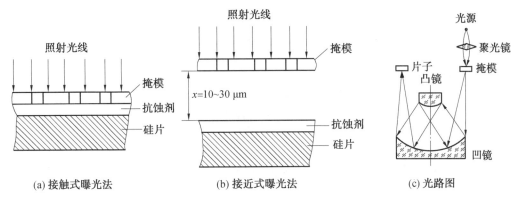

图 4.8　光化学加工的紫外线曝光方式

用的是化学法包括湿法去胶和干法去胶。

3. 光化学加工的工艺特点

光化学加工不受工件材料和力学性能的
限制,特别适合加工脆、硬材料。其加工精度
与加工深度有关,一般尺寸加工精度为0.01~
0.005 μm,表面无硬化层或再铸层,不会产生
残余应力,是半导体、集成电路和微型机械制
造中的关键技术之一。径向腐蚀的同时,由于
存在侧向腐蚀,导致保护层下金属也有腐蚀,
这就使得光化学加工只能用于加工厚度小于

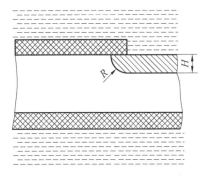

图 4.9　工件在腐蚀过程中形成的加工断面形状

2.4 mm 的材料。厚度为 0.025~0.50 mm 的复杂零件最适合用光化学加工。

4. 光化学加工的应用

光化学加工已在印刷工业、电子工业、机械工业及航空航天工业中得到了广泛的
应用。

(1)荫罩群孔加工。荫罩是彩色显像管的主要零件,它使电子束分别准确地打到红、
绿、蓝各种荧光粉点的上。一般荫罩材料是厚度为 0.025~0.50 mm 的软钢板,规则排列
着30 万~60 万个圆孔、矩形孔或条状孔。使用常规的机械加工方法很难制造或根本制
造不出来,而采用光化学方法就能够满足设计要求。

(2)有关磁性材料的应用。光化学加工在磁性材料方面应用最广泛的就是加工录音
机机头的铁芯片。各种数字带的读数头等用的高导磁材料(如铁镍高导磁率合金)铁芯片
彼此重叠并缠绕起来,就成为一个芯子。有 9 条磁路的读/写磁头的芯子包含有
0.025 mm厚的铁芯片,并要求铁芯片有尽可能高的磁导率。当采用冲压加工时,由于应
力的作用,其磁导率大大降低(材料磁性能与应力关系密切),必须经过退火处理,磁导率
才能恢复到原有水平。而采用光化学加工不需要经过任何处理就可以满足要求,特别是
这种加工方法没有毛刺,铁芯片可以精确而紧密地贴合在一起,便于缠绕。

(3)印制电路板的制造。印制电路板的制造是在一块非金属板上,压敷上一层薄铜
膜,然后再通过以上加工,去掉不必要的部分膜,剩下的形成导电回路。去除不必要金属

膜的过程采用的工艺方法就是光化学加工。

4.2.3 其他常用的特种加工

1. 电解加工

(1)电解加工的原理。电解加工是利用金属在电解液中产生阳极溶解的电化学反应的原理,对工件进行成形加工的方法。其加工原理如图 4.10 所示。

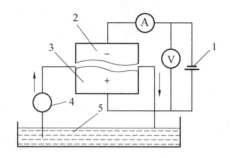

图 4.10 电解加工原理示意图

1—直流电源;2—工具阴极;3—工件阳极;4—电解液泵;5—电解液

电解加工时工件接正极,工具电极接负极,工件和工具电极之间通以低压大电流。在两极之间的狭小间隙内,注入高速流动的电解液。由于金属在电解液中的阳极溶解作用,当工具电极向工件不断进给时,工件材料就会按工具型面的形状不断地溶解,且被高速流动的电解液带走其电解产物,于是在工件上就能加工出和工具型面相应的形状。

(2)电解加工工艺特点。

① 可以加工高硬度、高强度和高韧性的导电材料,如淬火钢、硬质合金和不锈钢等,且生产率高。

② 加工时无宏观切削力和切削热,适合加工易变形零件,如薄壁零件等。

③ 加工精度为 $\pm(0.2\sim0.03)$ mm,Ra 为 $0.8\sim0.2$ μm,无残余应力,但成形精度不是很高。

④ 工具电极使用寿命较长。

⑤ 电解液对机床有腐蚀作用,电解产物处理回收困难。

(3)电解加工的应用。电解加工广泛应用于深孔、扩孔、花键孔以及形状复杂尺寸较小的型孔,精度要求较低的型腔模具,异形零件的套料加工和电解倒棱,去毛刺等。

(4)电解加工设备及其组成。

① 稳压电源。

② 电解液系统包括液压泵、储液池等。

③ 机床主体,用来安装工件及一系列工具进给装置。

2. 超声波加工

(1)超声波加工的原理。

超声波加工是利用工具作高频振动,并通过磨料对工件进行加工的方法,其工作原理示意图如图 4.11 所示。

超声波加工时,超声波发生器产生的超声频电振荡通过换能器变为振幅很小的超声频机械振动,并通过振幅扩大器将振幅放大(放大后的振幅为 0.01 ～0.15mm),再传给工具使其振动。同时,在工件与工具之间不断注入磨料悬浮液。这样做超声频振动的工具端面就会不断锤击工件表面上的磨料,通过磨料将加工区的材料粉碎成很细的微粒,由循环流动的磨料悬浮液带走。工具逐渐伸入工件内部,其形状便被复制在工件上。

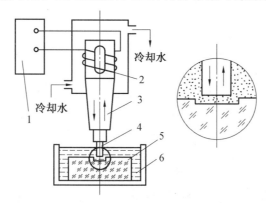

图 4.11 超声波加工原理示意图

1—超声波发生器;2—换能器;3—振幅扩大器;4—工具;5—工件;6—磨料悬浮液

(2)超声波加工工艺特点。

① 适合加工各种不导电的硬脆材料,如玻璃、陶瓷、宝石、金刚石等。

② 易于加工出各种形状复杂的型孔、型腔和成形表面,采用中空形状工具,还可以实现各种形状的套料。

③ 加工时工具对工件的宏观作用力小,热影响小,对某些不能承受较大机械应力的零件加工比较有利。

④ 工具材料的硬度可以比工件材料的硬度低。

⑤ 加工精度为 0.05～0.01mm,Ra 为 0.8～0.1 μm,但生产率较低。

(3)超声波加工的应用。

① 适合加工薄壁、窄缝、薄片零件。

② 广泛应用于硬脆材料的孔、套料、切割、雕刻及金刚石拉丝模的加工,与其他加工方法配合,还可进行复合加工。

(4)超声波加工设备及其组成。超声波加工设备主要包括:①超声波发生器;②超声波振动系统;③机床主体和磨料工作液及循环系统。

3. 激光加工

(1)激光加工的原理。激光加工是利用单色性好、方向性强并具有良好的聚焦性能的相干光的激光,经聚焦后功率密度达 $10^7 \sim 10^{11}$ W/cm²,温度达 10^4 ℃以上,照射被加工材料,使其瞬时熔化直至汽化,并产生强烈的冲击波爆炸式地除去多余的材料。

激光加工原理示意图如图 4.12 所示。

(2)激光加工工艺特点。

① 几乎可以加工所有的金属材料和非金属材料。

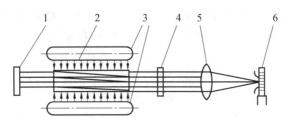

图 4.12 激光加工原理示意图

1—全反射镜；2—激光工作物质；3—光泵（激励脉冲氙灯）；

4—部分反射镜；5—透镜；6—工件(1、4 组成谐振腔)

② 加工速度极高，易于实现自动化生产和流水作业，同时热变形也很小。

③ 加工时无须使用刀具，属于非接触加工，无机械加工变形。

④ 可以透过空气、惰性气体或光学透明介质进行加工。

⑤ 加工精度为 $0.02 \sim 0.01$ mm，Ra 为 0.1 μm。

（3）激光加工的应用。多用于金刚石拉丝模、钟表宝石轴承、陶瓷、玻璃、硬质合金、不锈钢等材料的小孔加工，孔径一般为 $0.01 \sim 1$ mm，最小孔径可达 0.001 mm，孔的深径比可达 $50 \sim 100$，还可用于切割、焊接和精细加工等。

（4）激光加工设备及其组成。激光加工的基本组成包括激光器、电源、光学系统及机械系统。

4. 水射流加工

（1）水射流加工的原理。水射流加工是利用高速高压的液流对工件的冲击作用进行加工材料的。使水获得压力能的方式有两种：一种是直接采用高压水泵供水，压力可达到 $35 \sim 60$ MPa；另一种是采用水泵和增压器，可获得 $100 \sim 1\,000$ MPa 的超高压和 $0.5 \sim 25$ L/min 的较小流量。用于加工的水射流速度可达 $500 \sim 900$ m/s。图 4.13 为带有增压器的水射流加工系统原理图。过滤的水经水泵后通过增压器增压，蓄能器可使脉冲的液流平稳。水从直径为 $0.1 \sim 0.6$ mm 的人造宝石喷嘴喷出，以极高的压力和流速直接压射到工件的加工部位。当射流的压强超过材料的极限强度时便可切割材料。

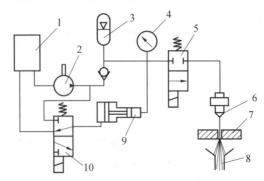

图 4.13 带有增压器的水射流加工系统原理图

1—水箱；2—泵；3—蓄能器；4—压力表；5—二位二通阀；

6—喷嘴；7—工件；8—排水口；9—增压器；10—二位三通阀

(2)水射流加工工艺特点。水射流加工与其他切割技术相比,具有独特的优势:

① 采用常温加工对材料不会造成结构变化或热变形,这对许多热敏感材料的加工十分有利。这是锯切、火焰切割、激光切割和等离子切割所不能做到的。

② 切割力强,可切割 180 mm 厚的钢板和 250 mm 厚的钛板等。

③ 切口质量较高,水射流切口的表面平整光滑、无毛刺,切口公差可达±(0.06~0.25)mm。同时切口可窄至 0.015 mm,可节省大量的材料,对贵重材料更为有利。

④ 由于水射流加工的流体性质,因此可从材料的任一点开始进行全方位加工,特别适宜复杂工件的加工,也便于实现自动控制。

⑤ 由于属湿性切割,切割中产生的"屑末"混入液体中,工作环境清洁卫生,不存在火灾与爆炸的危险。

水射流加工也有其局限性:整个系统比较复杂,初始投资大;在使用磨料水射流加工时,喷嘴磨损严重,有时一只硬质合金喷嘴的使用寿命仅为 2~4 h。

(3)水射流加工的应用。由于水射流加工的上述特点,在机械制造和其他许多领域得到越来越多的应用。

汽车制造与维修业采用水射流加工技术加工各种非金属材料,如石棉制动片、橡胶基地毯、车内装潢材料和保险杠等。

造船业用水射流加工各种合金钢板(厚度可达 150 mm),以及塑料、纸板等其他非金属材料。

航空航天工业用水射流加工高级复合材料、钛合金、镍钴高级合金和玻璃纤维增强塑料等,可节省 25% 的材料和 40% 的劳动力,并大大提高劳动生产率。

铸造厂或锻造厂可采用水射流高效地对毛坯表层的砂型或氧化皮进行清理。

水射流技术不但可用于切割,而且可对金属或陶瓷基复合材料、钛合金和陶瓷等高硬材料进行车削、铣削和钻削。图 4.14 为磨料水射流车削加工示意图。

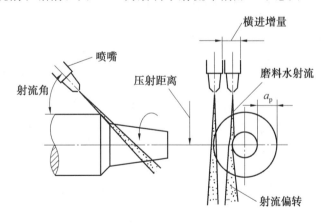

图 4.14 磨料水射流车削加工示意图

(4)水射流加工设备。图 4.15 为带有数控系统的双喷嘴水射流加工设备。

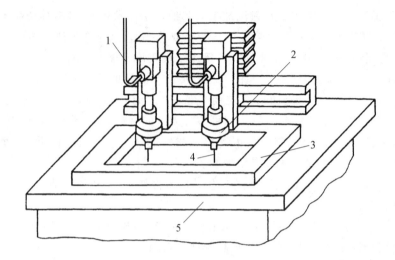

图 4.15 双喷嘴水射流加工设备
1—高压水管；2—喷嘴；3—工件；4—水射流；5—工作台

复习思考题

1. 简述研磨的加工原理。
2. 以超级光整外圆为例，说明超级光整的加工过程。
3. 试述精密和超精密加工的概念、特点和重要性。
4. 试述特种加工的分类和方法，以及特种加工技术的主要优点。
5. 线切割加工中高速走丝型与低速走丝型有何区别？
6. 简述光化学加工的原理及工艺过程。
7. 简述电火花加工的原理。
8. 简述电解加工的成形原理。
9. 简述水射流加工原理。

第5章 典型表面加工

5.1 外圆表面的加工

外圆表面是轴、套、盘类零件的主要表面或辅助表面,这类零件在机器中占有很大的比例。

对外圆表面通常有以下技术要求:

①尺寸和形状精度,如直径和长度的尺寸精度及外圆表面的圆度、圆柱度等形状精度。

②位置精度,是指与其他外圆表面或内圆表面的同轴度、与端面的垂直度等。

③表面质量,主要是指表面粗糙度,此外还有表面的物理、力学性能等。

1. 外圆表面的加工方法

外圆表面加工最常用的方法是车削和磨削,当对工件的精度及表面质量要求很高时,还需进行光整加工。

(1)粗车。粗车的主要目的是尽快去除毛坯的大部分加工余量,使之接近工件的形状和尺寸,为精加工做准备。因此,一般采用尽可能大的切削用量,以求较高的生产率。粗车的尺寸公差等级为IT12~IT11,表面粗糙度 Ra 为 25~12.5 μm。

(2)半精车。半精车是在粗车的基础上进行的,其背吃刀量与进给量比粗车小,常作为高精度外圆表面磨削或精车前的预加工,也可作为中等精度外圆表面的终加工。半精车的尺寸公差等级为IT10~IT9,表面粗糙度 Ra 为 6.3~3.2 μm。

(3)精车。一般作为高精度外圆表面的终加工,其主要目的是达到零件表面的加工要求,为此需合理选择车刀的几何角度和切削用量。精车的尺寸公差等级为 IT8~IT7,表面粗糙度 Ra 可达 1.6 μm。

(4)精细车。精细车的尺寸公差等级为 IT6~IT5,表面粗糙度 Ra 可达 0.8 μm。一般用于单件、小批量高精度外圆表面的终加工。

(5)粗磨。粗磨是采用较粗磨粒的砂轮和较大的背吃刀量及进给量进行磨削,以提高生产率。粗磨的尺寸公差等级为IT8~IT7,表面粗糙度 Ra 为 1.6~0.8 μm。

(6)精磨。精磨则采用较细磨粒的砂轮和较小的背吃刀量及进给量进行磨削,以获得较高的精度和较好的表面质量。精磨的尺寸公差等级为IT6~IT5,表面粗糙度 Ra 可达 0.2 μm。

(7)光整加工。如果工件精度要求 IT5 以上,表面粗糙度 Ra 要求达 0.1~0.08 μm,则在经过精车或精磨以后,还需通过光整加工。常用的外圆表面光整加工方法有研磨、超级光磨和抛光等。

外圆表面的车削加工,对于单件小批量生产,一般在卧式车床上加工;对于大批量生产,则在转塔车床、仿形车床、自动及半自动车床上加工;对于重型盘套类零件多在立式车床上加工。

外圆表面的磨削可以在普通外圆磨床、万能外圆磨床或无心磨床上进行。

2. 外圆表面加工方法的选择

图 5.1 列出了外圆表面常用的加工方案,可供拟定零件加工过程时参考。

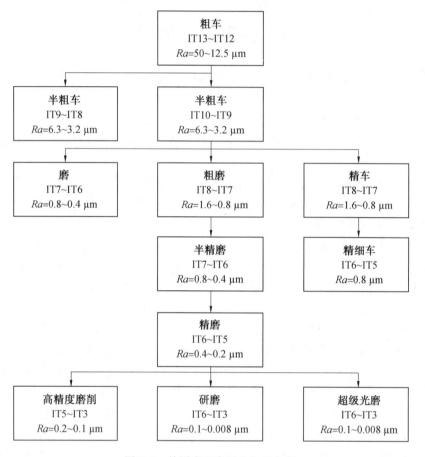

图 5.1　外圆表面常用的加工方案

(1)粗车。加工精度为 IT13~IT12,表面粗糙度 Ra 为 $50\sim12.5~\mu m$,除淬硬钢以外各种材料的外圆表面,只粗车即可。

(2)粗车—半精车。对于加工精度为 IT9~IT8,表面粗糙度 Ra 为 $6.3\sim3.2~\mu m$,未淬硬工件的外圆表面,均可采用此方案。

(3)粗车—半精车—磨(粗磨或半精磨)。此方案适合加工精度为 IT7~IT6,表面粗糙度 Ra 为 $0.8\sim0.4~\mu m$ 的淬硬和未淬硬的钢件、未淬硬铸铁件的外圆表面。

(4)粗车—半精车—精车—精细车。此方案主要适合精度要求高的非铁金属零件的外圆表面的加工。

(5)粗车—半精车—粗磨—精磨—研磨(或超级光磨或镗面磨削)。此方案主要适合加工精度为 IT6~IT3,表面粗糙度 Ra 为 $0.1\sim0.008~\mu m$ 的外圆表面,但不宜用于加工塑性大的非铁金属零件的外圆表面。

(6)粗车—半精车—粗磨—精磨。此方案的适合范围基本上与(3)相同,只是外圆表面要求的尺寸精度更高,表面粗糙度 Ra 更小,需将磨削分为粗磨和精磨,才能达到要求。

5.2 内圆表面的加工

内圆表面主要指圆柱形的孔,它也是零件的主要组成表面之一。具有内孔的零件按其结构特点可分为:

①单一轴线的孔,如空心轴、套筒、盘套等零件上的孔,这些孔一般要求与某些外圆面同轴,并与端面垂直。

②多轴线孔系,如箱体、机座等零件上的同轴孔系、平行孔系、垂直孔系等。

内圆表面通常的技术要求,除与外圆表面相应的技术要求外,最具特点的要求是孔与孔,或孔与外圆面的同轴度;孔与孔,或孔与其他表面之间的尺寸精度、平行度、垂直度及角度等要求一致。

内圆表面的加工除受内圆表面的孔径限制,刀具刚度差,加工时散热、冷却、排屑条件差外,测量也很不方便。因此,在精度相同的情况下,内圆表面加工要比外圆表面加工困难得多。为了使加工难度大致相同,通常轴公差比孔公差高一级配合使用。

1. 孔的加工方法

同外圆表面加工一样,孔加工也可分为粗加工、半精加工、精加工和光整加工四类。精度和表面粗糙度等级也和外圆表面加工相仿。

孔的加工方法很多,常用的有钻孔、扩孔、铰孔、锪孔、镗孔、拉孔、研磨、珩磨、滚压等。

钻孔、锪孔用于粗加工;扩孔、车孔、镗孔用于半精加工或精加工;铰孔、磨孔、拉孔用于精加工;珩磨、研磨、滚压主要用于高精加工。

孔加工的常用设备有钻床、车床、铣床、镗床、拉床、内圆磨床、万能外圆磨床、研磨机、珩磨机等。

2. 孔加工方法的选择

由于孔加工方法较多,而各种方法又有不同的应用条件,因此选择加工方法和加工方案时应综合考虑内圆表面的结构特点、直径和深度、尺寸精度和表面粗糙度、工件的外形和尺寸、工件材料的种类及加工表面的硬度、生产类型和现场生产条件等。

常用的孔加工方法如图 5.2 所示。

(1)钻孔。在实体材料上加工内圆表面时,必须先钻孔。若孔的精度要求不高,孔径又不太大(直径小于 50 mm),只经过钻孔即可。

(2)钻—扩。该方法用于孔径较小、加工精度要求较高的各种加工批量的孔。

(3)钻—铰。该方法用于孔径较小、加工精度要求较高的各种加工批量的标准尺寸的孔。

(4)钻—扩—铰。该方法应用条件与(3)基本相同,不同点在于该加工方案还适合孔径较大的非淬硬的标准(或基准)通孔,不宜于加工淬硬的非标准的孔、阶梯孔和不通孔。

(5)钻—粗镗—精镗—精细镗。该方法适合精度要求高,但材料硬度不太高的钢铁零

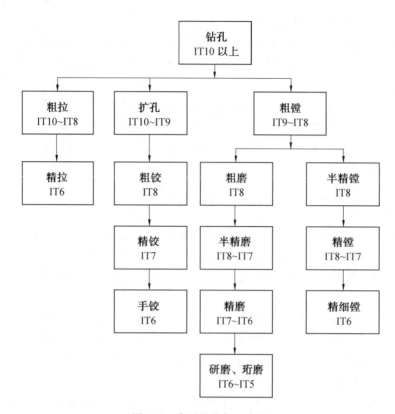

图 5.2 常用的孔加工方法

件和非铁金属件的加工。

(6)钻—镗—磨。该方法主要用于加工淬火零件上的孔,但不适合加工非铁金属零件。

(7)钻—镗—磨—珩磨(研磨)。该方法适合在加工过程中已淬硬零件上孔的精加工。其中珩磨用于较大直径的深孔的终加工,而研磨用于较小直径孔的终加工。

(8)钻—拉。该方法适合加工大批量未淬硬的盘套类零件中心部位的通孔。

5.3 平面的加工

平面是盘形和板形零件的主要表面,也是箱体类零件的主要表面之一。根据平面所起的作用不同,大致可分为以下几种:

(1)非结合面。这类平面只是在外观或防腐蚀上有要求时才进行加工。

(2)结合面和重要结合面。如零件的固定连接平面等。

(3)导向平面。如机床的导轨面等。

(4)标准面。精密测量工具的工作面等。

平面的技术要求与外圆表面和内圆表面的技术要求稍有不同,一般平面本身的尺寸精度要求不高,其技术要求主要是以下三个方面:

① 形状精度,如平面度、直线度等。

② 位置精度,如平面之间的尺寸精度以及平行度、垂直度等。

③ 表面质量,如表面粗糙度、表层硬度、残余应力、显微组织等。

1. 平面的加工方法

(1)平面的车削加工。平面车削一般用于加工回转体类零件的端面,因为回转体类零件的端面大多与其外圆表面、内圆表面有垂直度要求,而车削可以在一次安装中将这些表面全部加工出来,有利于保证它们之间的位置要求。

平面车削的表面粗糙度 Ra 为 $6.3 \sim 1.6 \ \mu m$,精车后的平面度误差在直径为100 mm的端面上最小可达 $5 \sim 8 \ \mu m$。

中小型零件的端面一般在卧式车床上加工;大型零件的平面则可在立式车床上加工。

(2)平面的刨削加工和拉削加工。刨削和拉削一般适合水平面、垂直面、斜面、直槽、V形槽、T形槽、燕尾槽的单件小批量的粗、半精加工。平面刨削分粗刨和精刨,精刨后的表面粗糙度 Ra 为 $3.2 \sim 1.6 \ \mu m$,两平面间的尺寸公差等级可达 IT8 $\sim$ IT7,直线度为 $0.12 \sim 0.04 \ mm/m$。在龙门刨床上采用宽刀精刨技术,其表面粗糙度 Ra 为 $0.8 \sim 0.4 \ \mu m$,直线度不大于 $0.02 \ mm/m$。

平面刨削和拉削常用的设备有牛头刨床、龙门刨床、插床和拉床等。牛头刨床一般用于加工中小型零件上的平面和沟槽;龙门刨床多用于加工大型零件或同时加工多个中型零件上的平面和沟槽;孔内平面(如孔内槽、方孔)的加工一般在插床和拉床上进行。拉削也用于中小尺寸外表面的大批量加工,其中较小尺寸的平面用卧式拉床,较大尺寸的平面在立式拉床上加工。拉削加工的尺寸公差等级为 IT9 $\sim$ IT7,表面粗糙度 Ra 为 $1.6 \sim 0.4 \ \mu m$。

(3)平面的铣削加工。铣削是加工平面的主要方法之一,铣削平面适合加工各种不同形状的沟槽,平面的粗、半精和精加工。平面铣削分粗铣和精铣,精铣后的表面粗糙度 Ra 为 $3.2 \sim 1.6 \ \mu m$,两平面间的尺寸公差等级为 IT8 $\sim$ IT7,直线度可达 $0.12 \sim 0.08 \ mm/m$。

平面铣削常用的设备有卧式铣床、立式铣床、万能升降台铣床、工具铣床、龙门铣床等。中小型工件的平面加工常在卧式铣床、立式铣床、万能升降台铣床、工具铣床上进行,大型工件表面的铣削加工可在龙门铣床上进行。精铣平面可在高速大功率的高精度铣床上采用高速铣新工艺。

(4)平面的磨削加工。磨削是平面精加工的主要方法之一,一般是在铣削、刨削加工基础上进行。主要用于中小型零件高精度表面及淬火钢等硬度较高表面的加工。

磨削后表面粗糙度 Ra 为 $0.8 \sim 0.2 \ \mu m$,两平面间的尺寸公差等级为IT6 $\sim$ IT5,直线度可达 $0.03 \sim 0.01 \ mm/m$。

平面磨削常用的设备有平面磨床、外圆磨床、内圆磨床等。回转体零件上端面的精加工可以在外圆磨床或内圆磨床上与相关的内外圆在一次安装中同时磨出,以保证它们之间有较高的垂直度。

(5)平面的光整加工。平面的光整加工方法主要有研磨、刮削和抛光等。

① 平面的研磨多用于中小型工件的最终加工,尤其当两个配合平面间要求的平面有很高的密合性时,常用研磨加工。

② 平面的刮削常用于工具、量具、机床导轨、滑动轴承的最终加工。

③ 平面抛光是在平面上进行精刨、精铣、精车、磨削后进行的表面加工。经抛光后，可将前一道工序的加工痕迹去掉，从而获得光洁的表面。抛光一般能减小表面粗糙度，提高表面质量，而不能提高原有的加工精度。

2. 平面加工方法的选择

常用的平面加工方法如图 5.3 所示。

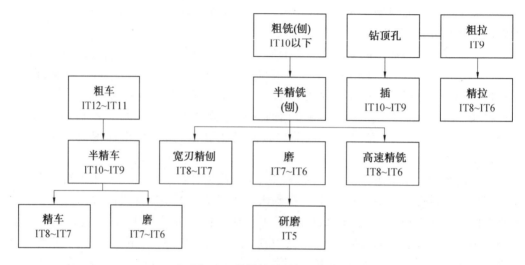

图 5.3　常用的平面加工方法

(1)粗车—半精车—精车。该方法用于精度要求较高但不需淬硬及硬度低的非铁金属、合金回转体零件端面的加工。

(2)粗车—半精车—磨。该方法用于精度要求较高且需淬硬的回转体零件端面的加工。

(3)粗刨—半精刨—宽刃精刨。该方法用于不淬火的大型狭长平面，如机床导轨面的加工以刨代磨减少工序周转时间。

(4)粗铣—半精铣—高速精铣。该方法用于中等以下硬度、精度要求较高的平面加工。

(5)粗铣(刨)—半精铣(刨)—磨—研磨。该方法用于精度和表面质量要求特别高，且需淬硬的工件表面的加工，如精密的滑动配合平面、块规工作面等。

(6)钻—插。该方法用于单件小批量及加工精度要求不高的孔内平面和孔内槽的加工。

(7)钻—拉。该方法用于大批量及加工精度要求较高的孔内平面和孔内槽的加工。

(8)粗拉—精拉。该方法用于硬度不高的中小尺寸外表平面的大批量加工。

5.4 其他成形表面的加工

5.4.1 螺纹加工方法

1. 车削螺纹

在车床上用螺纹车刀车削螺级是普通的螺纹加工方法,其加工精度可达 IT8～IT4,表面粗糙度 Ra 为 3.2～0.4 μm。车螺纹时工件与螺纹车刀间的相对运动必须保持严格的传动比关系,即工件每转一周,车刀沿着工件轴向移动一个导程。车削螺纹生产率低,劳动强度大,对工人的技术要求高,但因车削螺纹刀具简单,机床调整方便,通用性广,在单件及小批量生产中得到广泛的应用。

2. 铣削螺纹

铣削螺纹是采用螺纹铣刀以铣削方式加工螺纹,多用于螺纹的粗加工,生产率较高。根据铣刀结构的不同分为以下三种螺纹铣削方式。

(1)盘铣刀铣螺纹。如图 5.4 所示,盘铣刀铣削螺纹是将工件装夹在铣床分度头上,铣刀轴线与工件轴线倾斜一个 ϕ 角(ϕ 等于工件螺纹升角),通常一次走刀即能切出所需螺纹。为改善切削条件,刀齿两侧做成错齿结构,以增大侧刃容屑槽。铣削时铣刀高速旋转做主运动,转速为 n_0;分度头把主轴的转动 n_w 与工作台的进给量 f 联系起来,从而实现螺旋运动,螺纹铣削的加工精度可达 IT9～IT8,螺纹的表面粗糙度 Ra 可达 1.6 μm。盘铣刀铣螺纹适合加工大直径、大螺距的外螺纹,常用于粗切蜗杆或梯形螺纹。由于盘铣刀铣螺纹的生产率较高,劳动强度不太大,所以常用于成批量的生产中。

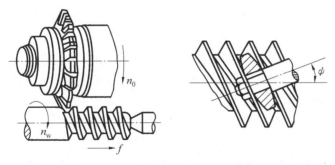

图 5.4　盘铣刀铣螺纹

(2)旋风铣刀铣削螺纹。旋风铣刀盘是利用装在特殊刀盘上的几把硬质合金刀头进行高速铣削各种内外螺纹,也称旋风铣削刀盘。如图 5.5 所示,旋风铣刀铣削外螺纹时,旋风刀头是安装在车床床鞍上的,由单独的电动机带动,工件安装在卡盘上或前后顶尖之间。旋风铣刀盘中心相对工件中心偏移一个距离 e,且铣刀盘轴线相对工件轴线倾斜一个螺纹升角 λ。加工时,刀盘作高速旋转(n_0＝1 000～1 600 r/min)主运动;螺旋进给运动是车床主轴带动工件旋转(n_w＝4～25 r/min)以及床鞍带动旋风铣刀头纵向移动两个运动的合成。工件每转一周,旋风铣刀头沿工件轴线移动一个导程,一次走刀,即能切出工件螺纹。

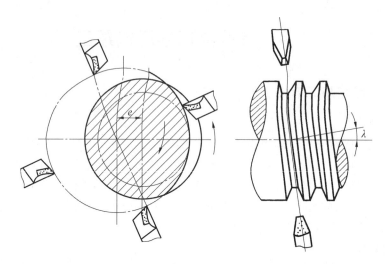

图 5.5　旋风铣刀铣削外螺纹

旋风铣刀铣削螺纹具有很多优点,切削速度快,走刀次数少(一般只需一次走刀),加工生产率高(较片铣刀铣削高 3～8 倍),适用范围广(三角形、矩形、梯形等),而且旋风铣刀铣削螺纹所用的刀具为普通硬质合金刀,成本低,易换易磨。

旋风铣刀铣削螺纹的加工精度可达 IT9～IT8,螺纹表面粗糙度 Ra 可达 $1.6~\mu m$。旋风铣刀铣削螺纹适合加工大中直径且螺距较大的外螺纹,以及大直径的内螺纹。

旋风铣刀铣削螺纹的加工生产率较高,劳动强度较低,加工精度较稳定,所以通常用于大批量生产。旋风铣刀铣削螺纹适合加工长螺纹,不宜加工短螺纹。

3. 攻螺纹

采用手动丝锥或机动丝锥攻内螺纹(旧称攻丝)是最常用的内螺纹加工方法,加工精度可达 IT7～IT6 级,表面粗糙度 Ra 可达 $1.6~\mu m$。

丝锥是加工各种内螺纹的标准刀具之一,它本质上是一带有纵向容屑槽的螺栓,工作部分由切削锥与校准部分组成,其结构简单,使用方便,在中小尺寸的螺纹加工中,应用极为广泛,生产率较高。

丝锥的种类很多,按不同用途和结构可分为手用丝锥、机用丝锥、螺母丝锥、锥形丝锥、梯形丝锥等,如图 5.6 所示。其工作部分由切削锥与校准部分组成。手用丝锥用手操作,常用于单件小批量生产和修配工作。机用丝锥因其切削速度较高,一般用于成批量及大批量生产。

4. 板牙套切外螺纹

采用板牙套切外螺纹(旧称套丝)适合加工直径 M16 及螺距 2 mm 以下的外螺纹,螺纹加工精度为 IT8～IT6;表面粗糙度 Ra 为 $1.6~\mu m$。板牙套切螺纹适合各种批量生产,其中手动套切螺纹劳动强度大而生产率低,机动套螺纹的劳动强度较低而生产率较高。

板牙实质上是具有切削角度的螺母,是加工与修整外螺纹的标准刀具,沿轴向钻有 3～8 个排屑孔以形成切削刃,并在两端做有切削锥。圆板牙的螺纹廓形是内表面,难以磨削,影响被加工螺纹的质量,因而它仅能用来加工精度和表面质量要求不高的螺纹。如图 5.7 所示,板牙两端面上都磨出切削锥角 2φ,齿顶经铲磨形成后角,中间部分为校准齿。

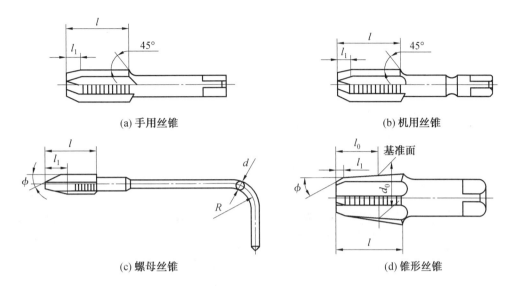

(a) 手用丝锥   (b) 机用丝锥

(c) 螺母丝锥   (d) 锥形丝锥

图 5.6 常用的几种丝锥

l_1—切削部分；l_0—校准部分；l—工作部分

圆板牙使用时，是靠它外圆周上的紧固孔用螺钉将它紧固在板牙套中。当板牙的校准部分磨损超差后，切开 60°缺口槽，拧紧外圆周上的调节螺钉，则可迫使板牙孔径收缩。

攻螺纹和套螺纹的加工精度较低，主要用于精度要求不高的普通连接螺纹。因为攻螺纹与套螺纹操作简单，生产效率高，成品的互换性也较好，在加工小尺寸螺纹表面中得到了广泛的应用。

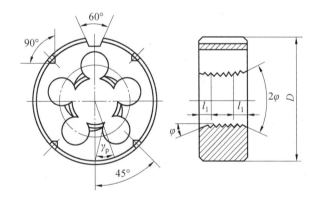

图 5.7 板牙

5. 滚压螺纹

滚压螺纹是利用金属材料塑性变形原理来加工螺纹的，该加工方法生产率高，材料利用率高，力学性能好，机械强度高，加工螺纹质量较好，加工精度为 IT7～IT4，表面粗糙度 Ra 为 $0.8～0.2\ \mu m$。这种螺纹滚压方法目前已广泛应用于大批量生产中。常用的滚压工具有滚丝轮与搓丝板，如图 5.8 所示。

（1）滚丝轮。如图 5.8(a)所示，两个滚丝轮组成一套，两个滚丝轮螺纹旋向均与工件螺纹旋向相反。动轮向静轮径向靠拢时，工件逐渐受压形成螺纹。两轮中心距达到预定尺寸后,停止进给,继续滚转几周以修正螺纹廓形,随后退出即可取下工件。

（2）搓丝板。搓丝板由动静两块板组成,成对使用丝板。如图 5.8(b)所示,工件进入两块搓板之间,随着搓丝板的运动迫使其旋转,最终压出螺纹。由于受到行程限制,搓丝板只适合加工直径 24 mm 以下的螺纹。

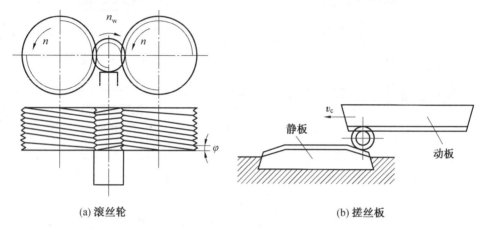

(a) 滚丝轮　　　　　　　　　　　(b) 搓丝板

图 5.8　滚压螺纹

6. 磨削螺纹

如图 5.9 所示,螺纹磨削是在高精度的螺纹磨床上用砂轮进行磨削,是螺纹精加工的重要手段。磨削后的螺纹精度为 IT4～IT3,表面粗糙度 Ra 为 0.8～0.2 μm。由于螺纹磨削的生产率较低,成本较高,所以主要用于精度要求高的传动螺纹,例如丝杠和蜗杆的精加工。

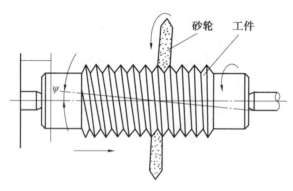

图 5.9　磨削螺纹

5.4.2　螺纹加工方法的合理选择

表 5.1 为螺纹常用加工方法比较。表中提供了不同加工方法对应的加工精度、表面粗糙度,以及应用范围,可供选择螺纹加工方法时参考。

表 5.1　螺纹常用加工方法比较

加工方法		螺纹精度等级（IT）	表面粗糙度 $Ra/\mu m$	应用范围
车削螺纹		IT8～IT4	3.2～0.8	单件小批量生产，加工轴盘、盘、套类零件与轴线同心的内外螺纹以及传动丝杠和蜗杆等
铣削螺纹	盘铣刀铣削	IT9～IT8	6.3～3.2	成批及大批量生产大螺距、长螺纹的粗加工和半精加工
	旋风铣削			大批量及大量生产螺杆和丝杠的粗加工和半精加工
磨削螺纹		IT4～IT3	0.8～0.2	各种批量螺纹精加工或直接加工淬火后小直径的螺纹
攻内螺纹		IT7～IT6	6.3～1.6	各类零件上的小直径螺孔
套外螺纹		IT7～IT6	6.3～1.6	单件及小批量生产使用板牙，大批量及大量生产可用螺纹切头
滚轧螺纹		IT7～IT4	0.8～0.2	纤维组织不被切断，强度高，硬度高，表面光滑，生产率高，应用于大批量及大量生产中加工塑性材料的螺纹

5.4.3　齿形加工

齿轮是传递运动和动力的重要零件，在机械、仪器、仪表中应用广泛。齿轮工作性能、承载能力、使用寿命及工作精度与齿轮齿形加工质量有密切的关系。渐开线圆柱齿轮传动是齿轮传动的多种形式中应用最多的一种，本节仅对渐开线圆柱齿轮的齿形加工做简要叙述。

按齿面成形原理的不同，齿面加工方法分为两大类，即成形法和展成法。成形法加工是利用与齿轮齿槽形状完全相符的成形刀具加工出齿面的方法，如铣齿、拉齿和成形磨齿等。展成法加工时齿轮刀具与工件按齿轮副的啮合关系做展成运动，工件齿面由刀具的切削刃包络而成，如滚齿、插齿、剃齿和珩齿等，加工精度和生产率都较高，应用十分广泛。

1. 成形法铣齿

成形法是用与被加工齿轮齿槽形状相同的成形刀具切削齿轮。成形法加工齿面所使用的机床一般为普通铣床，刀具为成形铣刀，需要两个简单成形运动：刀具的旋转运动为主运动，工件的直线移动为进给运动，如图 5.10 所示。铣削时铣刀做旋转主运动，工作台带着分度头、齿坯做纵向进给运动，实现齿槽的成形铣削加工。铣完一个齿槽后，齿轮坯作分度运动，转过 $360°/z(z$ 为被加工齿轮的齿数)，然后再铣下一个齿槽，直到全部齿槽铣削完毕。

根据形状的不同,齿轮铣刀可分为指形齿轮铣刀,如图 5.10(a)所示,盘形齿轮铣刀,如图 5.10(b)所示。盘形齿轮铣刀主要用于加工模数小于 8 的齿轮,也可用于加工斜齿轮、人字齿轮和齿条。指形齿轮铣刀则用于加工模数大于 8 的直齿轮、斜齿轮和人字齿轮等,并且它也是目前唯一能加工多列人字齿轮的刀具。

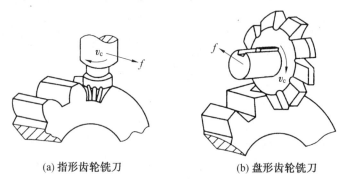

(a) 指形齿轮铣刀   (b) 盘形齿轮铣刀

图 5.10　成形齿轮铣刀

成形法加工的优点是机床较简单,并可以利用通用机床加工;缺点是加工精度较低,在 IT9 级以下,表面粗糙度 Ra 为 $6.3 \sim 3.2~\mu m$,而且每加工完一个齿槽后,工件需要周期地分度一次,因而生产率较低,一般用于单件、小批量生产或加工重型机械中精度要求不高的大型齿轮。

2. 展成法滚齿

展成法加工齿轮是利用齿轮的啮合原理把齿轮的啮合副中的一个转化为刀具,另一个转化为工件,并强制刀具与工件严格地按照运动关系啮合(做展成运动),则刀具切削刃在各瞬时位置的包络线就形成了工件的齿廓线。

滚齿加工过程是连续的,是齿形加工中生产效率高,应用最广泛的一种加工方法。滚齿的通用性好,一把滚刀可以加工模数相同而齿数不同的直齿或斜齿轮。但在加工双联或多联齿轮时应留有足够的退刀槽,对于内齿轮则不能加工。

滚齿可加工精度为 IT9~IT8 的齿轮,也可以进行 IT7 级以上精度齿轮的粗加工和半精加工,表面粗糙度 Ra 为 $6.3 \sim 3.2~\mu m$。滚齿可获得较高的运动精度,但因参加切削的刀齿数有限,齿面的表面粗糙度较差。

(1)齿轮滚切原理及其特点。滚齿加工是在滚齿机上用展成法加工渐开线圆柱齿轮。如图 5.11(a)所示,滚刀与齿坯按啮合传动关系做相对运动,在齿坯上切出齿槽,形成了渐开线齿面。在滚切过程中分布在螺旋线上的滚刀各刀齿相继切出齿槽中一薄层金属,每个齿槽在滚刀旋转中由几个刀齿依次切出,渐开线齿廓则由切削刃一系列瞬时位置包络而成,如图 5.11(b)所示。由滚刀的旋转运动和工件的旋转运动组成的复合运动($B_{11} + B_{12}$)称为展成运动。当滚刀与工件连续啮合转动时,便在工件整个圆周上依次切出所有齿槽。在这一过程中,齿面的形成与齿轮分度是同时进行的,因而展成运动也就是分度运动。由于齿轮滚刀是以展成法加工齿轮的,它的切削过程相当于一对相错轴螺旋齿轮的啮合过程,因此一种模数的齿轮滚刀可以加工出模数和齿形角相同但齿数、变位系数和螺旋角不同的各种圆柱齿轮。

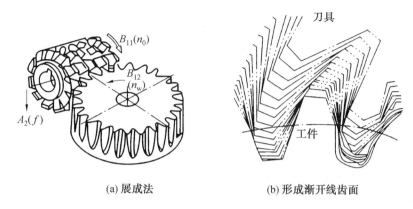

(a) 展成法   (b) 形成渐开线齿面

图 5.11   滚齿加工过程

与插齿加工等其他加工方法相比,滚齿加工有下述几个突出的优点:

① 滚齿加工过程是连续的,不像插齿和刨齿那样存在空程的问题,所以生产率很高。

② 滚齿加工的操作和调整十分简便,不仅可以加工直齿轮,还可以加工螺旋角不同的各种斜齿轮。但用插齿加工方法加工直齿轮时需用直齿插齿刀,而加工斜齿轮时则需用相应的斜齿插齿刀。因此滚齿比插齿具有更好的通用性。

③ 滚齿加工容易保证被加工齿轮有较精确的齿距,这是因为工件周节上的两端点是由滚刀(单头)同一刀齿上固定点所形成的,因此滚刀的齿距误差并不影响被切齿轮的正确位置。滚齿加工的这一特点使其特别适合加工要求周节累积误差小的各种齿轮。

由于滚齿加工有上述突出的优点,因此是最常用的齿轮加工方法,齿轮生产中一般均优先采用滚齿加工。

(2)直齿圆柱齿轮滚切原理。用滚刀加工直齿圆柱齿轮时,机床需要两个表面成形运动,即展成运动和进给运动;需要三条传动链,即主运动传动链、展成运动传动链和进给运动传动链。图 5.12 为滚切直齿圆柱齿轮的传动原理图。

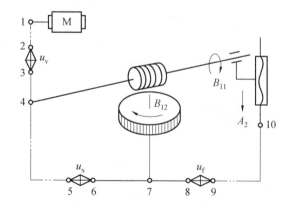

图 5.12   滚切直齿圆柱齿轮的传动原理图

① 展成运动传动链。联系滚刀主轴的旋转运动 B_{11} 和工件旋转运动 B_{12} 的传动链(4—5—u_x—6—7— 工作台)为展成运动传动链,保证工件和刀具之间严格的运动关系,

其中换置机构 u_x 用来适应工件齿数和滚刀头数的变化。这是一条内联系传动链,它不仅要求传动比准确,还要求滚刀和工件两者旋转方向必须符合一对交错轴螺旋齿轮啮合时相对运动方向。

② 主运动传动链。主运动传动链是联系动力源和滚刀主轴的传动链。主运动传动链为电动机 —1—2—u_v—3—4— 滚刀。这是一条外联系传动链,其传动链中换置机构 u_v 用于调整渐开线齿廓的成形速度。

③ 进给运动传动链。为了切出整个齿宽,滚刀在自身旋转的同时,必须沿工件轴线做直线进给运动 A_2,滚刀的垂直进给运动是由滚刀刀架沿立柱导轨移动实现的。将工作台和刀架联系起来的垂直进给运动传动链为 7—8—u_f—9—10,传动链中的换置机构 u_f 用以调整垂直进给量的大小和进给方向,以适应不同加工表面粗糙度的要求。由于刀架的垂直进给运动是简单运动,所以这条传动链是外联系传动链。通常以工作台(工件)每转一转,刀架的位移来表示垂直进给量的大小。

(3)斜齿圆柱齿轮滚切原理。斜齿圆柱齿轮齿长方向不是直线而是螺旋线,因此加工斜齿圆柱齿轮也需要两个成形运动:一个是形成渐开线齿廓的展成运动;另一个是形成螺旋线齿长的运动。前者与加工直齿圆柱齿轮相同,后者要求当滚刀沿工件轴向移动时,工件在展成法运动 B_{12} 的基础上再产生一个附加转动,以形成螺旋齿形线轨迹。

图 5.13 为滚切斜齿圆柱齿轮的传动原理图,其中展成运动传动链、垂直进给运动传动链、主运动传动链与直齿圆柱齿轮的传动原理相同,只是在刀架与工件之间增加了一条附加运动传动链:刀架(滚刀移动 A_{21})—12—13—u_y—14—15— 合成机构 —6—7—u_x—8—9 工作台(工件附加转动 B_{22}),以保证螺旋齿形线,这条传动链亦称为运动传动链,其中换置机构 u 适应工件螺旋线导程和螺旋方向的变化。工件的实际旋转运动是由展成运动 B_{12} 和形成螺旋线的附加运动 B_{22} 合成的。

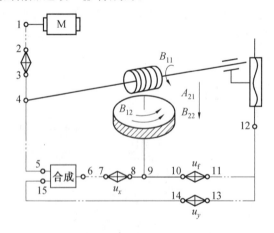

图 5.13 滚切斜齿圆柱齿轮的传动原理图

(4)滚刀。如图 5.14 所示的滚刀,可加工外啮合的直齿、斜齿圆柱齿轮,生产率较高,应用最广泛,加工范围大,从模数大于 0.1 到小于 40 的齿轮,同一把滚刀可以加工模数相同、齿数不同的齿轮。为了使滚刀能切出正确的齿形,滚刀切削刃应当分布在蜗杆的同一螺旋表面上,这个蜗杆称为滚刀的基本蜗杆。滚刀的基本蜗杆有渐开线、阿基米德和法向直廓三种。理论上,加工渐开线齿轮应用渐开线蜗杆,但其制造困难;而阿基米德蜗杆轴向剖面的齿形为直线,易于制造,生产中常用阿基米德蜗杆代替渐开线蜗杆。

3. 插齿加工

(1)插齿原理。与滚齿加工一样,插齿加工也是用展成法加工齿轮,它一次完成粗精加工,加工精度为 IT8~IT7,与滚齿加工相比,插齿加工的齿形精度高,表面粗糙度 Ra 可达 1.6 μm,但生产率相对较低,适合加工内齿轮、双联齿轮或多联齿轮。

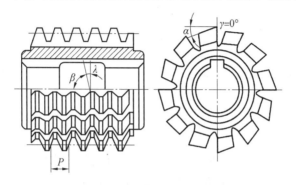

图 5.14 整体式齿轮滚刀图

插齿机的加工原理类似一对相啮合的直齿圆柱齿轮,其中一个是工件,另一个是刀具,刀具的模数和压力角分别与被加工齿轮的模数和压力角相等,但每个齿的渐开线齿廓和齿顶上都做成刀刃形状,形成了齿轮形插齿刀。图 5.15 为插齿原理及加工时所需的成形运动。插齿刀旋转和工件旋转组成展成运动,插齿刀沿工件轴线方向高速上下往复运动形成切削加工主运动(加工直齿圆柱齿轮),工件齿槽的齿形曲线是插齿刀刀刃多次切削的包络线。

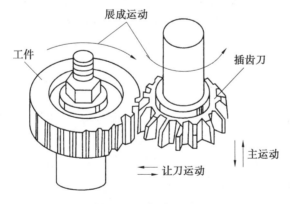

图 5.15 插齿原理

此外,插齿加工还有插齿刀的径向进给运动(逐渐切至工件的全齿深)和刀具回程时使刀具与工件分离的工作台的让刀运动(避免回程时擦伤齿面、磨损刀具)。在插齿机上加工斜齿圆柱齿轮时必须采用斜齿插齿刀,其螺旋角与工件螺旋角相等而方向相反,如图 5.16 所示。

为了使插齿刀刀刃在运动时形成斜齿的齿形,将刀具主轴安装在螺旋导轨中,当刀具主轴作往复运动时,刀具主轴上的螺旋面与固定的导轨螺旋面相对滑动,使刀具主轴产生相应的附加回转运动。螺旋导轨的导程应等于插齿刀和工件的导程。加工螺旋角不同的工件时,须更换插齿刀及螺旋导轨。由于螺旋导轨的制造难度较大因此适用于大批量生产。

插齿适合加工内齿轮、双联多联齿轮、齿条、扇形齿轮。因为插齿过程中参与包络的刀刃数比滚齿时多,所以齿形表面粗精度值小。插齿刀的切削速度受往复运动惯性限制难以提高,而且还有空行程损失,所以生产率较低。

(2)插齿刀。标准直齿插齿刀按其结构特点,可分为盘形、碗形和锥柄形三种类型,

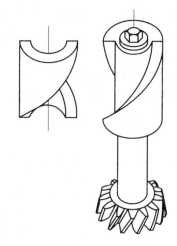

图 5.16　斜齿插齿刀

如图 5.17 所示。盘形插齿刀主要用于加工直齿、外齿轮及大模数的内齿轮;碗形插齿刀主要用于加工多联齿轮和带凸肩的齿轮;锥柄插齿刀主要用于加工内齿轮。

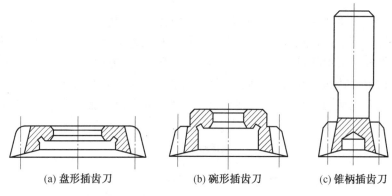

(a) 盘形插齿刀　　　(b) 碗形插齿刀　　　(c) 锥柄插齿刀

图 5.17　插齿刀

4. 剃齿加工

剃齿加工是对未经淬硬的工件进行精加工的常用方法,可减小被剃齿轮的表面粗糙度,使齿轮精度提高一至二级,可达到的精度为 IT7～IT6,表面粗糙度 Ra 为 1.6～0.32 μm。剃齿加工通常用于成批和大量生产,特别适合加工对工作平稳性和低噪声有较高要求而对运动精度要求不是很高的齿轮。

(1)剃齿加工原理。剃齿加工过程实质上就是一对交错轴圆柱螺旋齿轮相互啮合的过程,即剃齿刀 1 与被加工齿轮 2 做无间隙啮合而自由对滚的切削过程,如图 5.18 所示。剃齿时,经过预加工的工件装在心轴上,装夹在机床工作台上的两顶尖间,可以自由转动;剃齿刀装在机床主轴上,在机床的带动下与工件作无侧隙的螺旋齿轮啮合传动。剃齿加工属于自由啮合的展成运动。剃齿刀的齿面在工件齿面上进行挤压和滑移,刀齿上的切削刃从工件齿面上切下很薄的余量。

剃齿加工需具备以下运动:

① 剃齿刀高速正反转——主运动。

② 工件沿轴向的往复运动——剃出全齿宽。

③ 工件每往复一次后的径向进给运动——剃出全齿深。

（2）剃齿加工的工艺特点。

① 剃齿刀与工件之间无强制啮合运动，是自由对滚,故机床结构简单,调整方便。

② 剃齿加工效率高,一般只要 2～4 min 便可完成一个齿轮的加工。

③ 剃齿加工对齿轮的齿形误差和基节

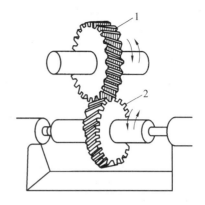

图 5.18　剃齿加工原理
1—剃齿刀;2—被加工齿轮

误差有较强的修正能力,有利于提高齿轮的齿形精度,但对齿轮的切向误差修正能力差,因此在工序安排上应采用滚齿作为剃齿的前工序。因为滚齿的运动精度比插齿好,虽然滚齿后的齿形误差比插齿大,但这在剃齿工序中很容易被纠正。

④ 剃齿加工精度主要取决于剃齿刀,只要剃齿刀本身的精度高刃磨好,就能剃出表面粗糙度值小精度高的齿轮。

（3）剃齿刀。剃齿刀用于未淬硬的直齿、斜齿圆柱齿轮的精加工。剃齿刀结构如图5.19 所示。剃齿刀的螺旋角有 15°、10°、5°三种,15°螺旋角多用于加工直齿圆柱齿轮,5°螺旋角多用于加工斜齿轮和多联齿轮中的小齿轮。剃削齿轮前需用专用的剃前滚刀或剃前插齿刀加工齿形并留有剃削余量。剃齿刀生产率高,寿命长,但价格贵,在成批量及大批量生产中使用较多。

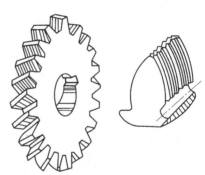

图 5.19　剃齿刀

5. 珩齿加工

珩齿主要用来减小齿轮热处理后的表面粗糙度值,提高齿轮工作平稳性,其加工精度很大程度上取决于前工序的加工精度和热处理的变形量。珩齿加工和剃齿加工相似,将剃齿加工中的剃齿刀换成珩磨齿轮,带动工件齿轮旋转,实现展成啮合。珩磨齿轮的结构与斜齿轮的结构相同,其材质组成与砂轮相似,只是磨粒和空隙较少,结合剂较多,所以强度较高,而且磨料粒度较细。展成啮合中,由于珩磨齿轮齿面和被加工齿轮齿面相互滑动所产生的速度差（即切削速度）较小,所以对磨具有低速磨削、研磨和抛光的综合效果。珩磨切除的余量极小,被加工工件表面不会产生磨削烧伤。所以珩齿加工主要用于改善热处理后的齿面质量,一般表面粗糙度 Ra 为 $0.4～0.2~\mu m$。

由于珩齿加工表面质量好效率高,在成批量及大批量生产中得到了广泛的应用,是淬硬齿轮常用的精加工方法。IT7 级精度的淬火齿轮,常采取滚齿－剃齿－齿部淬火－修正基准—珩齿的齿廓加工路线。

6. 磨齿加工

磨齿加工常用于对淬硬的齿轮进行齿廓精加工,由于采用强制啮合的方式能修正滚齿、插齿加工后齿轮的各项误差,因此加工精度较高,可达 IT6～IT4,表面粗糙度 Ra 为 $0.8～0.2\ \mu m$。但是,一般磨齿(除蜗杆砂轮磨齿外)加工效率较低,机床结构复杂,调整困难,加工成本高,因此主要用于加工精度要求很高的齿轮。

磨齿方法有成形法和展成法两大类,成形法磨齿精度较低,应用较少。下面主要介绍展成法磨齿,展成法磨齿又分为连续磨齿和分度磨齿两大类。

(1)连续磨齿。连续磨齿即蜗杆砂轮磨齿,如图 5.20 所示,其加工原理与滚齿类似。由于砂轮转速很高,而且分齿运动为连续运动,因而有很高的生产率。蜗杆磨齿机床的结构较复杂,同时蜗杆砂轮的制造和修整困难,所以连续磨齿加工的成本较高,主要用于大批量生产。

(2)分度磨齿。根据所用砂轮和机床不同,分度磨齿又分为锥形砂轮磨齿和双碟形砂轮磨齿两种。其工作原理基本相同,都是利用了齿条和齿轮的啮合原理,用砂轮代替齿条与被加工齿轮啮合,从而磨出齿轮面。齿条的齿廓是直线,形状简单,易于修整砂轮廓形。

图 5.21 为锥形砂轮磨齿。锥形砂轮磨齿是把砂轮的工作面修整成假想齿条的齿形,磨削时砂轮与被磨齿轮保持齿条与齿轮的强制啮合运动关系,从而获得渐开线齿形。磨削时砂轮高速旋转,被磨齿轮沿固定的假想齿条作往复纯滚动,分别磨出齿槽的两个侧面;砂轮沿齿轮轴向作往复进给运动,以便磨出全齿宽;每磨完一个齿槽,砂轮自动退离工件,工件自动进行分度。

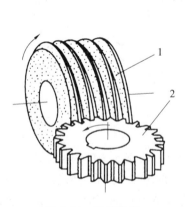

图 5.20　连续磨齿
1—蜗杆砂轮;2—加工齿轮

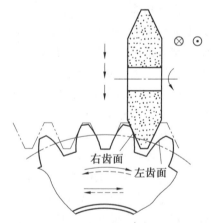

图 5.21　锥形砂轮磨齿

图 5.22 为双碟形砂轮磨齿。双碟形砂轮磨齿加工中两片碟形砂轮倾斜安装,砂轮的工作棱边构成假想齿条的两个齿侧面。在磨削过程中砂轮的高速旋转作为主运动;被磨齿轮则按齿轮齿条啮合原理作展成运动,即一边转动,一边移动,使工件被砂轮磨出渐开线齿形,同时沿齿轮轴向作往复进给运动切出全齿长,在磨完工件的两个齿侧表面后,工件快速退离砂轮,进行分度,继续磨削下两个齿面。

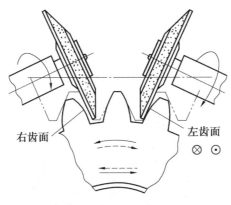

右齿面　　　　　　　　　左齿面

图 5.22　双碟形砂轮磨齿

5.4.4　圆柱齿轮齿形加工方法的选择

表 5.2 列出了常用圆柱齿轮齿形的加工方法和应用范围,供选用时参考。

表 5.2　常用圆柱齿轮齿形的加工方法和应用范围

加工方法	精度等级(IT)	表面粗糙度 $Ra/\mu m$	应用范围
铣齿	9级以下	6.3～3.2	单件、小批量生产直齿轮、斜齿轮及齿条
滚齿	8～7	3.2～1.6	各种批量生产直齿和斜齿轮、蜗轮
插齿		1.6	各种批量生产直齿轮、内齿轮、双联齿轮,大批量生产斜齿轮及小型齿条
剃齿	7～6	0.8～0.4	各种批量螺纹精加工或直接加工淬火后小直径的螺纹
珩齿		0.4～0.2	大批量生产中齿轮的最终精加工,或滚插预加工后或表面淬火前的半精加工
磨齿	6～3	0.4～0.2	高精度齿轮淬硬后的精加工

5.4.5　齿轮加工机床

在金属切削机床中,用来加工齿轮轮齿的机床称为齿轮加工机床。常用的齿轮加工机床有滚齿机和插齿机。

1. 滚齿机

图 5.23 为 Y3150E 型滚齿机外形图。此滚齿机可以加工外啮合圆柱直齿轮、斜齿轮。立柱 2 固定在床身 1 上,刀架溜板 3 可沿立柱上的导轨作垂直进给运动和快速移动,以实现滚刀的轴心进给及调整。安装滚刀的刀杆 4 固定在刀架体 5 中的刀具主轴上,主轴在刀架体上作旋转主运动,滚刀及刀架体能绕自身轴线倾斜一个角度,这个角度称为滚

刀安装角,其大小与滚刀的螺旋升角大小及旋向有关。安装工件用的心轴 7 固定在工作台 9 上,随工作台作展成运动,工作台与后立柱 8 装在床鞍 10 上,可沿床身导轨作径向进给运动或调整径向位置。支架 6 用于支撑工件心轴上端,以提高心轴的刚性。

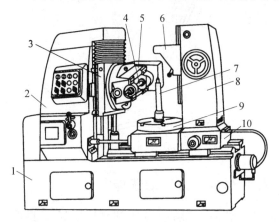

图 5.23　Y3150E 型滚齿机外形图
1—床身;2—立柱;3—刀架溜板;4—刀杆;5—刀架体;
6—支架;7—心轴;8—后立柱;9—工作台;10—床鞍

2. 插齿机

图 5.24 为插齿机外形图。插齿刀 2 装在刀具主轴 1 上,作垂直往复的高速切削运动并慢慢地旋转作圆周进给,主轴箱可沿立柱 3 作上下位置的调整,工件 4 装在工作台 5 上作圆周运动,并与插齿刀旋转运动相配合形成展成运动,并随同工作台一起,沿着床身 6 的导轨做直线运动,工件作径向进给实现径向切入运动,或者用作调整工件和刀具间的径向距离。

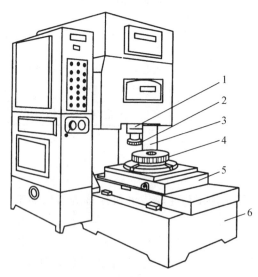

图 5.24　插齿机外形图
1—刀具主轴;2—插齿刀;3—立柱;4—工件;5—工作台;6—床身

复习思考题

1. 车削所能加工的典型表面有哪些？简述车削加工的工艺特点。

2. 车床上镗孔、车端面、切槽难度大的原因是什么？

3. 外圆磨削与外圆车削相比有何特点（试从机床、刀具、加工过程等方面进行分析）？

4. 试述无心外圆磨削的工作原理。为什么它的加工精度和生产率往往比普通外圆磨床高？

5. 什么是逆铣？什么是顺铣？试分析其工艺特点。

6. 试分析钻孔、扩孔和铰孔三种加工方法的工艺特点，并说明三种孔加工工艺之间的联系。

7. 在车床上钻孔和在钻床上钻孔产生的"引偏"，对所加工的孔有何不同影响？

8. 镗床上镗孔和车床上镗孔有何不同？

9. 比较铣平面、刨平面、车平面、拉平面、磨平面的工艺特征和应用范围。

10. 精镗床和坐标镗床各有什么特点？用于什么场合？

11. 螺纹加工有哪几种方法？各有什么特点？

12. 分析成形法和展成法加工圆柱齿轮各有何特点？

13. 分析滚切直齿圆柱齿轮的机床所需的运动。

14. 剃齿、珩齿和磨齿各有什么特点？应用于什么场合？

第6章　工艺过程的基本知识

6.1　基本概念

6.1.1　生产过程和工艺过程

1. 生产过程

制造机器时,由原材料制成各种零件并装配成机器的全过程,称为生产过程。它包括原材料的运输和保管,生产准备工作,毛坯制造,零件加工和热处理,产品装配、调试、检验以及油漆和包装等。

2. 工艺过程与工艺规程

工艺过程是生产过程中的主要部分。在生产过程中,直接改变原材料或毛坯的形状、尺寸、性能以及相互位置关系,使之成为成品的过程,称为工艺过程。工艺过程主要包括毛坯的制造(铸造、锻造、冲压等)、热处理、机械加工和装配。因此工艺过程可分为机械加工工艺过程、铸造工艺过程、锻造工艺过程、焊接工艺过程、热处理工艺过程、装配工艺过程等。

通常,把合理的工艺过程编写成技术文件(机械加工工艺过程卡片、机械加工工序卡片或工艺过程卡片)用于指导生产,这类文件称为工艺规程。

3. 机械加工工艺过程及其组成

机械加工工艺过程是指用机械加工的方法改变毛坯的形状、尺寸、相对位置和性质,使其成为合格零件的全过程。该过程直接决定零件及产品的质量和性能,对产品的成本、生产周期都有较大的影响,是整个工艺过程的重要组成部分。

组成机械加工工艺过程的基本单元是工序,工序又是由安装、工位、工步及走刀组成的。

(1)工序。工序是一个(或一组)工人在一台机床(或一个工作场地)上,对一个(或一组)工件连续进行的那一部分工艺过程。

划分工序的主要依据是工作地点是否改变以及加工是否连续。工序内容由被加工零件的复杂程度、加工要求及生产类型来决定,同样的加工内容,可以有不同的工序安排。图 6.1 为阶梯轴的加工要求。对单件、小批量生产及大批量生产时的工序安排分别见表6.1和表 6.2。

(2)安装。安装是工件经一次装夹所完成的那一部分工序称为安装。装夹是指将工件在机床或夹具中定位、夹紧的过程。工件在一道工序中可能有一次或几次安装,表 6.1 所示的工序 1 中,工件在一次装夹后还需要三次调头装夹,故该工序有四次安装。工件在加工过程中,应尽量减少装夹次数,以节省装夹时间,减少装夹误差。

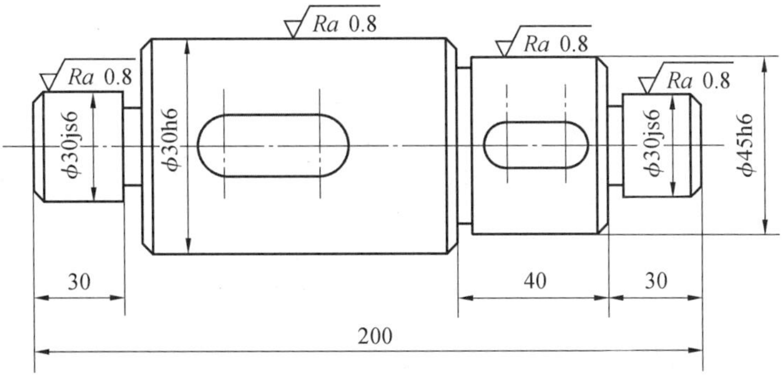

图 6.1 阶梯轴的加工要求

(3)工位。为了减少工件的安装次数,生产中常采用多工位卡具或多轴机床,使工件在一次装卡后经过若干个不同位置顺次进行加工。此时工件在机床上占据的每一个加工位置上所完成的那部分工序即称为一个工位。如表 6.1 中的工序 1 里面的车端面、钻中心孔就是两个工位。图 6.2 为多工位加工实例,即利用移动工作台或移动夹具,在一次装夹中顺次完成铣端面、钻两中心孔的两工位加工。

表 6.1 阶梯轴工艺过程(单件、小批量生产)

工序号	工序内容	设备
1	车端面,钻中心孔,粗车各外圆,半精车各外圆,切槽,倒角	车床
2	铣键槽	铣床
3	去毛刺	磨床

表 6.2 阶梯轴工艺过程(大批量生产)

工序号	工序内容	设备
1	两边同时铣端面,钻中心孔	铣端面、钻中心孔机床
2	粗车各外圆	车床
3	半精车各外圆,切槽,倒角	车床
4	铣键槽	铣床
5	去毛刺	钳工台
6	磨外圆	磨床

(4)工步。在加工表面、切削刀具、切削速度和进给量都不变的情况下所完成的那部分工序称为工步,而变化其中的一个因素就是另一个工步。

为提高生产率,用几把车刀同时加工几个表面,这也可以看作是一个工步,称为复合工步。

(5)走刀。在一个工步内,若余量较大,需分几次切削。切削刀具在加工表面上切削一次所完成的那部分工序,称为一次走刀。一个工步包括一次或几次走刀。

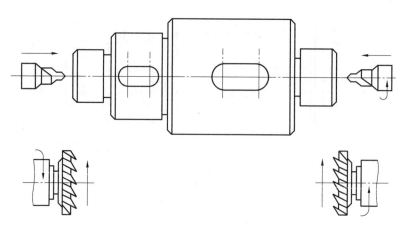

图 6.2　多工位加工

6.1.2　生产纲领与生产类型

1. 生产纲领

产品的生产纲领是指包括备品率和废品率在内的该产品的年产量。产品的生产纲领一般按市场需求量与本企业的生产能力而定。生产纲领是划分生产类型的依据,对工厂的生产过程及管理有着决定性的影响。

2. 生产类型

在制订机械加工工艺过程中,工序的安排不仅与零件的技术要求有关,而且与生产类型有关。生产类型是企业(或车间、工段、班组、工作地)生产专业化程度的分类。根据产品零件的大小和生产纲领的不同,机械制造生产一般可以分为单件生产、成批生产和大量生产三种不同的生产类型。成批生产根据批量的大小和产品的特征,又可分为小批生产、中批生产和大批生产。

表 6.3 按重型零件、中型零件和轻型零件的生产纲领划分出了不同的生产类型。

表 6.3　生产类型的划分

生产类型		同一零件的生产纲领		
		重型零件 (质量大于 2 000 kg)	中型零件 (质量为 100～2 000 kg)	轻型零件 (质量小于 100 kg)
单件生产		<5	<10	<100
成批生产	小批生产	5～100	10～200	100～500
	中批生产	100～300	200～500	500～5 000
	大批生产	300～1 000	500～5 000	5 000～50 000
大量生产		>1 000	>5 000	>50 000

在拟订零件的工艺过程时,由于生产类型不同所采用的加工方法、机床设备、工装、夹具、量具、毛坯以及对工人的技术要求等都有很大不同。各种生产类型的工艺特征见表 6.4。

表 6.4 各种生产类型的工艺特征

	单件生产	成批生产	大量生产
机床设备	通用设备	通用的和部分专用的设备	广泛使用高效率专用设备
夹具	通用夹具	广泛使用专用夹具	广泛使用高效率专用夹具
刀具和量具	一般刀具,通用量具	部分采用专用刀具和量具	使用高效率专用刀具和量具
毛 坯	木模铸造,自由锻	部分采用金属型铸造和模锻	金属型铸造模锻等
工艺规程	工艺路线卡片	简单工艺规程	详细工艺规程
对工人的要求	需要技术熟练的工人	需要技术比较熟练的工人	调整人员要求技术熟练,操作人员要求熟练程度较低

6.2 工件的安装与夹具

在机械加工前,必须将工件放在机床或夹具上,使其占有一个正确的位置,称为定位。在加工过程中,为了使工件能承受切削力,并保持其正确的位置,还必须把它压紧或夹牢,称为夹紧。工件从定位到夹紧的全过程称为安装。工件的安装方式对零件的加工质量、生产率和制造成本都有较大的影响。但无论采用哪种安装方法,都必须使工件在机床或夹具上正确的定位,以便保证被加工面的精度。

6.2.1 工件的定位

任何一个不受约束的物体,在空间具有六个自由度,即沿三个互相垂直坐标轴的移动(用 $\vec{x}, \vec{y}, \vec{z}$ 表示)和绕这三个坐标轴的转动(用 $\hat{x}, \hat{y}, \hat{z}$ 表示),如图 6.3 所示。因此要使物体在空间占有确定的位置,就必须约束这六个自由度。

1. 工件的六点定位原理

在机械加工中通过用一定规律分布的六个支撑点来限制工件的六个自由度,使工件在机床或夹具中的位置完全确定,称为工件的六点定位原理。如图 6.4 所示,可以设想六个支撑点分布在三个互相垂直的坐标平面内。其中,三个支撑点在 xOy 平面上,限制 $\hat{x}$、$\hat{y}$ 和 $\vec{z}$ 三个自由度;两个支撑点在 xOz 平面上,限制 $\vec{y}$、$\hat{z}$ 两个自由度;最后一个支撑点在 yOz 平面上,限制了 $\vec{x}$ 一个自由度。这样就限制了工件的六个自由度。

2. 六点定位原理的应用

在实际生产中,并不要求在任何情况下都要限制工件的六个自由度,一般要根据工件的加工要求来确定工件必须限制的自由度数。工件定位只要相应地限制那些对加工精度有影响的自由度即可,由此产生了下列各种定位情况。

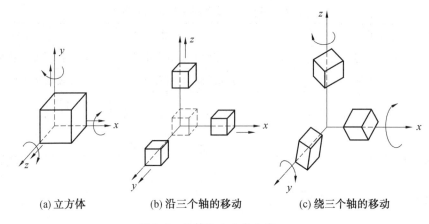

(a) 立方体　　　　　　(b) 沿三个轴的移动　　　　　(c) 绕三个轴的移动

图 6.3　物体的六个自由度

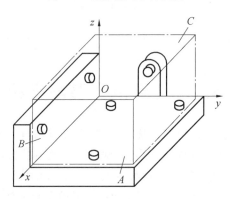

图 6.4　六点定位简图

（1）完全定位。工件的六个自由度都限制了定位称为完全定位。如图 6.5 所示，在铣床上铣削一批工件上的沟槽时，为了保证每次安装中工件的正确位置，保证三个加工尺寸 x、y、z，就必须限制六个自由度。

（2）不完全定位。没有完全限制六个自由度，但能保证加工要求的定位，称为不完全定位。图 6.6(a) 为铣削一批工件的台阶面，为保证两个加工尺寸 y 和 z，只需限制 $\vec{y}$、$\vec{z}$、$\hat{x}$、$\hat{y}$、$\hat{z}$ 五个自由度即可；图 6.6（b）为磨削一

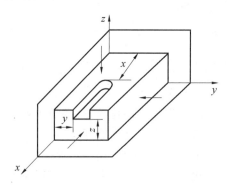

图 6.5　完全定位

批工件的顶面，为保证加工尺寸 z，仅需限制 $\hat{x}$、$\hat{y}$ 和 $\vec{z}$ 三个自由度。

（3）欠定位。按照加工要求应该限制的自由度而未得到限制，致使工件定位不足，这种情况称为欠定位。很显然，欠定位不能保证加工要求，因此是不允许出现的。

（4）过定位。若定位方案中的有些定位点重复限制了同一个自由度，这样的定位称为重复定位或过定位。如图 6.7(a) 所示，加工连杆大头孔时，圆柱销限制了 $\vec{x}$、$\vec{y}$ 和 $\hat{x}$、$\hat{y}$ 四

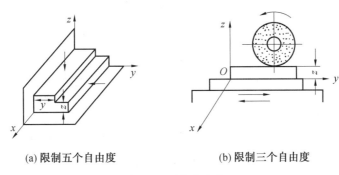

(a) 限制五个自由度   (b) 限制三个自由度

图 6.6 不完全定位

个自由度,支撑板限制了 $\vec{x}$ 和 $\hat{x}$、$\hat{y}$ 三个自由度,止销限制 $\hat{z}$ 一个自由度,其中 $\hat{x}$、$\hat{y}$ 被圆柱销和支撑板两个定位元件重复限制,便出现了过定位。若工件定位孔与端面的垂直度误差较大,而且圆柱销与孔的间隙又很小,当圆柱销刚度好时,定位情况如图 6.7(b)所示。定位后工件歪斜端面只有一点接触,压紧后必然使连杆变形。当圆柱销刚度不足时,则由于夹紧力的作用,圆柱销产生倾斜,如图 6.7(c)所示,工件也可能产生变形。两者都会引起被加工孔的位置误差,使连杆大小头孔的轴线不能平行。

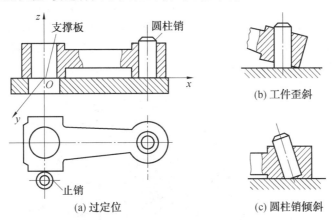

(a) 过定位   (b) 工件歪斜   (c) 圆柱销倾斜

图 6.7 连杆的过定位

6.2.2 夹具的基本概念

夹具是在机械制造过程中用来固定加工对象,使之占有正确的位置,以接受施工和检测的装置。它对保证加工精度、提高生产效率和减轻劳动强度有很大作用。

1. 夹具的种类

按使用范围的不同,机床夹具通常分为四类:

(1)通用夹具。通用夹具指已经标准化、不需特殊调整就可以用于加工不同工件的夹具,如通用三爪自定心卡盘和四爪单动卡盘、机床用平口虎钳、万能分度头、磁力工作台等。通常这类夹具作为机床附件由专业厂制造供应,它们的适应性较强,对于充分发挥机床的技术性能、扩大机床的使用范围起着重要作用,广泛应用于单件、小批量生产。

(2)专用夹具。专用夹具指为某一零件的加工而专门设计和制造的夹具,没有通用性。利用专用夹具加工工件,既可保证加工精度又可提高生产效率。但当产品更换或工序内容变动后,往往不能再使用。所以专用夹具适用于产品固定、工艺相对稳定、大批量零件的加工。

(3)可调夹具。可调夹具指当加工完一种工件后,经过调整或更换个别元件,即可用于另一种工件的夹具。它主要用于形状相似、尺寸相近的工件,多用于中小批量零件的生产。

(4)组合夹具。组合夹具指在夹具零部件完全标准化的基础上,针对不同的工件对象和加工要求拼装组合而成的夹具。此类夹具在使用完毕后可拆散重新装成其他夹具,具有组装迅速、准备周期短、能反复使用等优点,适合于单件、小批量、多品种零件的生产。

根据夹紧力源的不同,夹具又可分成手动夹具、气动夹具、电动夹具和液压夹具等。单件、小批量生产中主要使用手动夹具,而成批或大量生产中则广泛采用气动、电动或液压夹具等。

此外,按机床的不同还可分为车床夹具、铣床夹具、钻床夹具、镗床夹具、齿轮机床夹具和其他机床夹具等。

2. 夹具的构成

图 6.8 为在轴上钻孔所用的一种简单的专用夹具。钻孔时工件以外圆面定位在夹具的长 V 形块上,以保证所钻孔的轴线与工件轴线垂直相交。轴的端面与夹具上的挡铁接触,以保证所钻孔的轴线与工件端面的距离。工件在夹具上定位之后,拧紧夹紧机构的螺杆,将工件夹牢就可开始钻孔,钻孔时利用钻套定位并引导钻头。

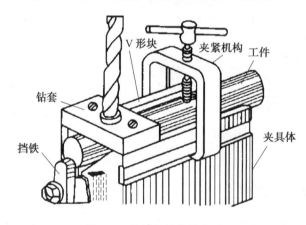

图 6.8　在轴上钻孔的夹具

虽然夹具的用途和种类各不相同,结构各异,但其主要组成与上例相似,可以概括为以下几个部分:

(1)定位元件。定位元件是夹具上与工件的定位基准接触,用来确定工件正确位置的零件。工件以平面定位时,用支撑钉和支撑板为定位元件。图 6.9 为平面定位用的定位元件(支撑钉和支撑板)的标准结构。支撑钉有三种形式:平头式用于已加工过的平面定位;球头式用于粗糙不平的毛坯面定位;带齿纹的形式可以增加摩擦力,但不易清除切屑,多用于侧面定位。

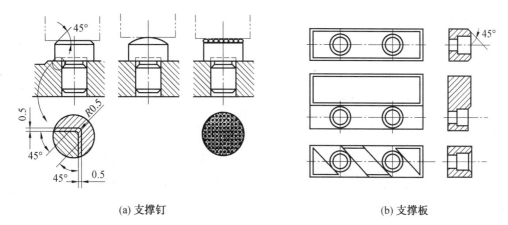

(a) 支撑钉   (b) 支撑板

图 6.9 平面定位用的定位元件(支撑钉和支撑板)的标准结构

工件以外圆柱面定位时用 V 形块和定位套筒作定位元件,如图 6.10 所示。

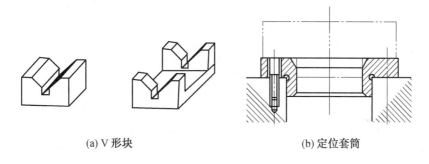

(a) V 形块   (b) 定位套筒

图 6.10 外圆柱面定位用的定位元件

工件以孔定位时用定位心轴(图 6.11)和定位销(图 6.12)作定位元件。

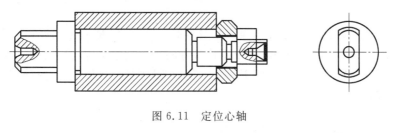

图 6.11 定位心轴

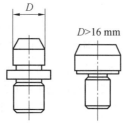

图 6.12 定位销

(2)夹紧机构。工件定位后,将其夹紧以承受切削力等作用的机构称为夹紧机构。例如图 6.8 为夹具上的螺杆和框架等,就是夹紧机构中的一种。常用的夹紧机构还有螺钉压板和偏心压板等,如图 6.13 所示。

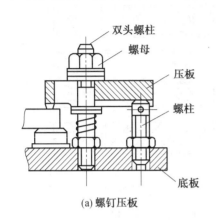 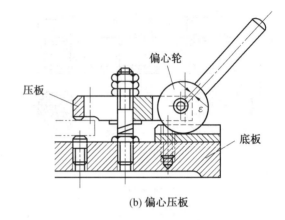

(a) 螺钉压板　　　　　　　　　　　　　　(b) 偏心压板

图 6.13　夹紧机构

(3)导向元件。导向元件是用来对刀及引导刀具进入正确加工位置的零件。例如图 6.8 所示夹具上的钻套。其他导向元件还有导向套、对刀件等。钻套和导向套主要用在钻床夹具(习惯上称为钻模)上,对刀件主要用在铣床夹具上。

(4)夹具体和其他部分。夹具体是夹具的基本零件,用它来连接并固定定位元件、夹紧机构和导向元件等,使之成为一个整体,并通过它将夹具安装在机床上。

根据加工工件的要求,有时还在夹具上设有分度机构、导向键、平衡铁和操作件等。

工件的加工精度在很大程度上取决于夹具的精度和结构,因此整个夹具及其零件都应具有足够的精度和刚度,并且结构要紧凑,形状要简单,装卸工件和清除切屑要方便等。

6.3　工艺规程的制订

规定产品或零部件制造过程和操作方法等的工艺文件,称为工艺规程。它是生产准备、生产计划、生产组织、实际加工及技术检验等的重要技术文件,是进行生产活动的基础资料。根据生产过程中工艺性质的不同又可分为毛坯制造、机械加工、热处理及装配等不同的工艺规程。

6.3.1　工艺规程的内容和要求

零件的工艺规程就是零件加工的方法和步骤,其内容包括排列加工工序(包括毛坯制造、切削加工、热处理和检验),确定各工序所用的机床装夹方法、加工方法、测量方法、工装、夹具、量具、加工余量、切削用量和工时定额等。将这些内容用工艺文件形式表示出来,就是机械加工工艺规程,即通常所说的机械加工工艺卡片。

制订的零件加工工艺必须确保零件的全部技术要求,并使生产效率高,生产成本低,劳动生产环境好。在制订零件加工工艺时,尤其对较复杂零件的加工工艺要根据客观生产条件,经过反复实践反复修改,才能使之合理与完善。

6.3.2 制订工艺规程的一般步骤

1. 零件的工艺分析

首先要熟悉整个产品(如整台机器)的用途、性能和工作条件,结合装配图了解零件在产品中的位置、作用、装配关系以及其精度等技术要求对产品质量和使用性能的影响,然后从加工的角度对零件进行工艺分析。主要内容如下:

(1)检查零件的图样是否完整和正确。如视图是否足够、正确,所标注的尺寸、公差、表面粗精度和技术要求等是否齐全合理,并要分析零件主要表面的精度、表面质量和技术要求等在现有的生产条件下能否达到,以便采取适当的措施。

(2)审查零件材料的选择是否恰当。零件材料的选择应立足于国内,尽量采用我国资源丰富的材料,不要轻易选用贵重材料。另外,还要分析所选的材料会不会使工艺变得困难和复杂。

(3)审查零件结构的工艺性。零件的结构是否符合工艺性一般原则的要求,现有生产条件能否经济、高效、合格地加工出来,如果发现有问题应与有关设计人员共同研究,按规定程序对原图样进行必要的修改与补充。

2. 毛坯的选择

机械加工的加工质量、生产效率和经济效益在很大程度上取决于所选用的工件毛坯。常用的毛坯类型有型材、铸件、锻件、冲压件和焊件等,应根据零件的作用及受力情况,生产批量及工厂现有条件综合考虑。例如,轴套类零件都要承受动载荷,故应选用钢件型材做毛坯;对于某些要求高(有热处理要求)的零件,通常要经过锻造后的锻件作为毛坯;对于箱体类零件,其特点是形状结构复杂,大多数情况下是承受静载荷以及起容纳作用,一般选择铸件做毛坯;若零件数量很少且在试制产品阶段,则可以选择焊件作箱体零件的毛坯。这样选用工件毛坯既可以节约切削加工的工时,还可以节约大量材料。

3. 定位基准的选择

在加工过程中合理确定定位基准面,对保证零件的技术要求和工序的安排有决定性的影响。一般在选择主要表面加工方法的同时就要确定其定位基准面。对于三类典型零件常作如下选择:

(1)阶梯轴类零件。对于阶梯轴类零件常选择两端中心孔作为定位基准面,如图6.14所示。采用双顶尖装夹,车削或磨削外圆、螺纹和轴肩端面,这样能较好地保证各外圆、螺纹的同轴度(或径向圆跳动)和轴肩对轴线的垂直度(或端面圆跳动)的要求。在热处理后或磨削前一般要研磨中心孔,以提高中心孔的定位精度。

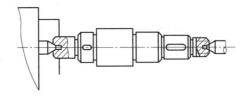

图 6.14 阶梯轴的加工

（2）盘套类零件。对于盘套类零件一般以轴线部位的孔作为定位基准面，采用心轴装夹，如图 6.15(a) 所示。车削或磨削其他表面能较好地保证各外圆和端面对孔轴线的圆跳动要求。值得注意的是，如果零件结构允许，常在一次装夹中完成孔及与其有关表面的精加工，不仅可获得较高的位置精度，而且加工十分方便，如图 6.15(b) 所示。

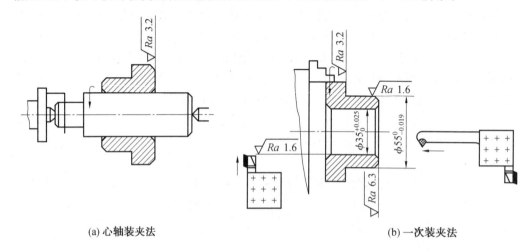

(a) 心轴装夹法　　　　　　　　　　　　　　　　(b) 一次装夹法

图 6.15　盘套类零件定位基准的选择

（3）机架箱体类零件。该类零件形状结构复杂，除有尺寸精度要求外，一般孔的轴线相对于底面（安装基准面）有位置精度要求。因此箱体类零件多采用主要的装配基准面（一般为最大的底平面）作为定位精基准。

图 6.16 为变速箱壳体的定位简图。该箱体的装配基准面为底面 P，轴装在孔 D 内。

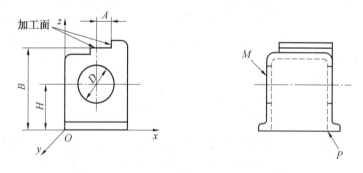

图 6.16　变速箱壳体的定位简图

因此，可以在 z 方向选用底平面 P 作为定位精基准（夹具上可以用两条经过精加工的窄长支撑块代替基准面）；在 y 方向选用侧平面 M 作为定位基准（夹具上可以用两个可调支撑来实现）。采用压板蝶栓等附件装夹即可进行加工。这样定位可以保证这两个加工面、孔的轴线与底面的平行度等位置精度要求。

4. 工艺路线的制订

制订工艺路线就是把加工工件所需的各个工序按顺序合理地排列出来，这是制订零件工艺规程的核心。主要内容包括：

（1）确定加工方案。确定加工方案即根据零件每个加工表面（特别是主要表面）的技术要求,选择较合理的加工方案(或方法)。常见典型表面的加工方案(或方法),可参照第5章有关内容确定。在确定加工方案(或方法)时除了表面的技术要求外,还要考虑零件的生产类型、材料性能以及工厂现有的加工条件等。若是大批量生产,应采用高效率设备与专用设备,如使用各种类型的组合机床,加工平面和孔采用拉床,加工轴类零件采用多刀车床、多轴车床或仿形车床。对于中小批量生产,则应选用通用设备或采用数控机床,以提高加工质量和生产率。在选择加工方法和加工设备时,应进行方案比较,优选加工成本最低的方案。

(2)加工阶段的划分。零件的机械加工一般要经过粗加工、半精加工和精加工几个阶段才能完成,对于特别精密的零件还要进行精密加工。

粗加工阶段应高效率地切除各加工表面的大部分余量,并为半精加工提供定位基准。

半精加工阶段的任务是完成次要表面的加工,使之达到图样要求,并为主要表面的精加工做好准备(如消除热处理变形、修整精加工用的定位基准等)。

精加工阶段主要是保证零件的尺寸精度、形状和位置精度,以及表面粗糙度。

精密加工阶段的任务是在改善零件的表面质量的同时,使加工表面的尺寸精度和形状精度达到图样要求。

划分加工阶段利于保证加工质量,合理使用设备,及时发现毛坯缺陷,避免浪费工时,同时还可避免精加工后的表面被碰伤。

划分加工阶段应结合具体生产情况,避免生搬硬套。例如,对于刚性好、加工精度要求又不高或生产批量较小的工件,则不一定划分加工阶段,以免增加工序延长生产周期,导致产品成本提高。又如,某些零件在精加工后装配时,才安排配钻之类的粗加工工序。在组合机床和自动机床上加工零件,也常常不划分加工阶段。

(3)工序集中与分散。选定加工方案和划分加工阶段后,就要确定工序的数目,即工序的集中或分散的问题。

工序集中是使每道工序所加工的表面数量尽量多,而使零件加工总的工序数目减少,所用机床和夹具的数量也相应减少。工序集中有利于保证零件各表面之间的相互位置精度,简化生产组织,节省辅助时间。工序分散则是减少每道工序的加工内容增加总的工序数目,其所用设备较简单,对工人的技术水平要求较低,且生产准备工作量小,容易适应产品的变换。

在拟订工艺路线时,工序集中或分散的程度主要取决于生产类型、零件的结构特点及技术要求。在单件、小批量生产时,由于使用通用机床、通用夹具和量具,工序安排通常尽可能集中。当产品固定且产量很大时,由于有条件采用各种专用机床和专用工装、夹具、量具,则常常采用工序分散的原则。在重型机械制造厂,由于零件笨重安装搬运困难,应尽可能实行工序集中。由于工序集中的优点较多,以及数控机床、柔性制造单元和柔性制造系统等的发展,现代生产多趋于工序集中。

(4)安排加工顺序。安排加工顺序即较合理地安排切削加工工序、热处理工序、检验工序和其他辅助工序的先后次序。

① 切削加工工序的安排应遵循的原则。

a. 基准先行。首先加工用做精基准的表面,以便为其他表面的加工提供可靠的基准表面。这是确定加工顺序的一个重要原则。

b. 先主后次。主要表面一般是指零件上的工作表面、装配基面等,因它们的技术要求较高,加工工作量较大,应先安排加工。其他次要表面如非工作面、键槽、螺钉孔、螺纹孔等,一般可穿插在主要表面加工工序之间或稍后进行加工,但应安排在主要表面加工之后精加工之前进行。

c. 先粗后精。粗加工时切削力大,切削热多会使工件变形。此外,被加工零件的内应力会由于表面切掉一层金属而重新分布,也会使工件产生变形。先粗后精有利于保证加工精度和提高生产率。

d. 先面后孔。底座、箱体之类零件的加工应先加工平面后加工孔,因为这些零件上平面的轮廓尺寸较大,用平面定位比较稳定可靠,易于保证孔与平面之间的位置精度。

② 划线工序的安排。形状较复杂的铸件、锻件和焊件等,在单件小批量生产中为了给安装和加工提供依据,一般在切削加工之前要安排划线工序。有时为了加工的需要,在切削加工工序之间,可能还要进行第二次或多次划线。但是,在大批量生产中由于采用专用夹具等,可免去划线工序。

③ 热处理工序的安排。根据热处理工序的性质和作用不同可分为:

a. 预备热处理。预备热处理指为改善金属的组织和切削加工性而进行的热处理,如退火、正火等,一般安排在切削加工之前。调质也是预备热处理的一种,但若是以提高材料的力学性能为主要目的,则应放在粗加工之后精加工之前进行。

b. 时效处理。在毛坯制造和切削加工的过程中,都会有内应力残留在工件内,为了消除其对加工精度的影响,需要进行时效处理。对于大而结构复杂的铸件,或者精度要求很高的非铸件类工件,需在粗加工前后各安排一次人工时效。对于一般铸件只需在粗加工前或后进行一次人工时效。对于要求不高的零件,为了减少工件的往返搬运,有时仅在毛坯铸造以后安排一次时效处理。

c. 最终热处理。最终热处理指为提高零件表层硬度和强度而进行的热处理,如淬火、渗氮等,一般安排在工艺过程的后期。淬火一般安排在切削加工之后磨削之前,渗氮则安排在粗磨和精磨之间,但应注意在氮化之前要进行调质。

热处理工序在加工工序中的安排如图 6.17 所示。

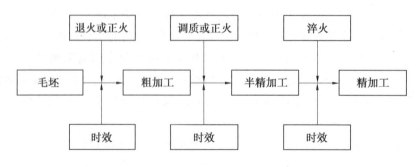

图 6.17　热处理工序在加工工序中的安排

④ 检验工序的安排。检验工序是保证产品质量的有效措施之一,是工艺过程中不可缺少的内容。除了加工过程中操作者的自检外,还要应安排以下检验工序:粗加工阶段之后;关键工序前后;特种检验(如磁力探伤、密封性试验、动平衡试验等)之前;从一个车间转到另一车间加工之前;全部加工结束之后。

⑤ 其他辅助工序的安排。零件的表面处理,如电镀、发蓝、油漆等,一般均安排在工艺过程的最后,但有些大型铸件内腔的不加工面,常在加工之前先涂防锈油漆等。

去毛刺、倒棱边、去锈、清洗等应适当穿插在工艺过程中进行,这些辅助工序不能忽视,否则会影响装配工作,妨碍工序的正常运行。

5. 工艺文件的编制

前面分析的全部内容,表面看起来十分复杂,如果将它们系统化条理化,以图表或文字的形式写成工艺文件,便会十分清晰。工艺文件的种类和形式多种多样,其繁简程度也有很大不同,要视生产类型而定,通常有如下几种:

(1)机械加工工艺过程卡片。机械加工工艺过程卡片用于单件小批量生产,格式见表6.5。它的主要作用是概略地说明机械加工的工艺路线。实际生产中工艺过程卡片内容的繁简程度也是不一样的,最简单的只列出各工序的名称和顺序,较详细的则附有主要工序的加工简图等。

(2)机械加工工序卡片。大批量生产中要求工艺文件更加完整和详细,每个零件的各道加工工序都要有工序卡片。该卡片是针对某一工序编制的,要画出本工序的工序图,以表示该工序完成后工件的形状、尺寸及其技术要求,还要表示出工件装夹方式、刀具的形状及其位置等。机械加工工序卡片见表6.6。

(3)工艺过程卡片。表6.7为工艺过程卡片,主要用于标准零件和典型零件的成批量生产,它比工艺过程卡片详细,比工序卡片简单且较灵活,是介于两者之间的一种格式。该卡片既能说明工艺路线,又能说明各工序的主要内容。

总之,机械加工工艺过程包括的内容很广,它的制订是一件十分灵活的工作,必须根据生产实际和现有条件进行综合分析,在保证质量的前提下编制出成本低效率高又比较合理的工艺规程。

表 6.5　机械加工工艺过程卡片

机械加工工艺过程卡片		产品型号		零件图号		共　页	
		产品名称		零件名称		第　页	
材料牌号	毛坯种类	毛坯外形尺寸		每毛坯件数	每台件数	备注	
工序号	工序名称	工序内容	车间	工段	设备	工艺装备	工时 准终 单件
				设计（日期）	校对（日期）	审核（日期）	标准化（日期）	会签（日期）
标记	处数	更改文件号	签字	日期	标记	处数	更改文件号	签字	日期

表 6.6　机械加工工序卡片

机械加工工艺过程卡片		产品型号		零件图号			
		产品名称		零件名称		共 页	第 页
		车间	工序号	工序名称		材料牌号	
		毛坯种类	毛坯外形尺寸	每毛坯可制件数		每台件数	
		设备名称	设备型号	设备编号		同时加工件数	
		卡具编号	卡具名称			切削液	
		工位器具编号	工位器具名称			工序工时（分）	
						准终	单件

工步号	工步内容	工艺装备	主轴转速 /(r·min⁻¹)	切削速度 /(m·min⁻¹)	进给量 /(mm·r⁻¹)	切削深度 /mm	进给次数	工步工时	
								机动	辅助
			设计 （日期）	校对 （日期）	审核 （日期）	标准化 （日期）		会签 （日期）	

标记	处数	更改文件号	签字	日期	标记	处数	更改文件号	签字	日期

表 6.7　工艺过程卡片

(标准零件或典型零件) 工艺过程卡片			典型件代号	标准件代号		(文件编号)	
			典型件名称	标准件名称		共　页　第　页	

零件图号或规格	材料		毛坯种类	每毛坯可制件数	备注	工时定额	
	牌号	规格尺寸				工序＼单件	

工序号	工序名称	工序内容	工艺装备＼图号或规格　设备		工时定额		备注
					工序＼单件		

标记	处数	更改文件号	签字	日期	标记	处数	更改文件号	签字	日期	设计(日期)	校对(日期)	审核(日期)	标准化(日期)	会签(日期)

6.4 典型零件的工艺过程

常见的典型零件有三类,即轴类零件、盘套类零件和机架箱体类零件。本节的工艺过程主要围绕上述三类零件进行。

6.4.1 轴类零件

轴类零件是一种常见的典型零件,按其结构特点可分为简单轴(如光轴)、阶梯轴、空心轴(如车床主轴)和异形轴(如曲轴)等。其主要表面为外圆面、轴肩和端面,某些轴类零件还有内圆面和键槽退刀槽、螺纹等其他表面。外圆面主要用于安装轴承和轮系(包括带轮、齿轮、链轮、凸轮、槽轮等)。轴肩的作用是使上述零件在轴上轴向定位。轴类零件通过轴上安装的零件起支撑、传递和扭矩的作用。其加工方法主要有车削、磨削、钻削和铣削等。

现以图 6.18 所示的传动轴为例,编制其单件、小批量生产的加工工艺过程。

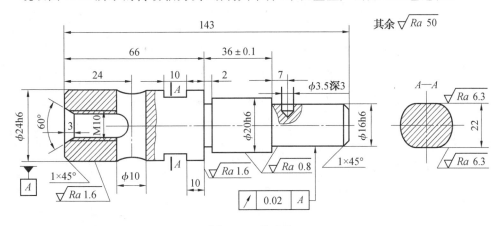

图 6.18 传动轴

1. 技术要求

本零件的轴颈 $\phi24h6$ 和 $\phi16h6$ 分别装在箱体的两个孔中,是孔的装配对象,轴通过螺纹 M10 和孔 $\phi10$ 紧固在箱体上。$\phi16h6$ 相对于 $\phi24h6$ 有 0.02 mm 的圆跳动公差要求。轴上 $\phi20h6$ 处是用来安装滚动轴承的,轴承上装有齿轮,轴是支撑齿轮的。轴中间对称地加工出相距 22 mm 的两个平行平面,这是为了将轴安装在箱体上时,为采用扳手调整而设计的工艺结构。该轴的材料为 45 钢调质 235 HBS。

2. 工艺分析

如前所述,轴颈 $\phi24h6$ 和 $\phi16h6$ 处用来装在箱体中,$\phi20h6$ 处用来装滚动轴承,所以这三个外圆面都是配合表面,其精度要求较高,Ra 要求较小,且两端轴颈对轴线有径向圆跳动要求。因此,这三个表面是该轴的重要加工面。此外,虽然螺纹 M10 未注精度要求,但根据径向圆跳动的要求,说明螺孔的轴线与 $\phi16h6$ 的轴线有同轴度要求,而且螺纹的精度(如螺纹中径等各项指标)必须在规定的公差范围内。这两个表面在轴的两端,一般情况下难以在一次安装中全部完成。所以加工螺纹孔时应特别注意选用精基准定位。

3. 基准选择

① 以圆钢外圆面为粗基准,粗车端面并钻中心孔。

② 为保证各外圆面的位置精度,以轴两端的中心孔为定位精基准,这样满足了基准重合和基准同一的原则。

③ 调质后以外圆面定位,精车两端面并修整中心孔。

④ 以修整的两中心孔作为半精车和磨削的定位精基准,这样就可以满足互为基准的原则。

4. 工艺过程

单件、小批量生产传动轴的机械加工工艺过程,见表 6.8。

表 6.8　单件、小批量生产传动轴的机械加工工艺过程

工序号	工序名称	工序内容	加工简图	设备
5	准备	45 圆钢下料 $\phi30\times150$		锯床
10	粗车	①粗车一面,钻中心孔; ②粗车另一端面至长 145,钻中心孔; ③ 粗车一端外圆,分别至 $\phi22.5\times36,\phi18.5\times42$; ④粗车另一端外圆至 $\phi26.5$	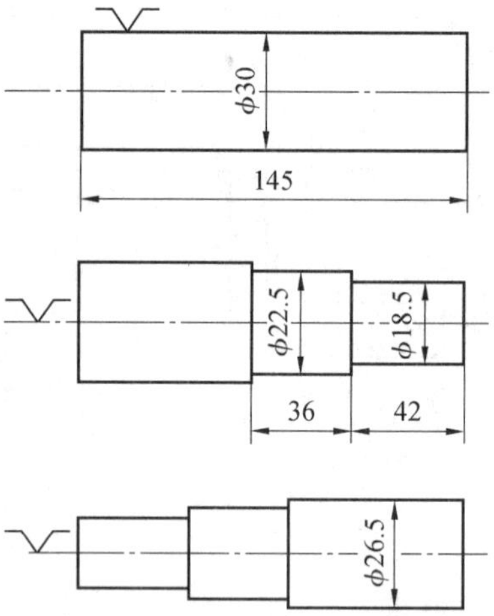	卧式车床
15	热处理	调质 235HBS		

续表 6.8

工序号	工序名称	工序内容	加工简图	设备
20	半精车	①精车 $\phi 18.5$ 端面,修整中心孔; ②精车另一端面至长 143,钻 M10 螺纹底孔 $\phi 8.5 \times 25$,孔口车锥面 $60°$; ③半精车一端外圆至 $\phi 24.4_0^{+0.1}$; ④半精车另一端外圆至 $\phi 16.4_0^{+0.1}$,$\phi 20.4_0^{+0.1} \times (36 \pm 1)$,并保证 $\phi 24.4_0^{+0.1} \times 66$; ⑤切槽至 2×0.5	$60°$ $\phi 8.5$ 25 143；$\phi 24.4_0^{+0.1}$；$\phi 20.4_0^{+0.1}$ $\phi 16.4_0^{+0.1}$ 66 36 ± 1	卧式车床
25	铣削	按加工简图所注尺寸铣扁,保证尺寸 22 并去毛刺	22 10 10	立式铣床
30	钻孔	按加工简图所注尺寸钻 $\phi 10$、$\phi 3.5$ 深 3,两孔成形	$\phi 10$ $\phi 3.5$ 深 3 25	立式钻床
35	磨削	磨各外圆面,靠磨端面表面粗糙度 Ra 为 $3.2\ \mu m$	$\phi 24h6$ $\phi 20h6$ $\phi 16h6$	外圆磨床
40	钳工	攻 M10 螺纹,去毛刺(切勿伤及表面)	M10	
45	检验	按图样检验		

6.4.2　盘套类零件

盘套类零件主要由外圆面、内圆面、端面和沟槽组成,其特征是径向尺寸大于轴向尺寸,如联轴器、法兰盘等。一般在法兰盘的底板上设计出具有均匀分布的、用于连接的孔。根据需要还可能设计出螺纹、销孔等结构。现以图 6.19 所示的法兰端盖为例,说明盘套类零件的机械加工工艺过程。

1. 技术要求分析

本零件的底板为 $80_{-1}^{\ 0} \times 80_{-1}^{\ 0}$ 的正方形,它的周边不需要加工,其精度直接由铸造保证。

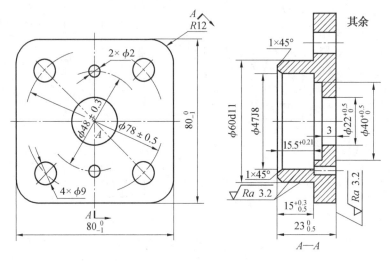

图 6.19　法兰端盖

底板上有四个均匀分布的通孔 $\phi 9$,其作用是将法兰盘与其他零件相连接,外圆面 $\phi 60d11$ 是与其他零件相配合的基孔制的轴,内圆面 $\phi 47J8$ 是与其他零件相配合的基轴制的孔。它们的表面粗糙度 Ra 为 $3.2\ \mu m$。本零件的精度要求较低,采用一般加工工艺就可完成。零件材料为 HT100。

2. 工艺分析

外圆面与正方形底板的相对位置可由铸造时采用整模造型保证,这样不会产生大的偏差。

由于本零件精度要求较低,只要选择好定位基准,则只需采用粗车—半精车,即可完成车削加工。因此可以采用铸造—车削—划线—钻孔—检验的工艺路线。

3. 基准选择

① 以 $\phi 60d11$ 的外圆面为粗基准,加工底板的底平面。

② 以底板加工好的底平面和不需加工的侧面为精基准(实质上是 $\phi 60d11$ 的轴线为精基准),即以底平面定位、四爪单动卡盘夹紧的方式将工序集中,在一次安装中把所有需要车削加工的表面加工出来,这样就保证了基准同一的原则。

③ 以 $\phi 60d11$ 的外圆面的轴线为基准划线,找出孔 $4 \times \phi 9$、$2 \times \phi 2$ 的中心位置,即可钻

出上述各小孔。

4. 工艺过程

单件、小批量生产法兰端盖的机械加工工艺过程见表 6.9。

表 6.9　单件、小批生产法兰端盖的机械加工工艺过程

工序号	工序名称	工序内容	加工简图	设备
5	铸造	铸造毛坯,尺寸如右图所示,清理铸件	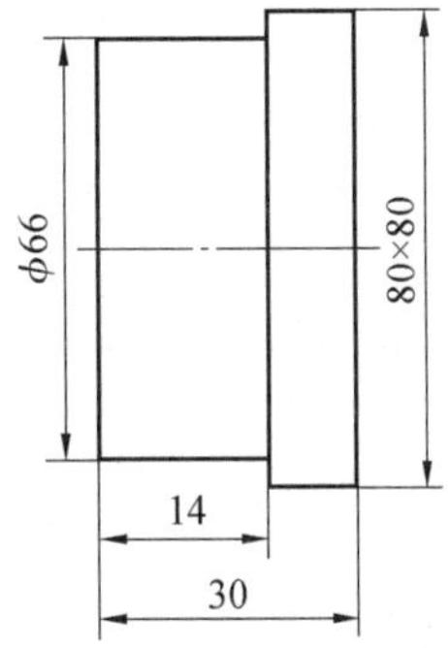 $\phi 66$　80×80　14　30	
10	车削	①车 80×80 底平面,保证总长尺寸为 26; ②车 $\phi 60$ 端面,保证尺寸 $23^{\ 0}_{-0.5}$; ③车 $\phi 60 d11$ 及 80×80 底板的上端面,保证尺寸 $15^{+0.3}_{\ 0}$; ④钻 $\phi 20$ 通孔; ⑤镗 $\phi 20$ 孔至 $\phi 22^{+0.5}_{\ 0}$; ⑥镗 $\phi 22^{+0.5}_{\ 0}$ 至 $\phi 40^{+0.5}_{\ 0}$,保证尺寸 3; ⑦镗 $\phi 47 J8$,保证 $15.5^{+0.21}_{\ 0}$; ⑧倒角 $1 \times 45°$	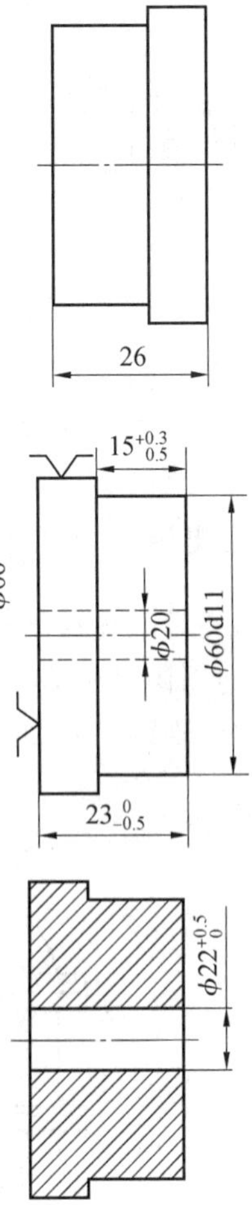 26　$15^{+0.3}_{-0.5}$　$\phi 66$　$\phi 20$　$\phi 60 d11$　$23^{\ 0}_{-0.5}$　$\phi 22^{+0.5}_{\ 0}$	卧式车床

续表 6.9

工序号	工序名称	工序内容	加工简图	设备
10	车削		$\phi40^{+0.5}_{0}$　3　$\phi47J8$　$15.5^{+0.21}_{0}$　$1\times45°$	卧式车床
15	钳工	按图样要求划 $4\times\phi9$ 及 $2\times\phi2$ 的加工线		平台
20	钻孔	根据划线找正、安装,钻 $4\times\phi9$ 及 $2\times\phi2$		立式钻床
25	检验	按图样要求,检测零件		

6.4.3　机架箱体类零件

机架箱体类零件是机器的基础零件,用以支撑和装配轴系零件,并使各零件之间保证正确的位置关系,以满足机器的工作性能要求。因此,机架箱体类零件的加工质量对机器的质量影响很大。现以图 6.20 所示的零件加工过程为例,介绍一般机架箱体零件的工艺过程。

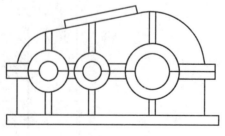

图 6.20　减速箱

1. 技术要求分析

①箱座底面与对合面的平行度在 1 000 mm 长度内不大于 0.5 mm。

②对合面加工后,其表面不能有条纹、划痕及毛刺,对合面对合间隙不大于 0.03 mm。

③3 个主要孔(轴承孔)的轴线必须保持在对合面内,其偏差不大于 ± 0.2 mm。

④主要孔的距离误差应保持在 $\pm(0.03 \sim 0.05)$ mm 的范围内。

⑤主要孔的尺寸公差等级为 IT6,其圆度与圆柱度误差不超过其孔径公差的 1/2。

⑥加工后,箱体内部需要清理。

⑦工件材料为 HT150,毛坯为铸件去应力退火。

2. 工艺分析

减速箱的主要加工表面有:

①箱座的底平面和对合面、箱盖的对合面和顶部方孔的端面,可采用龙门式铣床或龙门刨床加工。

②3 个轴承孔及孔内环槽,可采用坐标镗床镗孔。

3. 基准选择

(1)粗基准的选择。为了保证对合面的加工精度和表面完整性,选择对合面法兰的不加工面为粗基准加工对合面。

(2)精基准的选择。箱座的对合面与底面互为基准,箱盖的对合面与顶面互为基准。

4. 工艺过程

大批量生产减速箱的机械加工工艺过程见表 6.10。

表 6.10 大批量生产减速箱的机械加工工艺过程

工序号	工序名称	工序内容	加工简图	设备
5	铸造			
10	热处理	去应力退火		
15	刨削	粗刨对合面	$\sqrt{Ra\ 6.3}$ $\sqrt{Ra\ 6.3}$	龙门刨床
20	刨削	①粗、精刨箱座的底面及两侧面;②粗、精刨箱盖的方孔端面及两侧面	$\sqrt{Ra\ 3.2}$ $Ra\ 6.3$ $Ra\ 6.3$	龙门刨床

续表 6.10

工序号	工序名称	工序内容	加工简图	设备
25	刨削	精刨对合面	$\sqrt{Ra\,1.6}$ $\sqrt{Ra\,1.6}$	龙门刨床
30	钻削	①钻连接孔；②钻螺纹孔；③钻销孔		摇臂钻床
35	钳工	①攻螺纹孔；②铰销孔；③连接箱体		
40	镗孔	①粗镗3个主要孔；②半精镗3个主要孔；③精镗3个主要孔；④精细镗3个主要孔		镗床
45	终检	按图样检验		

复习思考题

1. 何谓生产过程、工艺过程、机械加工工艺过程、工序？

2. 生产类型有哪几种？汽车、电视机、金属切削机床、大型轧钢机的生产各属于哪种生产类型？各有何特征？

3. 如图 6.21 所示，小轴 30 件，毛坯为 $\phi32\times104$ 的圆钢料，若用两种方案加工：

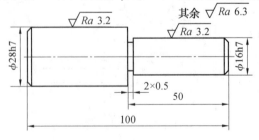

图 6.21　3 题图

（1）先整批车出大端的端面和外圆，随后仍在该台车床上整批车出小端的端面和外圆；

（2）在一台车床上逐件进行加工，即每个工件车好大端后，立即掉头车小端。

试问这两种方案分别是几道工序？哪种方案较好？为什么？

4.何谓工件的六点定位原理？工件的定位方式有几种？

5.什么是夹具？按使用范围的不同，夹具分为几类，各适合什么场合？

6.一般夹具有几个组成部分？各起什么作用？

7.图 6.22 为各种安装方法下工件的定位情况，试分析各限制了工件的哪些自由度？属于哪种定位方式？

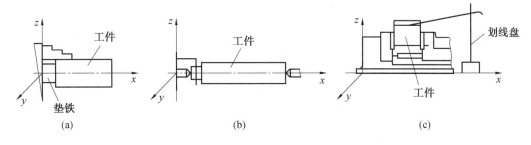

图 6.22 7 题图

（1）三爪自定心卡盘夹持工件，工件较长且紧贴垫铁。

（2）双顶尖、拨盘、卡箍装夹工件。

（3）平口钳装夹六面体工件，加工工件顶平面，工件底面悬空，用划线盘按顶平面加工线找正。

8.切削加工工序安排的原则是什么？

9.加工轴类零件时常以什么作为统一的精基准？为什么？

10.如何保证盘套类零件外圆面、内孔及端面的位置精度？

11.安排机架箱体类零件的加工工艺时，为什么一般要依据“先面后孔”的原则？

第 2 篇　热加工技术基础

第7章 铸造成形

7.1 金属铸造成形工艺基础

铸造生产通常是指将熔化的金属在重力场或其他外力场作用下浇入预先制备好的铸型中,冷却凝固而获得具有型腔形状制品的成形方法,所铸出的产品称为铸件。

在铸造生产中,获得优质铸件是最基本要求。优质铸件是指铸件的轮廓清晰、尺寸准确、表面光洁、组织致密、力学性能合格,没有超出技术要求的铸造缺陷等。

合金的铸造性能是指在一定的铸造工艺条件下,某种合金获得优质铸件的能力,即在铸造生产中表现出来的工艺性能,如充型能力、收缩性、偏析倾向性、氧化性和吸气性等。合金的铸造性能对铸造工艺过程、铸件质量以及铸件结构设计都有显著的影响。依据合金铸造性能特点采取必要的工艺措施,对于获得优质铸件有着重要意义。本章从研究铸造成形的基本过程入手,对与合金铸造性能有关的铸造缺陷的形成与防止进行分析,为阐述铸造工艺奠定基础。

7.1.1 液态合金的充型

液态合金填充铸型的过程简称充型。液态合金充满铸型型腔,获得形状准确轮廓清晰健全铸件的能力,称为液态合金的充型能力。充型能力直接影响铸件的质量,在液态合金的充型过程中伴随着结晶现象,若充型能力不足,在型腔被填满之前,由液态金属结晶形成的晶粒将充型通道堵塞,金属液被迫停止流动,于是铸件将产生浇不到或冷隔等缺陷。影响充型能力的主要因素是合金的流动性、浇注条件、铸型填充条件和铸件结构。

1. 合金的流动性

(1)流动性的概念。液态合金本身的流动能力称为合金的流动性,它是合金主要铸造性能之一。合金的流动性对铸件质量有很大影响,合金的流动性越好,充型能力越强,越便于浇铸出轮廓清晰、薄而复杂的铸件。同时,有利于非金属夹杂物和气体的上浮与排除,还有利于对合金凝固过程所产生的收缩进行补缩。

(2)流动性的测定。液态合金的流动性通常以浇注"流动性试样"的方法衡量。在相同的浇注条件下,浇注合金的流动性试样,以试样的长度衡量该合金的流动性。试样越长,合金的流动性越好。

经试验得知,在常用铸造合金中灰铸铁、硅黄铜的流动性最好,铸钢的流动性最差。

液态金属流动性试样的种类很多,如螺旋形、球形、U 形、楔形、竖琴、真空试样(用真空吸铸法)等。在生产和科学研究中最常用的浇注是螺旋形流动性试样和真空流动性试样,如图 7.1 和图 7.2 所示。

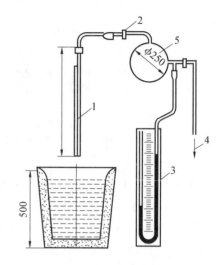

图 7.1　螺旋形流动性试样　　　　图 7.2　真空流动性试样测试装置
1—试样铸件;2—浇口;3—出气口;4—试样凸点　　　1—石英玻璃管;2—阀;3—真空压力装置;
4—抽真空系统;5—真空室

(3)影响合金流动性的因素。影响合金流动性的因素很多,但以化学成分的影响最为显著。共晶成分合金的结晶是在恒温下进行的,冷却过程由表层逐层向中心凝固,由于已结晶的固体层内表面比较光滑,对金属液的流动阻力小,故共晶成分的合金流动性最好。

除纯金属外,其他成分合金是在一定温度范围内逐步凝固的,铸件内壁存在一个较宽的既有液体又有树枝状晶体的两相区,初生的树枝状晶体使固体层内表面粗糙,对内部液体的流动阻力较大,故合金的流动性变差。合金成分越远离共晶点,结晶温度范围越宽,流动性越差。

图 7.3 为 Fe－C 合金流动性与碳质量分数的关系。由图可见,亚共晶铸铁随碳质量分数的增加,结晶温度范围减小,流动性提高。

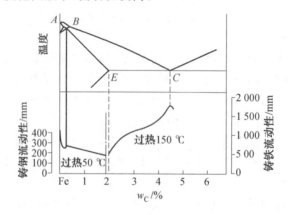

图 7.3　Fe－C 合金流动性与碳质量分数的关系

2. 浇注条件

(1)浇注温度。浇注温度对合金充型能力有着决定性影响。浇注温度越高,液态金属所含的热量较多,黏度下降,合金在铸型中保持流动的时间长,故充型能力越强。由于合金的充型能力随浇注温度的提高呈上升趋势,所以对薄壁铸件或流动性较差的合金,浇注温度以略高些为宜,以防止产生浇不足或冷隔缺陷。但是,浇注温度过高会使金属液体的吸气量和总收缩量增大,铸件容易产生气孔、缩孔、缩松、粘砂、粗晶等缺陷,故在保证充型能力足够的前提下,浇注温度不宜过高。

(2)充型压力。砂型铸造时充型压力是由直浇道所产生的静压力决定的,故提高直浇道高度,使液态合金压力加大,可改善充型能力。压力铸造、低压铸造和离心铸造时,因大幅提高了充型压力,故充型能力强。

3. 铸型填充条件

(1)铸型材料。铸型材料的导热系数和比热越大,对液态合金的激冷能力越强,合金的充型能力就越差。

(2)铸型温度。金属型铸造、压力铸造和熔模铸造时,铸型被预热到一定温度再进行浇注,由于减少了铸型和金属液之间的温度差,减缓了金属液的冷却速度,使充型能力得到提高。

(3)铸型中的气体。在金属液的热作用下,铸型(尤其是砂型)将产生大量气体,如果铸型的排气能力差,则型腔中的气压将增大,阻碍液态合金的充型。因此对铸型要求有良好的透气性,并设法减少气体来源,在远离浇道的最高部位开设出气口。

4. 铸件结构

当铸件壁过薄,壁厚急剧变化或有较大水平面等结构时,都使液态合金的充型能力下降。表 7.1 为砂型铸件的最小允许壁厚,在设计铸件时,铸件的壁厚应大于表中规定的最小壁厚值,以防缺陷的产生。

表 7.1　砂型铸件的最小允许壁厚　　　　　　　　　　　　　　　　　　mm

铸件轮廓尺寸	铸造碳钢	灰铸铁	球墨铸铁	可锻铸铁	铝合金	铜合金
<200	5	3～4	3～4	3.5～4.5	3～5	3～5
≥200～400	6	4～5	4～5	4～5.5	5～6	6～8
≥400～800	8	5～6	8～10	5～8	6～8	—
≥800～1 250	12	6～8	10～12	—	—	—

7.1.2　铸件的凝固与收缩

浇入铸型中的金属液在冷凝过程中,若其液态收缩和凝固收缩得不到补充,铸件将产生缩孔或缩松缺陷。为防止上述缺陷,必须合理地控制铸件的凝固过程。

1. 铸件的凝固方式

在铸件的凝固过程中,其截面上存在三个区域,即固相区、液相区以及液相和固相同时并存的凝固区。凝固区的宽窄对铸件质量有很大的影响。铸件的凝固方式就是依据凝固区的宽窄来划分的。

(1)逐层凝固。纯金属或共晶成分合金在凝固过程中因不存在液、固并存的凝固区,如图 7.4(a)所示,其断面上外层的固体和内层的液体由一条界线(凝固前沿)清楚地分开。随着温度的下降,固体层不断加厚、液体层不断减少,逐步到达铸件的中心,这种凝固方式称为逐层凝固。

(2)糊状凝固。如果合金的结晶温度范围很宽,且铸件温度分布较为平坦,则在凝固的某段时间内,铸件表面并不存在固体层,而液、固并存的凝固区贯穿整个断面,如图 7.4 (b)所示。由于这种凝固方式与水泥类似,即先呈糊状而后固化,故称其为糊状凝固或体积凝固。

(3)中间凝固。大多数合金的凝固介于逐层凝固和糊状凝固之间,如图 7.4(c)所示,称为中间凝固方式。

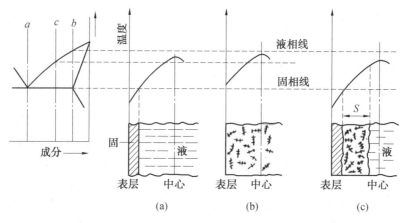

图 7.4 铸件的凝固方式

铸件质量与其凝固方式密切相关。一般说来,逐层凝固时合金的充型能力强,便于防止缩孔和缩松;糊状凝固时难以获得结晶紧实的铸件。在常用合金中,灰铸铁、铝硅合金等倾向于逐层凝固,易于获得紧实铸件;球墨铸铁、锡青铜、铝铜合金等倾向于糊状凝固,为获得紧实铸件常需采用适当的工艺措施,以便补缩或减小其凝固区域。

2. 铸造合金的收缩

合金从浇注、凝固直至冷却到室温,其体积或尺寸缩减的现象称为收缩,收缩是合金的物理本性。收缩给铸造工艺带来许多困难,是多种铸造缺陷(如缩孔、缩松、裂纹、变形等)产生的根源。为使铸件的形状、尺寸符合技术要求,组织致密,必须研究收缩的规律性。

合金的收缩可分为三个阶段:

(1)液态收缩。合金从浇注温度冷却到凝固开始温度(即液相线)间的收缩。

(2)凝固收缩。合金从凝固开始温度冷却到凝固终止温度(即固相线)间的收缩。

(3)固态收缩。合金从凝固终止温度(即固相线)冷却到室温间的收缩。

合金的液态收缩和凝固收缩常用单位体积收缩量(即体积收缩率)来表示。合金的固态收缩不仅引起合金体积上的缩减,同时还使得铸件在尺寸上缩减,因此固态收缩常用单位长度上的收缩量(即线收缩率)来表示。

铸件的实际收缩率与其化学成分、浇注温度、铸件结构和铸型条件有关。表 7.2 列出了几种铁碳合金的体积收缩率。

表 7.2 几种铁碳合金的体积收缩率

合金种类	碳质量分数/%	浇注温度/℃	液体收缩/%	凝固收缩/%	固态收缩/%	总体积收缩/%
铸造碳钢	0.35	1 610	1.6	3	7.8	12.4
白口铸铁	3.00	1 400	2.4	4.2	5.4~6.3	12~12.9
灰铸铁	3.50	1 400	3.5	0.1	3.3~4.2	6.9~7.8

7.1.3 铸件缺陷

1. 缩孔和缩松

液态合金在冷凝过程中,若其液态收缩和凝固收缩所缩减的容积得不到补足,则在铸件最后凝固的部位形成一些孔洞。按照孔洞的大小和分布,可将其分为缩孔和缩松两类。

(1)缩孔。缩孔一般集中在铸件上部,或在最后凝固部位形成较大的孔洞。缩孔多呈倒圆锥形,内表面粗糙,通常隐藏在铸件的内层,但在某些情况下可暴露在铸件的上表面,呈明显的凹坑。

为便于分析缩孔的形成,假设铸件呈逐层凝固,其形成过程如图 7.5 所示。液态合金填满铸型型腔后,如图 7.5(a)所示。由于铸型的吸热,靠近型腔表面的金属很快凝结成一层外壳,而内部仍然是高于凝固温度的液体,如图 7.5(b)所示。温度继续下降外壳加厚,但内部液体因液态收缩和补充凝固层的凝固收缩,体积缩减、液面下降,使铸件内部出现了空隙,如图 7.5(c)所示。直到内部完全凝固,在铸件上部形成了缩孔,如图 7.5(d)所示。已经产生缩孔的铸件继续冷却到室温时,因固态收缩使铸件的外廓尺寸略有缩小,如图 7.5(e)所示。

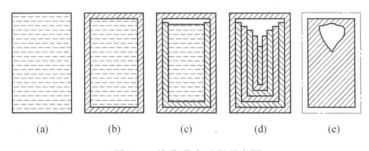

| (a) | (b) | (c) | (d) | (e) |

图 7.5 缩孔形成过程示意图

缩孔产生的部位常位于铸件最后凝固区域,如壁的上部或中心处。总之,合金的液态收缩和凝固收缩越大、浇注温度越高、铸件越厚,缩孔的容积越大。

(2)缩松。分散在铸件某区域内的细小缩孔称为缩松。当缩松与缩孔的容积相同时,缩松的分布面积要比缩孔大得多。缩松也是由于铸件最后凝固区域的收缩未能得到补足,或者因合金呈糊状凝固,被树枝状晶体分隔开的小液体区域难以得到补缩所致。

缩松分为宏观缩松和显微缩松两种,宏观缩松是用肉眼或放大镜可以看出的小孔洞,多分布在铸件中心轴线处、热节处、冒口根部和内浇口附近,或分布在缩孔的下方,如图 7.6 所示。显微缩松是分布在晶粒之间的微小孔洞,要用显微镜才能观察出来,这种缩松的分布更为广泛,有时遍及整个截面。显微缩松难以完全避免,对于品质要求较低的铸件一般不作为缺陷处理,但对气密性、力学性能、物理性能和化学性能要求较高的铸件,则必须设法减少。

(3)缩孔和缩松的防止。防止和消除缩孔和缩松是对铸件质量的基本要求之一。应根据合金的凝固收缩特点及对铸件质量的要求程度采取相应的措施。实践证明,如果能使铸件实现"顺序凝固",则可获得没有缩孔的致密铸件。

顺序凝固即定向凝固,就是在铸件上可能出现缩孔的厚大部位通过安放冒口和冷铁等工艺措施,使铸件远离冒口的部位(图 7.7 中Ⅰ)先凝固;然后是靠近冒口部位(图 7.7 中Ⅱ、Ⅲ)凝固;最后才是冒口本身的凝固。按照这样的凝固顺序,先凝固部位的收缩,由后凝固部位的金属液来补充,这样缩孔就产生在最后凝固的冒口之中。冒口是多余部分,在铸件清理时将其去除。

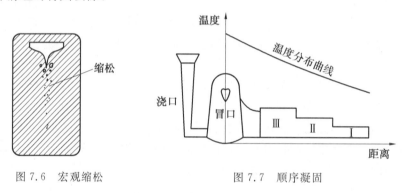

图 7.6 宏观缩松   图 7.7 顺序凝固

顺序凝固可以充分发挥冒口和冷铁等工艺措施的补缩作用,防止缩孔和缩松的形成,获得致密的铸件,但却耗费许多金属和工时,增加铸件成本。同时,顺序凝固铸件各部分温差较大,冷却速度不一致,容易产生内应力、裂纹等缺陷。因此,主要用于必须补缩的合金铸件,如铸钢件、铝硅合金、铝青铜等。

2.铸造应力和裂纹

(1)铸造应力。铸件在凝固冷却过程中,由于固态收缩受阻、热作用和相变诸因素引起的应力,称为铸造应力。铸造应力按其产生原因可分为热应力、机械应力和相变应力三种。这些应力可能是暂存的,在产生应力的原因消除后应力即消失;还可能一直保留到室温,在产生应力的原因消除后应力依然存在,这种应力称为残余应力。残余应力会影响铸件的质量。

①热应力。热应力是由于铸件的壁厚不均匀、各部分的冷却速度不同,以致在同一时期内铸件各部分收缩不一致而引起的。为了分析热应力的形成,首先必须了解金属自高温冷却到室温时应力状态的改变。

固态金属在再结晶温度以上(钢和铸铁为 620~650 ℃)时,处于塑性状态,此时在较小的应力下就可发生塑性变形,变形之后应力可自行消除。在再结晶温度以下金属呈弹性状态,此时在应力的作用下将发生弹性变形,而变形之后的应力继续存在。

现以框形铸件为例,分析热应力的形成过程。假设粗杆Ⅰ和细杆Ⅱ从同一温度 $T_{固}$

冷却,最后达到同一温度 t_0,两杆的固态冷却曲线如图 7.8 所示。该铸件由粗杆 I 和两根细杆 II 组成,如图 7.8(a)所示,两根细杆的冷却速度和收缩完全相同。

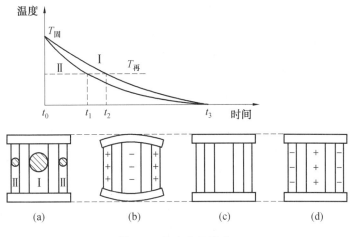

图 7.8 热应力的形成
＋表示拉应力;－表示压应力

当铸件处于高温阶段(图中 $t_0 \sim t_1$ 间),两杆均处于塑性状态,尽管两杆的冷却速度不同,收缩不一致,但瞬时的应力均可通过塑性变形而自行消失。继续冷却后,冷速较快的杆 II 已进入弹性状态,而粗杆 I 仍处于塑性状态(图中 $t_1 \sim t_2$ 间)。由于细杆 II 冷速快,收缩大于粗杆 I,所以细杆 II 受拉伸、粗杆 I 受压缩,如图 7.8(b)所示,形成了暂时内应力,但这个内应力随之便因粗杆 I 的微量塑性变形(压短)而消失,如图 7.8(c)所示。当进一步冷却到更低温度时(图中 $t_2 \sim t_3$ 间),粗杆 I 也处于弹性状态,此时尽管两杆长度相同,但所处的温度不同。粗杆 I 的温度较高,还将进行较大的收缩;而细杆 II 的温度较低,收缩已趋停止。因此,粗杆 I 的收缩必然受到细杆 II 的强烈阻碍,于是细杆 II 受压缩,粗杆 I 受拉伸,直到室温,形成了残余内应力,如图 7.8(d)所示。由此可见,热应力使铸件的厚壁或心部受拉伸,薄壁或表层受压缩。铸件的壁厚差别越大、合金线收缩率越高、弹性模量越大,产生的热应力越大。当采用顺序凝固的原则进行铸件的工艺设计时,也会使铸件的热应力增大。

②机械应力。铸件在冷却过程中转入弹性状态以后,固态收缩受到铸型和型芯的机械阻碍而形成的内应力,称为机械应力,如图 7.9 所示。机械应力使铸件产生拉伸或剪切应力,是一种暂时应力,阻碍消除之后便可自行消除。但它在铸件冷却过程中可与其他应力共同起作用且方向一致时,则会使内应力加剧,促进了铸件的裂纹倾向。

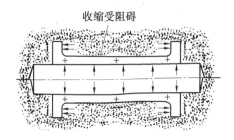

图 7.9 机械应力

③相变应力。铸件在固态发生相变时,由于比热容发生变化及铸件各部分温度不一

致,发生相变的时间不同所引起的应力,称为相变应力。根据相变发生的温度不同,相变应力可以是暂时应力,也可以是残余应力。当相变应力与其他应力共同作用且方向一致或相变应力本身数值过大时,铸件也会产生裂纹。

钢各种组织的密度及比热容见表7.3。由于马氏体具有较大的比热容,铸件淬火或加速冷却时,在低温形成马氏体。由于相变引起的内应力甚至可能导致铸件开裂。

表 7.3 钢各种组织的密度及比热容

钢的组成相	铁素体	渗碳体	奥氏体(0.9%C)	珠光体(0.9%C)	马氏体
密度/($g \cdot cm^{-3}$)	7.864	7.670	7.843	7.778	7.633
比热容/($cm^3 \cdot g^{-1}$)	0.127 1	0.130 4	0.127 5	0.126 8	0.131 0

④减小及消除铸造应力的措施。减小铸造应力的主要措施是针对铸件的结构特点,在制定铸造工艺时尽可能减小铸件在冷却过程中各部分的温差,提高铸型和型芯的退让性,减小铸件收缩时的机械阻碍。具体措施如下:

a.在满足工作条件的前提下,尽量选择弹性模量和线膨胀小的材料作为铸件材料。

b.设计铸件时尽量使其壁厚均匀,形状对称,热节小而分散;尽量避免牵制收缩结构,使铸件各部分能自由收缩。

c.设计铸件的浇注系统时,尽量采取"同时凝固"的原则。

d.造型工艺上采取相应措施减小铸造内应力,如提高铸型和型芯的退让性,合理设置浇口、冒口等。

e.减少铸型与铸件的温差,例如,在金属型铸造和熔模铸造时对铸型预热,可有效地减少铸件的内应力。

f.时效或去应力退火,将铸件加热到塑性状态,对灰铸铁的中小件加热到550~650 ℃,保温3~6 h后缓慢冷却,可消除残余铸造应力。这种去应力方法通常是在粗加工以后进行,这样可将原有的铸造应力和粗加工产生的应力一并消除。

(2)铸件的裂纹。当铸造内应力超过金属的强度极限时,铸件将产生裂纹。裂纹是严重缺陷,会直接导致铸件报废。按照裂纹形成的温度可分成热裂和冷裂两种。

①热裂。热裂是铸件在高温下形成的裂纹,其形状特征是:裂纹短、缝隙宽、形状曲折、缝内呈氧化色。

试验证明,热裂是在合金凝固末期的高温下形成的。因为合金的线收缩在完全凝固之前便已开始,此时固态合金已形成完整的骨架,但晶粒之间还存在少量液体,故强度、塑性甚低,若机械应力超过了该温度下合金的强度极限,便发生热裂。

影响铸件热裂的因素很多,其中铸造合金的凝固特点和化学成分对铸件的热裂有明显影响。合金的结晶温度范围越宽,液固两相区的绝对收缩量越大,合金的热裂倾向也越大。灰铸铁和球磨铸铁由于凝固收缩小,故热裂倾向小。钢铁中的硫、磷质量分数较多时,形成低熔点的共晶体扩大了结晶温度范围,降低了钢的高温强度,故质量分数越多,热裂倾向越严重。此外,铸型的退让性越好,机械应力越小,热裂倾向越小。

②冷裂。冷裂是铸件在较低温下形成的裂纹,其形状特征是:裂纹细小呈连续直线

状,具有金属光泽或呈轻微氧化色。

冷裂多发生在铸件冷却过程中承受拉应力的部位,特别是应力集中的部位(如尖角、缩孔、气孔、夹渣等缺陷附近)。有些冷裂纹在落砂时并未形成,而是在铸件清理、搬运或机械加工时受到震击才开裂。

为防止铸件冷裂,除应该设法减小铸造应力外,还应该控制各种能够增大铸件冷裂倾向的非金属元素的质量分数。

3. 铸件中的气孔

气孔是最常见的铸造缺陷,它是由于金属液中的气体未能排出,在铸件中形成气泡所致。

气孔的存在导致铸件的承载能力降低。气孔破坏了金属的连续性,弥散性的气孔还会促使显微缩松的形成,降低了铸件的气密性。此外气孔附近还会引起应力集中,降低铸件的力学性能,特别是冲击韧性和疲劳强度显著降低。

根据气体的来源,可将气孔分为析出性气孔、侵入性气孔和反应性气孔;根据气体种类不同,可分为氢气孔、氮气孔和一氧化碳气孔等;根据气孔的形状和位置,可分为针孔和皮下气孔等。

(1)析出性气孔。液态金属在冷却和凝固过程中,因气体溶解度下降,析出的气体来不及排出而产生的气孔,称为析出性气孔。金属吸收气体是由于金属在熔化和浇注过程中很难与气体隔离,一些双原子气体(如 H_2、N_2、O_2 等)可从炉料、炉气等进入金属液中,其中氢气因不与金属形成化合物,且原子直径最小,故较易溶于金属液之中。

溶有氢气的液态合金在冷凝过程中,由于氢气的溶解度降低,呈过饱和状态,因此氢原子结合成分子呈气泡状从液态合金中逸出,上浮的气泡若被阻碍或由于金属液冷却时黏度增加,使其不能上浮,就会留在铸件中形成析出性气孔。

预防析出性气孔的主要方法是在浇注前对金属液进行"除气处理",以减少金属液中气体的含量。同时要去除炉料中的油污和水分,浇注用具要烘干,铸型水分勿过高等。

(2)侵入性气孔。侵入性气孔是铸型或型芯在浇注时产生的气体聚集在型腔表层侵入金属液内所形成的气孔,常出现在铸件表层或近表层。其特征是尺寸较大,呈椭圆或梨形,孔的内表面被氧化。铸铁件中的气孔大多属于这种气孔。

预防侵入性气孔的基本途径是降低型砂(芯砂)的发气量,提高型砂透气性和增加铸型的排气能力。

(3)反应性气孔。反应性气孔是由高温金属液与铸型材料、冷铁、型芯撑或熔渣之间,因化学反应形成的气体留在铸件内形成的气孔。由于形成原因不同,气孔的表现形式也有差异。

如金属液与主要铸型材料之一的型砂界面因化学反应生成的气孔,常出现在铸件表层下 $1\sim2$ mm 处,孔内表面光滑,孔径为 $1\sim3$ mm,又称皮下气孔,如图 7.10 所示。皮下气孔常出现在铸钢件和球磨铸铁件上。

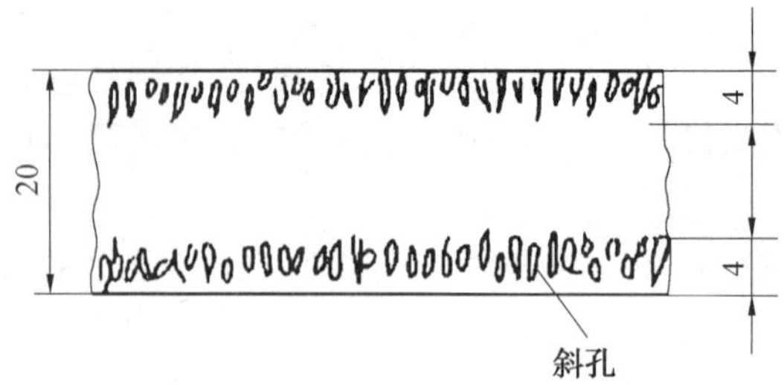

斜孔

图 7.10　皮下气孔

冷铁、型芯撑表面若有油污或铁锈,它与灼热的钢铁液接触时发生化学反应产生CO,这种气体可在冷铁、型芯撑附近产生气孔,如图 7.11 所示。因此,冷铁、型芯撑表面不得有锈蚀、油污,并保持干燥。

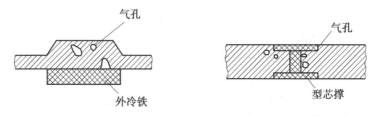

气孔

外冷铁

气孔

型芯撑

图 7.11　冷铁与型芯撑形成的气孔

7.2　砂型铸造

　　砂型铸造是传统的铸造方法,适用于各种形状、大小、批量及各种合金铸件的生产。掌握砂型铸造是合理选择铸造方法和正确设计铸件的基础。

　　生产铸件的第一步工作是根据零件结构特点、技术要求、实际生产条件和生产批量等确定铸造工艺方案,绘制铸造工艺图。铸造工艺图是在零件图上用各种工艺符号及参数表示出铸造工艺方案的图形。其中包括:浇注位置,铸型分型面,型芯的数量、形状、尺寸及其固定方法,加工余量,收缩率,浇注系统,起模斜度,冒口和冷铁的尺寸和布置等。铸造工艺图是指导模样(芯盒)设计、生产准备、铸型制造和铸件检验的基本工艺文件。依据铸造工艺图,结合所选定的造型方法,便可绘制出模样图及合型图。图 7.12 为支座的零件图、铸造工艺图、模样图及合型图。

7.2.1　造型方法的选择

　　在砂型铸造中造型和制芯是最基本的工序,造型方法的选择是否合理,对铸件质量、生产率和成本有着重要的影响。由于手工造型和机器造型对铸造工艺的要求有着明显的差异,许多情况下造型方法的选定是制订铸造工艺的前提,因此选择造型方法是非常重要的。

1. 手工造型

手工造型操作灵活,工艺装备(模样、芯盒和砂箱等)简单,生产准备时间短,适应性

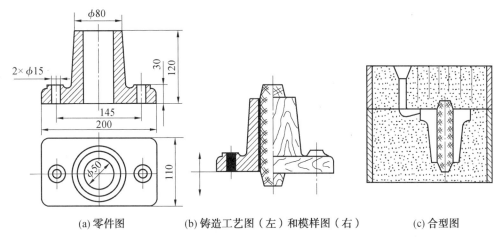

(a) 零件图   (b) 铸造工艺图（左）和模样图（右）   (c) 合型图

图 7.12　支座的零件图、铸造工艺图、模样图及合型图

强,可用于各种大小形状的铸件。手工造型可采用各种模样及型芯,通过两箱造型、三箱造型等方法制出外廓及内腔形状复杂的铸件。手工造型对模样的要求不高,一般采用成本较低的实体木模样,对于尺寸较大的回转体或等截面铸件还可采用成本更低的刮板来造型。手工造型对砂箱的要求也不高,如砂箱不需严格的配套和机械加工,较大的铸件还可采用地坑来取代下箱,这样不但可以减少砂箱的费用,还可以缩短生产准备时间。因此尽管手工造型对工人的技术水平要求较高,生产率较低,劳动强度较大,对铸件的尺寸精度及表面质量要求较差,且铸件质量不稳定,但在实际生产中仍然是难以完全取代的重要的造型方法。

2. 机器造型

现代化的铸造车间已广泛采用机器来造型和造芯,并与机械化砂处理、浇注和落砂等工序共同组成机械化生产流水线。机器造型和造芯可大大提高劳动生产率,改善劳动条件;又可使砂型质量好(紧实度高而均匀,型腔轮廓清晰),型芯尺寸精确。生产出来的铸件尺寸精确、表面光洁、加工余量小。

3. 机器造芯

在成批量生产中多用机器来造芯,此时除可用振击、压实等紧砂方法外,最常用的是射芯机。

7.2.2　浇注位置和分型面的选择

1. 浇注位置的选择

浇注位置是指浇注时铸件在型腔内所处的空间位置。铸件浇注位置正确与否对铸件质量影响很大,因此选择浇注位置时应考虑以下原则。

(1)质量要求高的重要加工面、受力面应该朝下。对于铸件上重要的加工面、受力面等质量要求高的平面应该朝下。因为铸件的上表面容易产生砂眼、气孔、夹渣等缺陷,组织也不如下表面致密。若工艺上难以实现,也应该尽量使这些部位处于侧面或斜面的位置。当铸件的重要加工面有数个时,则应将较大的平面朝下,并对朝上的表面采用加大加工余量的办法来保证铸件质量。

图 7.13 为车床床身铸件的浇注位置。导轨面是关键部位,不允许有明显的表面缺陷,并要求组织致密均匀,故浇注时导轨面应该朝下。

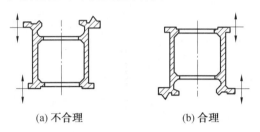

(a) 不合理　　　　　　　　(b) 合理

图 7.13　车床床身铸件的浇注位置

另外,铸件的宽大平面部分也应尽量朝下或倾斜浇注。这不仅可以减少大平面上的砂眼、气孔、夹渣等缺陷,还可以防止砂型上表面因长时间被烘烤而产生夹砂缺陷,如图 7.14 所示。这种方案虽必须使用吊芯,工艺麻烦,但能保证质量。

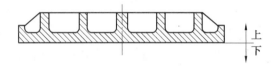

图 7.14　平台类铸件的浇注位置

(2)厚大部分放在上面或侧面。对于收缩大而易产生缩孔的铸件,如壁厚不均匀的铸钢件、球墨铸铁件,应尽量将厚大部分放在上面或侧面,以便安放冒口进行补缩。如铸钢双排链轮采用这种浇注位置就容易保证质量,如图 7.15 所示;对于收缩小的铸件(如灰铸铁)则可将较厚部分放在下面,依靠上面的金属液进行补缩(即边浇注边补缩),如图 7.16 所示。

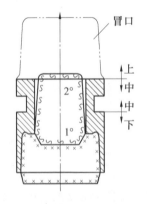

图 7.15　铸钢双排链轮的浇注位置

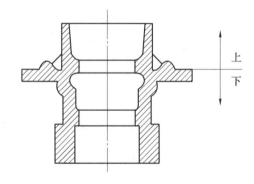

图 7.16　收缩小的铸件的浇注位置

(3)大而薄的平面朝下或侧立或倾斜。对于薄壁铸件,应将大而薄的平面朝下或侧立或倾斜,以防止浇不足、冷隔等缺陷。对于流动性差的合金尤其要注意这一点,如图 7.17 所示。

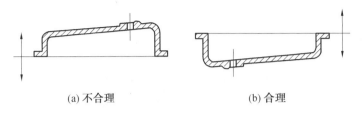

(a) 不合理   (b) 合理

图 7.17　油盘浇注位置的选择

2. 分型面的选择

铸型分型面是指铸型组员之间的结合面。铸型分型面选择的正确与否是铸造工艺合理性的关键之一。如果选择不当不仅会影响铸件质量,还会使制模、造型、造芯、合型或清理甚至机械加工等工序复杂化。分型面的选择主要以经济性为出发点,在保证质量的前提下尽量简化工艺过程、降低生产成本。选择时应注意以下原则。

(1)便于起模,使分型面平直数量少,简化造型工艺。尽量使分型面平直,数量最好是一个。因为每增加一个分型面,铸型就多增加一些误差,使铸件的精确度降低。此外还要避免不必要的型芯等。图 7.18 为一个重臂铸件,图中所示的分型面为一平面,故可采用简便的分开模造型。如果采用顶视图所示的弯曲分型面,则需采用挖砂或假箱造型。显然,在大批量生产中应尽量采用图中所示的分型面,这不仅便于造型操作,模板的制造费用也低。但在单件小批量生产中由于整体模样坚固耐用造价低,故仍采用弯曲分型面。

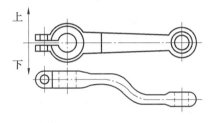

图 7.18　起重臂的分型面

图 7.19 为三通铸件的分型方案。图 7.19(a)的内腔必须采用一个 T 字形芯来形成,但不同的分型方案,其分型面数量不同。当中心线 ab 呈垂直位置时,如图 7.19(b)所示,铸型必须有三个分型面才能取出模样,即用四箱造型。当中心线 cd 处于垂直位置时,如图 7.19(c)所示,铸型有两个分型面,须采用三箱造型。当中心线 ab 与 cd 都处于水平位置时,如图 7.19(d)所示,因铸型只有一个分型面,故采用两箱造型即可。显然图 7.19(d)的分型方案是合理的。

在实际生产中,分型面的选择还要视铸件结构而定,对于一些大而复杂或具有特殊要求的铸件,有时采用两个以上的分型面,反而有利于保证铸件质量和简化工艺。

(2)避免不必要的型芯和活块,以简化造型工艺。图 7.20 为支架的分型方案,是避免活块的实例。按图中方案Ⅰ,凸台必须采用四个活块方可制出,而下部两个活块的部位甚深,取出困难。当改用方案Ⅱ时,可省去活块,仅在 A 处稍加挖砂即可。

型芯通常用于形成铸件的内腔,有时还可用它来简化铸件的外形,以制出妨碍起模的凸台、凹槽等。但制造型芯需要专门的芯盒、芯骨,还需烘干及下芯等工序,增加了铸件成本。因此,选择分型面时应尽量避免不必要的型芯。图 7.21 为一底座铸件,若按图中方案Ⅰ分开模造型,其上下内腔均需采用型芯。若用图中方案Ⅱ采用整模造型,则上下内腔均可由砂垛形成,省掉了型芯。

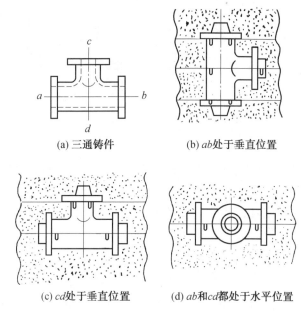

(a) 三通铸件　　　　　(b) ab处于垂直位置

(c) cd处于垂直位置　　　(d) ab和cd都处于水平位置

图 7.19　三通铸件的分型方案

　　必须指出,并非型芯数目越少,铸件的成本越低。图 7.22 为一轮形铸件,由于轮的圆周面存在内凹,在批量不大的生产条件下,多采用三箱造型。但在大批量生产条件下,由于采用机器造型,故应改用图中所示的环状型芯,使铸型简化成只有一个分型面。尽管增加了型芯的费用,但机器造型所取得的经济效益可以补偿。

　　(3)尽量使铸件重要加工面位于同一个砂型内,以保证精度。这不仅便于造型、下芯、合型,也便于保证铸件精度。图 7.23 为一床身铸件,其顶部平面为加工基准面,图 7.23(a)在妨碍起模的凸台处增加了外部型芯,因采用整模造型使加工面和基准面在同

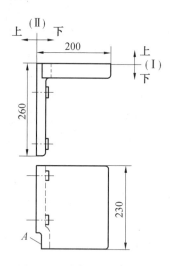

图 7.20　支架的分型方案

一砂箱内,铸件精度高,是大批量生产时的合理方案。若采用方案(b),铸件若产生错型将影响铸件精度。考虑在单件小批量生产条件下,铸件的尺寸偏差在一定范围内可用划线来矫正,故在相应条件下图 7.23(b)仍可采用。

　　上述原则对于具体铸件来说都难以全面满足,有时浇注位置和分型面选择结果也会产生矛盾。因此必须抓住主要矛盾全面考虑,至于次要矛盾,则应从工艺措施上设法解决。一般遵循的原则是:对于重要的、受力大的、质量要求高的铸件,为了尽量减少铸件缺陷,应优先考虑浇注位置的选择,分型面的位置要与之相适应;对于一般铸件,应优先考虑简化操作,尽量选择最简单的分型方案。

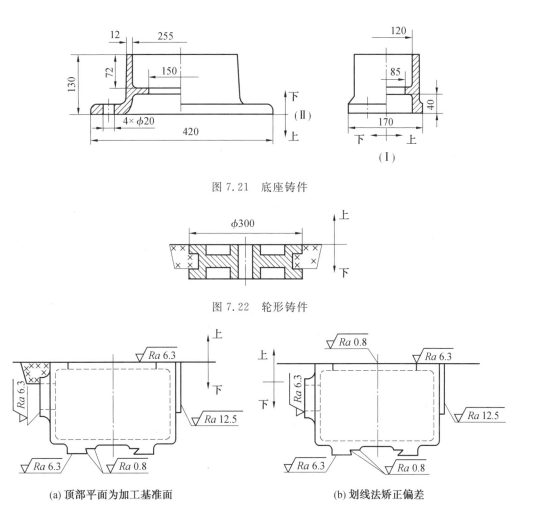

图 7.21 底座铸件

图 7.22 轮形铸件

(a) 顶部平面为加工基准面   (b) 划线法矫正偏差

图 7.23 床身铸件

7.2.3 工艺参数的选择

为了绘制铸造工艺图,在铸造工艺方案初步确定之后,还必须选定铸造工艺参数。铸造工艺参数主要包括机械加工余量和最小铸孔、收缩率、起模斜度、型芯头尺寸等。

1. 机械加工余量和最小铸孔

为了保证铸件加工面尺寸和零件精度,铸件要有机械加工余量。在铸造工艺设计时预先增加的、在机械加工时要切除的金属层厚度,称之为机械加工余量。加工余量过大不仅浪费金属,而且也切去了晶粒较细致、性能较好的铸件表层;加工余量过小,则达不到加工要求,影响产品质量。加工余量应根据铸造合金种类、造型方法、加工要求、铸件的形状和尺寸及浇注位置等来确定。若铸钢件表面粗糙,其加工余量应比铸铁大些;非铁合金价格贵,铸件表面光洁,其加工余量应小些。机器造型的铸件精度比手工造型的高,加工余量可小些;铸件尺寸越大,或加工表面处于浇注时的顶面时,其加工余量亦应越大。依据GB/T 6414—2017,机械加工余量等级有 10 级,称为 A,B,…,H,J,K 级,其中灰铸铁砂型铸件要求的机械加工余量见表7.4。

表 7.4 灰铸铁砂型铸件要求的机械加工余量(RAM)(摘自 GB/T 6414—2017)

零件的最大尺寸/mm		手工造型 F～H 级	机器造型 E～G 级	零件的最大尺寸/mm		手工造型 F～H 级	机器造型 E～G 级
大于	至			大于	至		
—	40	0.5～0.7	0.4～0.5	250	400	2.5～5.0	1.4～3.5
40	63	0.5～1.0	0.4～0.7	400	630	3.0～6.0	2.2～4.0
63	100	1.0～2.0	0.7～1.4	630	1 000	3.5～7.0	2.5～5.0
100	160	1.5～3.0	1.1～2.2	1 000	1 600	4.0～8.0	2.8～5.5
160	250	2.0～4.0	1.4～2.8	1 600	2 500	4.5～9.0	3.2～6.0

铸件上孔、槽是否铸出,不仅取决于工艺上的可能性,还必须考虑其必要性。一般说来,较小的孔、槽不必铸出,留待机械加工制出反而经济。最小铸出孔径与铸件的生产批量、合金种类、铸孔处的壁厚等有关。例如,灰铸铁单件生产时为 30～50 mm,成批生产时为 15～30 mm,大量生产时为 12～15 mm;铸钢件时为 55 mm 左右。

2. 收缩率

由于合金的线收缩,铸件冷却后的尺寸将比型腔尺寸略有缩小。为保证铸件应有的尺寸,模样尺寸必须比铸件放大一个该合金的收缩量。放大的比例主要根据铸件在实际条件下的线收缩率,即铸件线收缩率来确定。铸件的实际受阻收缩率与合金种类有关,同时还受铸件结构、尺寸、铸型种类等因素的影响。表 7.5 为砂型铸造时几种合金铸件的线收缩率的经验数据。

表 7.5 砂型铸造时几种合金铸件的线收缩率

合金种类		铸件线收缩率	
		自由收缩	受阻收缩
灰铸铁	中小型铸件	0.9%～1.1%	0.8%～1.0%
	中大型铸件	0.8%～1.0%	0.7%～0.9%
	特大型铸件	0.7%～0.9%	0.6%～0.8%
球磨铸铁		0.9%～1.1%	0.6%～0.8%
碳钢和低合金钢		1.6%～2.0%	1.3%～1.7%
锡青铜		1.4%	1.2%
无锡青铜		2.0%～2.2%	1.6%～1.8%
硅黄铜		1.7%～1.8%	1.6%～17.0%
铝硅合金		1.0%～1.2%	0.8%～1.0%

3. 起模斜度

为了使模样(或型芯)便于从砂型(或芯盒)中取出,应该在模样或芯盒的起模方向上加上一定的斜度,如图 7.24 所示,此斜度称为起模斜度或拔模斜度。若铸件本身没有足够的结构斜度,就要在铸造工艺设计时给出铸件的起模斜度。

起模斜度的大小取决于模样的高度、造型方法、模样材料等因素。通常起模斜度为$15'\sim3°$。铸型立壁越高,起模斜度越小;机器造型的起模斜度比手工造型的小,而金属模型的要比木模样的小。为使型砂便于从模样内腔中取出,内壁的斜度要比外壁大,通常大$3°\sim10°$,具体数值可查阅相关手册。

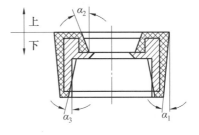

图 7.24 起模斜度

4. 型芯头

型芯头的形状和尺寸对型芯装配的工艺性及稳定性有很大影响。根据型芯头在砂型中的位置,型芯头可分为垂直型芯头和水平型芯头两种类型。

(1)垂直型芯头。垂直型芯一般都有上下芯头,如图 7.25(a)所示,但短而粗的型芯也可省去上芯头。芯头必须留有一定的斜度α。下芯头的斜度应小些($6°\sim7°$),上芯头的斜度为便于合型应大些($8°\sim10°$)。

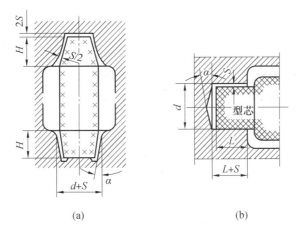

(a)   (b)

图 7.25 型芯头的构造

(2)水平型芯头。水平型芯一般也有两个芯头,当型芯只有一个水平芯头,或虽有两个芯头仍然定位不稳而易发生转动或倾斜时,还可采用联合芯头、加长或加大芯头、安放型芯撑支撑型芯等措施。如图 7.25(b)所示,水平芯头的长度取决于型芯头直径及型芯的长度。悬臂型芯头必须加长,以防合型时型芯下垂或被金属液抬起。型芯头与铸型型芯座之间应有小的间隙(S),以便于铸型的装配。

7.2.4 综合分析举例

图 7.26 为支座的普通支撑件,材料为 HT150,没有特殊质量要求的表面,无须考虑补缩。因此,在制定铸造工艺方案时,主要考虑工艺上的简化,而不必考虑浇注位置要求。

该件虽属简单件,但底板上四个 $\phi10$ mm 孔的凸台及两个轴孔的内侧凸台可能妨碍起模。同时轴孔如若铸出,还必须考虑下芯的可能性。根据以上分析该件可供选择的分

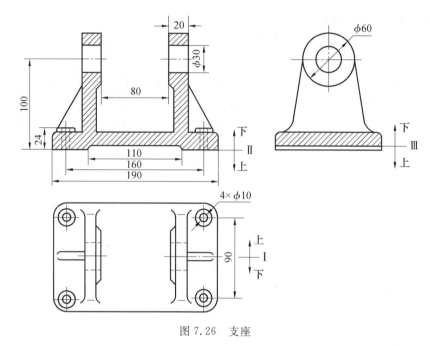

图 7.26 支座

型方案如下:

方案Ⅰ 沿底板中心线分型,即采用分开模造型。其优点是底面上 110 mm 凹槽容易铸出,轴孔下芯方便,轴孔内侧凸台不妨碍起模;缺点是底板上四个凸台必须采用活块,同时,铸件易产生错型缺陷,飞边清理的工作量大。此外,若采用木模样,加强筋处过薄,木模样易损坏。

方案Ⅱ 沿底面分型,铸件全部位于下箱,为铸出 110 mm 凹槽必须采用挖砂造型。方案Ⅱ克服了方案Ⅰ的缺点,但轴孔内凸台妨碍起模,必须采用两个活块或下型芯。当采用活块造型时,$\phi30$ mm 轴孔难以下芯。

方案Ⅲ 沿 110 mm 凹槽底面分型。其优缺点与方案Ⅱ类同,仅是将挖砂造型改用分开模造型或假箱造型,以适应不同的生产条件。

可以看出,方案Ⅱ、Ⅲ的优点多于方案Ⅰ,但在不同生产批量下,可有如下选择:

(1)单件小批量生产。由于轴孔直径较小不需铸出,而手工造型便于进行挖砂和活块造型,此时依靠方案Ⅱ分型较为经济合理。

(2)大批量生产。由于机器造型难以使用活块,故应采用型芯制出轴孔内凸台。同时,应采用方案Ⅲ从 110 mm 凹槽底面分型,以降低模板制造费用。图 7.27 为支座的铸造工艺图。由图可见,方型芯的宽度大于底板,以便使上箱压住该型芯,防止浇注时上浮。若轴孔需要铸出,采用组合型芯即可实现。

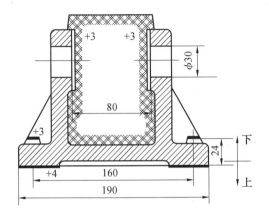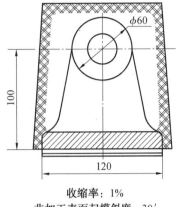

收缩率：1%
非加工表面起模斜度：30′

图 7.27 支座的铸造工艺图

7.3 特种铸造

特种铸造是指除砂型铸造以外的所有其他铸造方法。特种铸造方法很多，各有其特点和适用范围。下面主要介绍应用较为普遍的金属型铸造、熔模铸造、压力铸造、离心铸造及消失模铸造。

7.3.1 金属型铸造

金属型铸造是将液态金属浇入金属的铸型中，并在重力作用下凝固成形以获得铸件的方法。由于金属铸型可反复使用多次（几百次到几千次），故金属型铸造也称永久型铸造。

1. 金属型构造

金属型的结构主要取决于铸件的形状、尺寸、合金的种类及生产批量等。

按照分型面的不同，金属型可分为整体式、垂直分型式、水平分型式和复合分型式。其中垂直分型式使用方便，对开设浇道和取出铸件极为有利，也易于实现机械化生产，所以应用最广。金属型的排气依靠出气口及分布在分型面上的通气槽。为了能在开型过程中将灼热的铸件从型腔中推出，多数金属型设有推杆机构。铸件的内腔可用金属型芯或砂芯来形成，若铸件内腔复杂可用组合型芯，如图 7.28 所示，浇注凝固之后，先取中间型芯 5，后取两侧型芯 4 和 6。

金属型一般用铸铁制成，也可采用铸钢，其中金属型芯用于非铁金属件。为使金属型芯能在铸件凝固后迅速从内腔中抽出，金属型还常设有抽芯机构。

2. 金属型的铸造工艺

由于金属型导热快，且没有退让性和透气性，为获得优质铸件和延长金属型的寿命，必须严格控制其工艺。

(1)金属型的准备。新金属型或长期未用的金属型，应先起封除油，并在 200～300 ℃

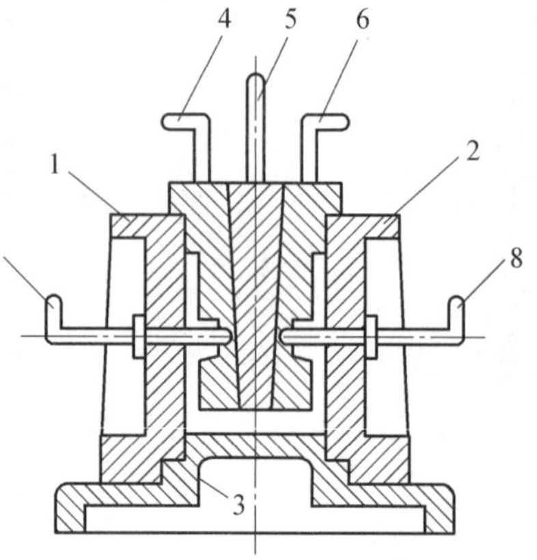

1、2—左右半型;3—底型;4、5、6—分块金属型芯;7、8—销孔金属型芯

图 7.28　铸造铝活塞简图

下烘烤除净油迹。对于经过了一个生产周期,需要清理的金属型而言,应着重清除型腔、型芯、活块、排气塞等工作表面上的锈迹、涂料、黏附的金属屑等杂物。

（2）喷刷涂料。金属型型腔工作表面应喷刷涂料,以防止金属液与型壁直接接触,从而降低型壁的传热强度并减少高温对型壁的影响;利用涂料层厚度的变化可调节铸件各部分的冷却速度,实现合理的凝固顺序,还可以起蓄气和排气作用。涂料可分为衬料和表面涂料两种,前者以耐火材料为主,后者为可燃物质(如油类),每次浇注喷涂一次,以产生隔热气膜。涂料层的厚度一般小于 0.5 mm,但在浇冒口部位可超过 1 mm 或者使用保温材料。

（3）金属型预热。金属型在浇注之前要预热,合适的预热温度能减缓铸型对浇入金属的激冷作用,减少铸件缺陷;同时,减小铸型和浇入金属的温差,提高铸型寿命。合适的预热温度应根据合金种类和铸件结构等多种因素确定。通常铸铁件预热温度为 250～350 ℃,非铁金属件预热温度为 100～250 ℃。

（4）金属液浇注温度。由于金属型的导热能力强,为了保证顺利充型,浇注温度一般比砂型铸造高 20～30 ℃。铝合金的浇注温度为 680～740 ℃,铸铁的浇注温度为 1 320～1 370 ℃。其中薄壁小件应取上限,大型厚壁件应取下限。

（5）出型时间。浇注之后铸件在金属型内停留的时间越长,铸件的出型及抽芯越困难,铸件产生内应力和裂纹倾向加大。同时,铸铁件的白口倾向增加,金属型铸造的生产率降低。为此,应使铸件凝固后尽早出型。但如果金属液还没有完全凝固就开模取件,金属液会流淌,也会使铸件拉裂或拉变形。对于有色合金铸件,开模取件时间常根据冒口的凝固程度而定,冒口完全凝固后应立即抽芯、开模,取出铸件。

通常小型铸铁件出型时间为 10～60 s,铸件温度为 780～950 ℃。此外,为避免灰铸铁件产生白口组织,除应采用碳、硅含量高的铁液外,涂料中应加入些硅铁粉。对于已经产生白口组织的铸件,要利用出型时铸件的自身余热及时进行退火。

3. 金属型铸造的特点和适用范围

与砂型铸造相比,金属型铸造有如下优点:

①金属型铸造可反复使用,易于实现机械化和自动化,生产效率高。

②铸件的精度和表面质量提高,尺寸精度 CT7～CT10,表面粗糙度 Ra 为 50～3.2 μm。

③金属型的热导率和热容量大,金属液冷却速度快,结晶组织致密,铸件的力学性能较高。如铝合金金属型铸件的屈服强度可提高近 20%,同时抗蚀性和硬度也显著提高。

④浇冒口尺寸较小,液体金属耗量减少,可以节约 15%～30%。

⑤不用砂或少用砂能减少砂处理和运输设备,减少粉尘污染,使铸造车间面貌大为改善,劳动条件得到显著提升。

金属型铸造的主要缺点是金属型的激冷作用大,本身无退让性和透气性,因此铸件容易出现冷隔、浇不足、卷气、变形和裂纹等缺陷。此外,金属型的制造成本高、生产周期长;金属型铸件的形状和尺寸还受到一定的限制。金属型铸造必须采用机械化和自动化装置,否则劳动条件反而恶劣。

金属型铸造主要用于铜、铝合金不复杂中小铸件的大批量生产,如活塞、气缸盖、油泵壳体、铜瓦、衬套、轻工业品等。

7.3.2 熔模铸造

熔模铸造是指用易熔材料制成模样,在模样表面包覆若干层耐火涂料制成型壳,再将模样熔化排出型壳,从而获得无分型面的铸型,经高温焙烧后即可填砂浇注的铸造方法。由于模样广泛采用蜡质材料制造,故常将熔模铸造称为"失蜡铸造"。

1. 熔模铸造的工艺过程

熔模铸造的工艺过程如图 7.29 所示,可分为蜡模制造、型壳制造、焙烧浇注三个主要阶段,最后制成如图 7.29(a)所示的铸件。

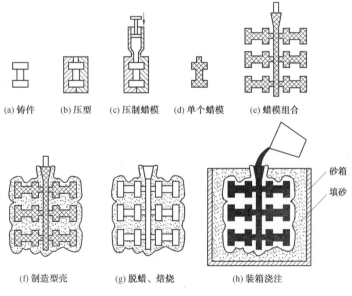

(a) 铸件　(b) 压型　(c) 压制蜡模　(d) 单个蜡模　(e) 蜡模组合

(f) 制造型壳　　　(g) 脱蜡、焙烧　　　(h) 装箱浇注

图 7.29　熔模铸造主要工艺过程

(1)熔模材料。熔模是形成型腔的模型,它的尺寸精度直接影响到成形铸件的尺寸精度和表面质量。所以为获得高质量的熔模,首先必须选择合适的熔模材料即模料。按组成模料的基体材料和性能的不同进行分类,可分为蜡基模料、树脂基模料、填料模料及水溶性模料等,还可按模料熔点的高低将其分为高温、中温和低温模料。

(2)蜡模制造。制造蜡模的程序如下:

①压型制造。图 7.29(b)所示的压型是用来制造单个蜡模的专用模具。为保证蜡模质量,压型必须具有很高的精度及很低的粗糙度,而且型腔尺寸必须包括蜡料和铸造合金的双重收缩率。

压型一般用钢、铜或铝等金属材料经切削加工制成,这种压型的使用寿命长,制出的熔模精度高,但压型的制造成本高,生产准备时间长,主要用于大批量生产。对于小批生产则可用易熔合金(如 Sn、Pb、Bi 等组成的合金)、塑料、石膏或硅橡胶等直接向模样上浇注而成。

②蜡模的压制。模料配制完毕即可压制蜡模。压制蜡模前,需先在压型表面涂薄层分型剂,以便从压型中取出蜡模。压注成形的注蜡温度多在熔点以下,将蜡料(50%石蜡和 50%硬脂酸)加热到糊状后,在 2~3 个大气压力下,将蜡料压入到压型内,如图 7.29(c)所示,待蜡料冷却凝固便可从压型内取出,然后修去分型面上的毛刺,即得带有内浇道的单个蜡模,如图 7.29(d)所示。

③组装蜡模。熔模铸件一般均较小,为提高生产率、降低成本,通常将若干个蜡模焊在一个预先制好的浇道棒上构成蜡模组,如图 7.29(e)所示,从而可实现一型多铸。

模组在进入型壳制造工序之前,应进行清洗,清洗的目的是在后续的挂浆(即浸涂涂料)工序中,使涂料能均匀附着于模组表面,并有较强的附着力。

(3)型壳制造。型壳制造是在蜡模组上涂挂耐火材料,以制成具有一定强度的耐火型壳的过程。型壳的质量对铸件的精度和表面粗糙度有决定性的影响,因此型壳的制造是熔模铸造的关键。型壳制备的主要工序包括浸涂料、撒砂、干燥和硬化等。制壳时每涂挂和撒砂一层后,必须进行充分的干燥和硬化。

①浸涂料。将蜡模组置于涂料中浸渍,使涂料均匀地覆盖在蜡模组的表层。涂料是由黏结剂、耐火粉料、表面活性剂、消泡剂等组成的,具有良好流动性的浆料。目前国内所用的黏结剂主要有水玻璃、硅溶胶、硅酸乙酯等,耐火粉料主要有锆英粉、刚玉粉、莫来石粉、硅粉等。一般铸件采用石英粉和水玻璃组成的耐火涂料。高合金钢铸件用刚玉粉和硅酸乙酯水解液做涂料。

②撒砂。浸涂料后,应在涂料未干之前立即在涂料表面均匀地裹上一层砂子,该操作称为撒砂。撒砂的目的是用砂粒固定涂料层;增加型壳厚度,获得必要的强度;提高型壳的透气性和退让性;防止型壳硬化时产生裂纹。小批量生产时采用手工撒砂,而大批量生产时有专门的撒砂设备。

③硬化和干燥。制壳时每涂挂和撒砂一层后,必须进行化学硬化和干燥。干燥时因伴随着收缩,如果砂层薄、强度低就会形成裂纹。特别是对于面层,因面层厚度很薄,干燥过程中如控制不当易产生裂纹和剥离。干燥硬化是熔模铸造中最耗费时间的一个工序。

当以水玻璃为黏结剂时,将蜡模组浸于 NH_4Cl 溶液中,于是发生化学反应,析出来的凝胶将石英砂黏得十分牢固。此后,在空气中干燥 7～10 min,形成 1～2 mm 薄壳,为使型壳具有较高的强度,故结壳过程要重复进行 4～6 次,最终制成 5～12 mm 的耐火型壳,如图 7.29(f)所示。

④脱蜡。从型壳中取出蜡模形成铸型空腔,必须进行脱蜡。通常是将型壳浸泡于 85～95 ℃的热水中,使蜡料熔化上浮而脱除,如图 7.29(g)所示。脱出的蜡料经回收处理后可重复使用。目前国内普遍采用的脱蜡方法是热水法和蒸汽法。

(4)焙烧和浇注。

①焙烧。脱模后型壳在干燥空气中经一段时间(至少 2 h)的自然干燥后,必须将型壳送入加热炉,在 800～1 000 ℃进行焙烧。焙烧的目的是去除型壳中的水分、残留模料、硬化剂、盐分等,避免浇注时产生气体,导致出现气孔、浇不足或恶化铸件表面等缺陷。同时经高温焙烧,可进一步提高型壳的强度和透气性,并达到应有的温度以待浇注。

②浇注。为防止浇注时型壳发生变形和破裂,常在焙烧后用干砂填紧加固,并趁热浇注,如图 7.29(h)所示。待铸件冷却凝固后,将型壳破坏取出铸件,然后去掉浇道、冒口,清理毛刺等。

2. 熔模铸造的特点和适用范围

熔模铸造的基本特点是制壳时采用可熔化的一次模,因无须起模,故型壳为整体而无分型面,且型壳是由高温、性能优良的耐火材料制成。与其他铸造方法相比,熔模铸造的主要特点如下:

①铸件的精度及表面质量较高,尺寸精度 CT4～CT9,表面粗糙度 Ra 为 12.5～3.2 μm。如涡轮发动机的叶片,铸件精度已达无机械加工余量的要求。

②适用于生产各种合金铸件,从铝、铜等有色合金到各种合金钢均可铸造,尤其适用于高熔点、难加工的合金铸件,如高速钢刀具、不锈钢汽轮机叶片等。

③可铸出形状比较复杂的薄壁铸件,通过蜡模的组合,可以铸出最小壁厚为0.3 mm,最小直径为 2.5 mm 且形状很复杂的铸件。

④生产批量不受限制,从单件小批量生产到大批量生产均能实现。

⑤由于受熔模及型壳强度限制,铸件不宜过大(或过长),仅适合从几十克到几千克的小铸件,最大不超过 45 kg。

熔模铸造的主要缺点是生产工艺复杂且周期长,机械加工压型成本高,所用的耐火材料、模料和黏结剂价格较高,铸件成本高。

熔模铸造最适合高熔点合金精密铸件的成批量生产,主要用于形状复杂、难以切削加工的小零件。目前熔模铸造已在汽车、农机、机床、刀具、汽轮机、仪表、航空、兵器等制造领域得到广泛的应用。

7.3.3 压力铸造

压力铸造简称压铸,在高压下(比压为 5～150 MPa)将液态或半固态合金快速(充填速度可达 5～50 m/s)压入金属铸型中,并在压力下凝固而获得铸件的一种成形方法。

1. 压力铸造的工艺过程

压铸是在压铸机上进行的,它所用的铸型称为压型。为了铸出高质量的铸件,压型必须具有很高的精度和较低的表面粗糙度。压型要采用专门的合金工具钢(如$3Cr_2W_8V$)来制造,并需要进行严格的热处理。压铸时压型应保持一定的工作温度(120～180 ℃),并涂刷涂料。

2. 压力铸造的特点和适用范围

压力铸造的主要优点有:

①铸件的尺寸精度高,表面质量好。通常尺寸精度可达 CT4～8,表面粗糙度 Ra 为12.5～1.6 μm,因此压铸件可不经机械加工而直接使用。

②可压铸形状复杂的薄壁件,或直接铸出小孔、螺纹、齿轮等。

③铸件具有良好的力学性能,由于压铸型的热扩散能力强,加之铸件在高压条件下凝固成形,因此铸件合金的凝固速度快,组织致密,强度高,耐磨耐蚀性能好。

④压铸的生产率较其他铸造方法均高,生产过程易于机械化和自动化。

⑤便于采用镶铸法(又称镶嵌法)。镶铸是将其他金属或非金属材料预制成的嵌件铸前先放入压型中,经过压铸使嵌件和压铸合金结合成一体,如图 7.30 所示,这既满足了铸件某些部位的特殊性能要求,如强度、耐磨性、绝缘性、导电性等,又简化了装配结构和制造工艺。

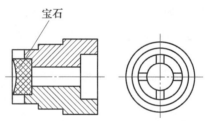

图 7.30 镶嵌件的应用

但是,压力铸造与其他铸造成形方法一样,也存在如下一些问题:

①由于液体金属充型速度极快,型腔中的气体很难排除,所以压铸件中存在很多的气孔,一般不适宜较大余量的机械加工,以防气孔外露;普通压铸法压铸的铸件也不能进行热处理或焊接,以免气孔中的气体膨胀而使铸件鼓泡而报废。

②现有模具材料主要适合低熔点的合金,如锌、铝、镁等合金。生产铜合金、黑色金属等高熔点合金,其模具材料存在着较大的问题,主要是模具的寿命非常短。

③压铸设备投资高,压铸模制造复杂,周期较长,费用较高,一般不适合小批量生产。

④由于填充型腔时金属液的冲击力大,一般压铸不能使用砂芯,因此不能压铸具有复杂内腔(内凹)结构的铸件。

目前,压力铸造广泛应用于飞机、汽车、拖拉机、仪器仪表、计算机、家电、轻纺机械、日用品等生产资料及消费品制造行业,如气缸体、箱体、化油器、喇叭外壳等铝、镁、锌合金铸件的大批量生产。

7.3.4 离心铸造

离心铸造是将液态合金浇入高速旋转的铸型,使其在离心力作用下充填铸型并凝固成形的铸造方法。

1. 离心铸造的工艺过程

离心铸造必须在离心铸造机上进行,根据铸型旋转轴空间位置的不同,离心铸造机可分为立式离心铸造机和卧式离心铸造机两大类。

立式离心铸造机上的铸型是绕垂直轴旋转的,主要是用来生产高度小于直径的圆环类铸件。当其浇注圆筒形铸件时,金属液并不填满型腔,如图7.31(a)所示,这样便于自动形成内腔,而铸件的壁厚则取决于浇入的金属量。在立式离心铸造机上进行离心铸造的优点是便于铸型的固定和金属的浇注,但其自由表面(即内表面)呈抛物线状,使铸件上薄下厚。显然,在其他条件不变的前提下,铸件的高度越大,立壁的壁厚差别也越大。

卧式离心铸造机上的铸型是绕水平轴旋转的。由于铸件各部分的冷却条件相近,故铸出的圆筒形铸件无论在轴向的壁厚还是径向的壁厚都是均匀的,如图7.31(b)所示。因此卧式离心铸造机主要用于生产长度大于直径的套类和管类铸件,也是最常用的离心铸造方法。

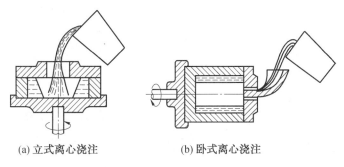

(a) 立式离心浇注　　　　　　　　(b) 卧式离心浇注

图7.31　圆筒形铸件的离心铸造

2. 离心铸造的特点和适用范围

由于液体金属是在旋转状态及离心力作用下完成填充、成形和凝固过程的,所以离心铸造具有如下特点:

①利用自由表面生产圆筒形或环形铸件时,可省去型芯和浇注系统,因而省工省料,降低了铸件成本,简化这类铸件的生产工艺过程。

②显著提高液体金属的填充能力,改善充型条件,可用于浇注流动性较差的合金和壁较薄的铸件。

③在离心力的作用下,铸件由外向内定向凝固,而气体和熔渣因密度较金属小、则向铸件内腔(即自由表面)移动而排除,故铸件内部极少有缩孔、缩松、气孔、夹渣等缺陷。

④便于制造双金属铸件,如可在钢套上镶铸薄层铜材,用这种方法制出的滑动轴承较整体铜轴承节省铜料,降低成本。

离心铸造的不足之处是:铸件内表面较粗糙,有氧化物和聚渣产生,且内孔尺寸难以准确控制;铸件易产生成分偏析,所以不适合密度偏析大的合金及轻合金铸件,如铅青铜、铝合金、镁合金等;应用面较窄,仅适合外形简单且具有旋转轴线的铸件,如管、筒、套、辊、轮等;因需要专用设备的投资,故不适合单件小批生产。

离心铸造是大口径铸铁管、气缸套、铜套、双金属轴承的主要生产方法,铸件的最大质量可达十几吨。在耐热钢辊道、特殊钢的无缝管坯、造纸烘缸等铸件生产中,离心铸造已被广泛采用。

7.3.5 消失模铸造

消失模铸造又称气化模铸造或实型铸造,是采用泡沫塑料制成的模样代替普通模样紧实造型,造好型后不取出模样,直接浇入金属液,在高温金属液的作用下,模样受热气化、燃烧而消失,金属液取代原来泡沫塑料模样占据的空间位置,冷却凝固后即获得所需的铸件的成形方法。

1. 消失模铸造工艺过程

消失模铸造工艺包括模样制造、挂涂料、填砂造型、抽负压浇注和落砂清理等工序,如图7.32所示。

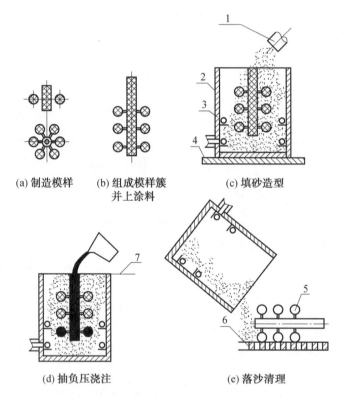

图 7.32 消失模铸造主要工艺过程

1—填砂导管;2—砂箱;3—抽气管;4—振动台;5—铸件;6—落砂栅格;7—塑料薄膜

(1)模样制造。消失模模样通常采用两种方法制成:一种是商品泡沫塑料珠粒预发后,经金属模具发泡成形,主要适合大批量生产;另一种是采用商品泡沫塑料板料经切削加工后胶接成形,适合单件生产。

泡沫塑料模的制造过程如下:

①预发泡与熟化。采用发泡成形法制造模样前,要将 EPS 原珠粒预发泡,使珠粒体积膨胀十几倍,以获得密度、粒度适当的珠粒。生产上常用的预发泡方法是蒸气法。预发泡后的珠粒经干燥后停放一定时间(称为熟化),使颗粒稳定,强度提高。

②模样成形。对单件小批量生产或大型铸件生产,可采用聚苯乙烯板材通过机械加工和胶接方法制造模样。对于大批量生产则将预发泡珠粒充填于成形机的金属模具中加热(如通入蒸气等),使珠粒进一步膨胀,表面熔融,相互粘结在一起,经过冷却后取出,形成模样,如图 7.32(a)所示。

③模样组装。为了制模方便,降低制模成本,多数模样需先分成几块制作,然后再胶合成一完整的模样,最后再将组合的模样和浇注系统模样胶合在一起,形成一个模样簇,如图 7.32(b)所示。组装时要粘接合理,能使模块长久地粘接在一起。粘接强度要保证模样整体经受操作而不变形和损坏。

(2)挂涂料。泡沫塑料模样表面应涂敷两层涂料,第一层是表面光洁涂料,以填补泡沫塑料的表面粗糙及孔洞;第二层是耐火涂料,以防泡沫塑料模表面粘砂,提高模样刚度及强度,以及浇注时支撑干砂的作用。涂料多为水基涂料,以浸涂或浸涂加淋涂的方法进行,涂料涂敷后需进行干燥。

(3)干砂造型。干砂消失模铸造工艺过程通常是加入一层底砂后,将覆有涂料的泡沫模样放入砂箱内,分层填入不加黏结剂的干石英砂,边加砂边振动紧实直至砂箱的顶部,如图 7.32(c)所示。

(4)浇注和落砂清理。在填砂振实后应在砂箱顶面覆盖塑料薄膜,并对砂箱抽真空(真空度为 0.02~0.06 MPa),然后浇注,如图 7.32(d)所示。应合理选择浇注速度、浇注温度及铸件冷却时间等参数,否则容易产生各种缺陷。如浇注速度过高,模样气化分解产生的气体来不及向型外排出,铸件容易产生气孔;如果浇注速度过低,铸件容易产生浇不到和冷隔缺陷。

铸件的落砂清理甚为简便,铸件凝固后解除负压,将砂箱倾倒即可使干砂与铸件分离,如图 7.32(e)所示。然后去除浇道、冒口,进行表面清理即可。落砂处理的主要任务是在清除砂中的铁屑后让型砂尽快冷却,一般型砂必须冷却到 50 ℃以下方可使用,以防止模样受热变形。

2. 消失模铸造的特点和应用范围

消失模铸造具有如下优点:

(1)它是一种近乎无余量的精密成形技术,铸件尺寸精度高,表面粗糙度低,接近熔模铸造水平。铸件的尺寸精度可达 CT5~CT10,表面粗糙度 Ra 为 100~6.3 μm。

(2)无须传统的混砂、制芯、造型等工艺及设备,不需要黏结剂,铸件落砂及砂处理系统简便。故工艺过程简化,易实现机械化和自动化生产,设备投资较少,占地面积小,同时劳动强度降低、环境改善。

(3)增大了铸件结构设计的自由度,消失模铸造由于没有分型面,也不存在下芯、起模等问题。许多在普通砂型铸造中难以铸造的铸件结构在消失模铸造中可以得到解决,如原来需要加工成形的孔、槽等可直接铸出。

(4)适应性强,对合金种类、铸件尺寸及生产数量几乎没有限制。

消失模铸造的主要缺点是浇注时塑料模气化有异味,对环境有污染,铸件容易出现与泡沫塑料高温热解有关的缺陷,如铸铁件容易产生皱皮、夹渣等缺陷,铸钢件可能稍有增碳,但对铜、铝合金铸件的化学成分和力学性能的影响很小。

消失模铸造的应用极为广泛,如单件小批量生产冶金、矿山、船舶、机床等的一些大型铸件,以及汽车、化工、锅炉等行业中的大型冷冲模具等。

各种铸造方法均有其优缺点及适用范围,不能认为某种方法最为完善。因此必须依据铸件的形状、大小、质量要求、生产批量、合金的品种及现有设备条件等具体情况进行全面分析比较,才能正确地选出合适的铸造方法。

7.4　合金铸件的生产及铸造方法的选择

几乎所有的金属材料都可用液态成形的方法使之成形,在生产中常用的液态成形合金有铸铁、铸钢及铸造有色合金。

7.4.1　铸铁件的生产

铸铁是极其重要的铸造合金,它是碳质量分数超过 2.11% 的铁碳合金。铸铁是工业生产中应用最为广泛的铸造金属材料,其产量约占全部铸件总产量的 80% 左右。常用铸铁有灰铸铁、球墨铸铁、可锻铸铁及蠕墨铸铁。

1. 灰铸铁

灰铸铁是指具有片状石墨的铸铁,按照铁水处理方法的不同,灰铸铁可分为普通灰铸铁和孕育铸铁两大类。

(1)灰铸铁的组织和性能。灰铸铁的显微组织由金属基体(铁素体和珠光体)和片状石墨组成,相当于在纯铁或钢的基体上嵌入了大量石墨片,如图 7.33 所示。由于石墨的存在,减少了承载的有效面积,石墨的尖角处还会引起应力集中,因此灰铸铁的抗拉强度低,塑性韧性差,通常 σ_b 仅为 $120\sim250$ MPa , δ、α_k 接近于零。显然,石墨越多越粗大,分布越不均,其力学性能越差。必须看到,灰铸铁的抗压强度受石墨的影响较小,并与钢相近,这对于灰铸铁的合理应用甚为重要。

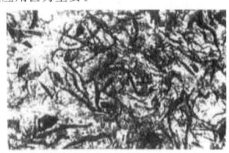

图 7.33　灰铸铁的显微组织

由于灰铸铁属于脆性材料,故不能锻造和冲压。灰铸铁的焊接性能很差,如焊接区容易出现白口组织,裂纹的倾向较大。

(2)灰铸铁的孕育处理。普通灰铸铁是将冲天炉熔炼出炉的铁液不经过任何处理直接浇入铸型形成的。提高灰铸铁性能的途径就是降低碳和硅的质量分数,改善基体组织,减少石墨的数量和尺寸,并使其均匀分布。孕育处理是实现此途径的有效方法。其基本原理是:先熔炼出碳质量分数为 $2.8\%\sim3.2\%$、硅质量分数为 $1\%\sim2\%$ 的低碳低硅铁液,出炉铁液温度必须控制在 1 400 ℃ 以上，弥补孕育处理操作所引起的铁液温度下降。向高温铁液中加入孕育剂，经孕育处理后的铁水必须尽快浇注，以防止孕育作用衰退。常用的孕育剂是硅质量分数为 75% 的硅铁，块长度为 5～10 mm，加入量为铁液质量的 0.2%～0.7%。孕育剂在铁水中形成大量弥散的石墨结晶核心，使石墨化作用骤然提高，从而得到在细晶粒珠光体上均匀分布着细片状石墨的组织。经孕育处理后的铸铁称为孕育铸铁，其强度和硬度比普通灰铸铁有显著提高。原铁水碳质量分数越低，石墨越细小，强度硬度越高。

（3）灰铸铁的铸造工艺特点。灰铸铁通常是在冲天炉中熔炼，且大多不需炉前处理直接浇注即可，成本低廉。灰铸铁具有良好的铸造性能，便于制出薄而复杂的铸件，一般也不需设置冒口和冷铁，使铸造工艺简化。灰铸铁的浇注温度为 1 200～1 350 ℃，因而对砂型的要求比铸钢低，中小型铸件多采用经济、简便的湿型铸造。

灰铸铁一般不通过热处理来提高其性能，这是因为灰铸铁组织中粗大石墨片对基体的破坏作用不能通过热处理来改善和消除。生产中仅对要求高的铸件进行时效处理，以消除内应力，防止加工后变形。

2. 球墨铸铁

球墨铸铁是 20 世纪 40 年代末发展起来的一种铸造合金，是向出炉的高温铁液中加入球化剂和孕育剂直接得到球状石墨的铸铁。

（1）球墨铸铁的组织和性能。由于球墨铸铁的石墨呈球状，对基体的割裂作用已降低到最低程度，故球墨铸铁强度和韧性远远超过灰铸铁，甚至可与钢媲美。如抗拉强度为 400～600 MPa，最高可达 900 MPa，伸长率为 2%～10%，最高可达 18%。此外，球磨铸铁还可以像钢一样，通过热处理进一步提高其性能。热处理的目的主要是改善金属基体，以获得所需的组织和性能，这一点与灰铸铁不同。

（2）球墨铸铁的生产特点。球化处理的工艺方法有多种，以冲入法最为常用，如图 7.34 所示。将球化剂放在铁水包的堤坝内，上面铺以硅铁粉（或铁屑）和稻草灰，以防球化剂上浮，并使其作用缓和。铁水分两次冲入，第一次冲入量为铁水包容量 2/3，使球化剂与铁液充分反应，待球化剂作用后，将孕育剂放在冲天炉的出铁槽内，用剩余的 1/3 包铁液将其冲入包内，进行孕育处理，搅拌、扒渣即可浇注。

图 7.34　冲入法球化处理图

此外，还有型内球化法，如图 7.35 所示。把球化剂放置在浇注系统内的反应室中，流经此室的铁水和球化剂作用后进入型腔。此法的优点是石墨球细小，球化率较高，球化剂的用量较少，球墨铸铁的力学性能较高。关键问题是反应室的结构设计及浇注系统的挡渣措施要合理。型内球化法最适合在大批量生产的流水线上制造球磨铸铁。

（3）球磨铸铁的铸造工艺特点。球磨铸铁的凝固过程和铸造性能与灰铸铁有明显的不同，因而铸造工艺也不同。球墨铸铁较灰铸铁易产生缩孔、缩松、皮下气孔、夹渣等缺

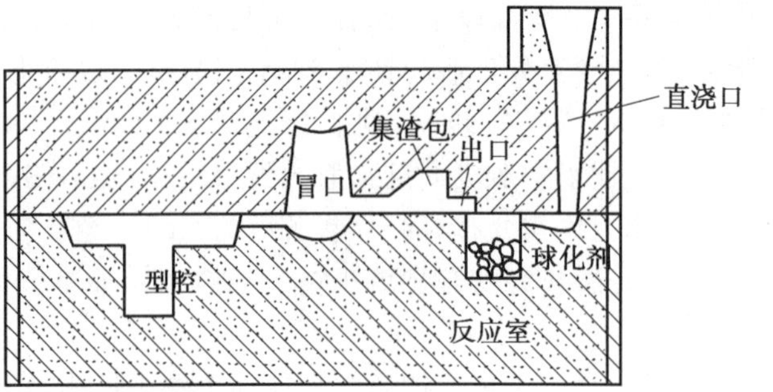

图 7.35　型内球化法示意图

陷,因而在铸造工艺上要求更为严格。

　　由于球化和孕育处理使铁水温度大大下降,因此球磨铸铁需要较高的浇注温度和较大的浇注尺寸。生产球墨铸铁件多采用冒口和冷铁,采用顺序凝固原则。

　　球墨铸铁为糊状凝固特征,其碳质量分数高,成分接近共晶点,且凝固收缩率低,但缩孔、缩松倾向却很大。球铁在浇注后的一段时间内,截面上存在相当宽的液固两相共存区,铸件凝固的外壳强度很低,而球状石墨析出时的膨胀值却很大,每析出 1% 的石墨,体积增加 2%。当铸型刚度不够时,石墨膨胀量致使初始形成的铸件外壳向外胀大,造成铸件内部液态金属的不足,因而在铸件最后凝固的部位产生缩孔和缩松。为防止上述缺陷,应增加铸型刚度,防止铸件外形扩大。如增加型砂紧实度,采用干型或水玻璃快干型,保证砂箱有足够的刚度,并使砂箱间牢固地夹紧。

　　球墨铸铁已成功地取代部分可锻铸铁件、铸钢件,也取代了部分负荷较重但受冲击不大的锻钢件。由于球墨铸铁使用范围的扩大,其产量也在迅速增长,因此是发展前途广阔的铸造合金。

3. 可锻铸铁

　　(1)可锻铸铁的性能及应用。可锻铸铁又称玛铁或玛钢,是将白口铸铁坯件经长时间石墨化高温退火,使白口铸铁中的渗碳体分解成为团絮状石墨,从而得到由团絮状石墨和不同基体组织组成的铸铁。比起灰铸铁,石墨形状的改善使这种铸铁具有较高的强度,同时还兼有良好的塑性和韧性,可锻铸铁因此而得名,其实它并不能真的用于锻造。球墨铸铁在问世之前曾是力学性能最高的铸铁。

　　按退火方法的不同,可锻铸铁分为黑心可锻铸铁、珠光体可锻铸铁和白心可锻铸铁三种。

　　(2)可锻铸铁的生产特点。制造可锻铸铁件首先要铸出白口铸铁坯料,若坯料在退火前已存在片状石墨,则无法经退火制造出团絮状石墨。所以必须采用碳质量分数为 $2.4\% \sim 2.8\%$ 和硅质量分数为 $0.4\% \sim 1.4\%$ 的原铁液。

　　石墨化退火是制造可锻铸铁的重要阶段,即将清理后的白口铸铁坯料叠放于退火箱内,将箱盖用泥封好后送入退火炉中,缓慢加热到 $920 \sim 980$ ℃,保温 $10 \sim 20$ h,并按照规范冷却到室温(对于黑心可锻铸铁还要在 700 ℃ 以上进行第二段保温)。石墨化退火的总周期为 $40 \sim 70$ h。可以看出,可锻铸铁的生产过程复杂,退火周期长,能源耗费大,铸件的成本较高。

（3）可锻铸铁的铸造工艺特点。

①流动性差。因可锻铸铁的碳、硅质量分数低，凝固温度范围大，故流动性差。薄件应适当提高浇注温度（大于 1 360 ℃）。

②收缩大。因可锻铸铁生产使用白口铸铁坯料，其固态收缩大，铸件易产生应力、变形和裂纹。同时其体积收缩大，铸件易产生缩孔、缩松等缺陷。生产中应改善铸型及型芯的退让性，并设置补缩冒口和冷铁。

4. 蠕墨铸铁

蠕墨铸铁是近十几年发展起来的新型铸铁材料，蠕墨铸铁的组织为金属基体上分布着蠕虫状石墨。由于其石墨呈短片状，端部钝而圆，类似蠕虫而得名。显然，这种石墨是介于片状和球状之间的一种过渡石墨。蠕墨铸铁是原铁水经蠕化处理和孕育处理后得到的。

（1）蠕墨铸铁的生产特点。制造蠕墨铸铁的原铁液与球墨铸铁相似，即先熔炼出碳和硅质量分数较高，硫和磷质量分数较低的高温铁液。炉前处理时采用冲入法把蠕化剂加入铁液中，其中最关键是加入蠕化剂的质量。国外多用镁合金为蠕化剂，我国多用稀土硅铁合金、稀土硅钙合金等，加入量为铁液质量的 1.0%～2.0%，蠕化处理后再加入孕育剂进行孕育处理。

蠕墨铸铁的研制和应用历史较短，应用中主要问题是蠕虫状石墨是一种过渡形式。蠕化剂不足，石墨不变形，仍保持片状，由于碳、硅质量分数高，铸铁强度很低，铁水只能报废；蠕化剂过量，石墨又变成球状。所以实际生产中应严格控制蠕化处理过程。

（2）蠕墨铸铁的性能和应用。蠕墨铸铁在性能上具有灰铸铁和球墨铸铁的一系列优点：

①力学性能（强度和韧性）比灰铸铁高，与铁素体球墨铸铁相近。

② 壁厚敏感性比灰铸铁小得多，当壁厚由 30 mm 增加到 200 mm 时，σ_b 下降 20%～30%，其绝对值仍为 300 MPa 左右。

③导热性和耐热疲劳性比球墨铸铁高得多，与灰铸铁相近。

④耐磨性比灰铸铁好，为 HT300 的 2.2 倍以上。

⑤减震性比球墨铸铁高，不如灰铸铁。

⑥工艺性能良好，切削加工性能接近球墨铸铁；铸造性能接近灰铸铁，缩孔、缩松倾向比球墨铸铁小，铸造工艺比较简单。

⑦蠕墨铸铁的气密性优于灰铸铁。

蠕墨铸铁主要用来代替高强度灰铸铁、合金铸铁、铁素体球墨铸铁和铁素体可锻铸铁生产复杂的大型铸件。

7.4.2 铸钢件生产

铸钢件是铸造成形工艺和钢质材料的结合，既具有其他成形工艺难以得到的复杂形状，又能保持钢所特有的各种性能，因此确立了铸钢件在工程结构材料中的重要地位。

1. 铸钢的性能和应用

铸钢的主要优点是力学性能高，强度特别是塑性和韧性比铸铁高很多，焊接性能优良,适合采用铸、焊联合工艺制造重型铸件。但其铸造性能、减震性和切口敏感性都比铸铁差。常用铸钢有碳素铸钢、低合金铸钢和高合金铸钢三种。

(1)碳素铸钢。在铸钢中碳素铸钢用得最多,低碳铸钢 ZG15 熔点高,铸造性能差,通常仅利用其软磁特性制造电机零件或渗碳件。中碳铸钢 ZG25~ZG45 具有良好的性能,应用最多。高碳铸钢 ZG55 熔点低,铸造性能较中碳铸钢好,但塑性韧性差,仅用于少量耐磨件。

(2)低合金铸钢。低合金钢是指合金元素总量不大于 5% 的铸钢。当加入少量单一合金元素如 Mn、Cr、Si 等,使钢的强度、耐磨性和耐热性明显提高,从而减轻铸件质量,节省钢材,提高铸件使用寿命。如 ZG40Mn、ZG30CrMnSi 等用于制造齿轮、水压机工作缸及水轮转子等。ZG40Cr 用于制造高强度齿轮、轴等重要受力零件。当加入多种复合元素可制成 σ_b 超过 420 MPa 的高强度铸钢。

(3)高合金铸钢。高合金铸钢中合金元素总量大于 10%,大量合金元素的加入使钢的组织发生根本变化,因而具有耐磨、耐热和耐腐蚀等特殊性能。其中高锰钢 ZGMn13 是一种耐磨钢,主要用来制造在干摩擦下工作的机器零件,如挖掘机的抓斗前壁及抓斗齿、拖拉机和坦克的履带板等。铸造镍铬不锈钢 ZG1Cr18Ni9 对硝酸的耐腐蚀性很高,常用于制造耐酸泵等石油、化工用机器设备。

2.铸钢的铸造工艺特点

钢的浇注温度和熔点较高,钢液易氧化和吸气,流动性不好,收缩较大,其体积收缩率为灰铸铁的 2~3 倍。因此铸造性能差,容易产生浇不到、气孔、缩孔、缩松、裂纹等缺陷。为防止上述缺陷的产生,必须在工艺上采取相应的措施。

①铸钢用型砂应有较高的强度、耐火度和透气性,通常要采用耐火度很高的人造石英砂。

②铸钢件的浇注系统和冒口安置对铸件质量影响很大,必须使之既能防止缩孔、缩松,又能防止裂纹。一般来说,铸钢件都要安置冒口和冷铁,使之实现顺序凝固。

③铸钢件的力学性能比锻钢件差,特别是冲击韧性低。其原因是存在铸造缺陷(缩孔、缩松、裂纹、气孔等)以及金相组织缺陷,如晶粒粗大和魏氏组织,使塑性大大降低。此外,铸钢件内存在较大的铸造应力。

为了细化晶粒,消除魏氏组织及铸造应力,提高力学性能,铸钢件铸后必须进行退火和正火。

7.4.3 铸造有色合金生产

铸造有色合金是指除铸钢、铸铁等黑色合金以外的铸造合金,其种类较多,这里仅介绍工业生产中常用的铸造铜合金和铸造铝合金。

1.铸造铜合金的性能和应用

纯铜俗称紫铜,其导电性、导热性、耐蚀性及塑性均优,但强度硬度低,且价格较高,因此极少用它来制造零件,而机械上广泛应用的是铜合金。

铸造铜合金具有良好的耐蚀性和耐磨性,并具有一定的力学性能,虽然价格较贵,但仍是工业上不可缺少的合金。按其成分不同,铸造铜合金分为铸造黄铜和铸造青铜两大类。

黄铜是以锌为主加元素的铜合金。随着锌质量分数增加,合金的强度和塑性显著提高,但超过47%之后其力学性能将显著下降,故黄铜的锌质量分数小于47%,并将铜锌二元合金称为普通黄铜。铸造黄铜除含锌外,还含有硅、锰、铝、铅等合金元素组成的多元黄铜称为特殊黄铜。

与青铜比较,黄铜的优点是强度高,这是由于黄铜中锌质量分数高(45%~47%),锌在铜中固溶强化效果好;成本低是由于锌的价格比铜、锡和铝都低;铸造性能好,介于锡青铜和铝青铜之间。因此,铸造黄铜比铸造青铜应用更广。但黄铜的耐磨性和耐腐蚀性不如青铜,特别是普通黄铜更差,所以工业上多用特殊黄铜。而铸造黄铜常用于制造一般用途的轴瓦、衬套、齿轮等耐磨件和阀门等耐蚀件。

由铜与锌以外的元素所组成的铜合金统称为青铜,铜和锡的合金称为锡青铜,是历史最为悠久的一种铸造合金。它具有很好的耐磨性和耐蚀性。锡青铜的塑性好,线收缩率低,不易产生缩孔,但容易产生显微缩松,可作为一般条件下的耐磨和耐蚀零件。由于锡的价格昂贵,所以锡青铜的成本比其他铜合金都高。因此,实际应用时为降低成本,常加入一些较便宜的元素(锌、铅、磷等)来取代部分锡,这样还能改善青铜的某些性能。如锡青铜中常加入锌、铅等元素,以提高铸件的致密性、耐磨性,并节省锡用量,有时还加入磷以便脱氧。

2. 铸造铝合金的性能和应用

铝合金密度小,比强度高,熔点低,导电性、导热性和耐蚀性优良,切削加工性好,常用于制造一些比强度要求高的铸件。

铸造铝合金分为铝硅合金、铝铜合金、铝镁合金及铝锌合金四类。铝硅合金又称硅铝明,其流动性好、线收缩率低、热裂倾向小、气密性好,又有足够的强度,所以应用最广。铝硅合金常用于制造形状复杂的薄壁件或气密性要求较高的铸件,如内燃机气缸体、化油器、仪表外壳等。铝铜合金的铸造性能较差,如热裂倾向大,气密性和耐蚀性较差,但耐热性较好,主要用于制造活塞、气缸头等。铝镁合金是在铸造铝合金中比强度最高的合金,耐蚀性好(在海水和空气中),力学性能高,但熔炼、铸造工艺比较复杂,铸造性能差(流动性较差、收缩大、形成缩孔的倾向大、气密性差),故主要用于航天、航空或长期在大气、海水中工作的零件等,也可作为发展高强度铝合金的基础。

3. 铜、铝合金铸件的生产特点

铜、铝合金的熔化特点是金属料与燃料不直接接触,以减少金属的损耗,保证金属的纯洁。在一般铸造车间,铜、铝合金多采用以焦炭为燃料的坩埚炉或电阻炉进行熔炼。

(1)铜合金的熔化。铜合金在液态下极易氧化,形成的氧化物(Cu_2O)因溶解在铜内而使合金的性能下降。为防止铜的氧化,熔炼青铜时,应以玻璃、硼砂作为熔剂覆盖,熔炼后期用磷铜脱氧。由于黄铜中的锌本身就是良好的脱氧剂,所以熔化黄铜时不需另加熔剂和脱氧剂。

(2)铝合金的熔化。铝硅合金在铸态下,其粗大的硅晶体将降低合金的力学性能,为此,在浇注前常向铝液中加入NaF和NaCl的混合物进行变质处理(加入量为铝液质量的2%~3%),使共晶硅由粗针变成细小点状,从而提高其力学性能。

铝合金在液态下也极易氧化,形成的氧化物 Al_2O_3 的熔点高达 2 050 ℃,密度稍大于铝,呈固态夹杂物浮悬在合金液中很难去除,既恶化了合金的铸造性能,又降低了合金的力学性能,特别是冲击韧性和疲劳极限。铝液还极易吸收氢气,虽然氢气在铝液中的溶解度有限,但由于液态变为固态时溶解度变化极大,凝固时气体来不及逸出,便在铸件内形成针孔。这些针孔将严重影响铸件的气密性,并使力学性能降低。

为了减缓铝液的氧化和吸气,可向坩埚内加入 KCl、NaCl 等作为熔剂,以便将铝液与炉气隔离。为了驱除铝液中吸入的氢气、防止针孔的产生,在铝液出炉之前应进行"除气处理"。其方法是用钟罩向铝中压入氯化锌($ZnCl_2$)、六氯乙烷(C_2Cl_6)等氯盐或氯化物,反应后生成 $AlCl_3$ 气泡,这些气泡在上浮过程中可将氢气及部分 Al_2O_3 夹渣一并带出铝液。

4. 铜、铝合金的铸造工艺特点

为了减少有色合金在浇注过程中再度氧化、吸气,应尽量使其平稳快浇快凝,因此多采用底注式或某些特殊的浇注系统,以防止金属飞溅,使其连续平稳地导入型腔。同时,为使铜、铝铸件表面光洁,减少机械加工余量,应尽量选用细砂造型。特别是铜合金铸件,由于合金液的密度大,流动性好,易渗入砂粒间,产生机械粘砂,使铸件清理工作量加大。所以多采用金属型铸造使铸件快速冷凝,减少吸气,组织致密,并提高表面质量。

铜、铝合金的凝固收缩率比铸铁大,除锡青铜外,一般都需冒口和冷铁配合,使其顺序凝固,以利于补缩。但锡青铜结晶区间宽,倾向于糊状凝固,流动性差,容易产生缩松,但其氧化倾向不大,这是因为所含 Sn、Pb 等元素而不易氧化。故锡青铜铸造时要着重解决疏松问题,对壁厚较大的重要铸件(蜗轮、阀体等)必须严格采取顺序凝固,对形状复杂的薄壁件和一般壁厚大中型圆柱套类铸件,以采用顶注雨淋浇口为宜,若致密性允许降低,可采用同时凝固。对短的套类和轴瓦等小铸件,可采用湿型压边浇口。

7.5 铸造机械与设备

7.5.1 造型设备

在进行铸造工厂(车间)设计时,由于砂型的制造是整个铸造生产的核心,通常先确定造型工部的工艺和设备,然后再确定砂处理、制芯和清理等工部的工艺及设备。

按照紧实成形机理的不同,常用的黏土砂湿型造型机主要可分为震击造型机、震压造型机、压实造型机、射压造型机和气流紧实造型机五大类。

1. 震击造型机

震击造型机的特点是将型砂装填于模板上的砂箱内,型砂、砂箱和模样受到反复震击,型砂靠重力和惯性作用在模板表面得到紧实而成形。

震击造型机结构简单,操作方便,但劳动强度大。通常采用气缸震击,也有的铸造工厂采用电动机带动偏心轴高速转动,高速转动的偏心轴带动工作台快速、反复、上下运动,产生的震击使型砂得到紧实。采用震实方法得到的砂型紧实度低,而且不均匀,与模板接触的砂型面紧实度较高,而越是离开模样砂型的紧实度越低,生产的铸件质量较低。

由于震击造型机使用灵活,不受铸件质量、大小和生产批量的限制,所以中小铸造厂采用较多。但是这种造型机结构比较复杂,造价较高,造型时的震动和噪声很大,所以应用已日渐减少。

2. 震压造型机

震压造型机的特点是将砂装填于模板上的砂箱内,震紧实后在砂型背面再用挤压方法使型砂紧实度得到进一步提高,整个砂型的硬度分布也更加均匀。震压造型的压实有低中压和高压两种。低中压可用气动或液压,压头多为平压头;高压则采用液压,压头为成形压头或多触头,造出的砂型紧实度更高,分布也更加均匀。

震压造型机常用于一般铸件的批量生产和中小复杂铸件的各种批量生产。

3. 压实造型机

压实造型机的特点是型砂装填于模板上的砂箱后,通常从砂型的背面施加压力(或把模板压入砂箱中)。压实造型机的压实方法有单向压实和差动压实,单向压实有上压式和下压式两种,它们的主要区别在于砂箱与上面的压头还是与下面的模板有相对运动。上压式的余砂在砂箱上方,压头将余砂压入砂箱中(砂箱与上面压头相对运动)。

下压式则是余砂在下,压实时模板将余砂压入砂箱,最终模板与砂箱齐平(砂箱与下面模板相对运动)。上压和下压兼有则为"差动压实"。单向压实造型机结构简单,噪声小,但是砂型紧实度不均匀。"差动压实"是压头先预压(上压),然后模样下压,最后压头再终压。"差动压实"比单向压实的砂型紧实度和均匀度都高。水平分型脱箱压实造型机的造型方法是采用重力加砂后压实的方法紧实型砂,因此它也属于压实造型机的一种。

压实造型机适合简单、扁平铸件的中小批量生产,差动压实可用于生产较复杂铸件。

4. 射压造型机

射压造型机的特点是首先用低压射砂,然后再用高压压实。采用此种方法造出的砂型紧实度高,均匀性好,生产率高,如 DISA230 造型机每小时可生产 500 箱以上。

射压造型机适合中小铸件的大批量生产,如果所生产的铸件无砂芯或少砂芯,则设备的高生产率特点可以得到更充分的发挥。

5. 气流紧实造型机

气流紧实造型机分为气流冲击造型机和静压造型机两种。气流冲击造型机的特点是加砂后利用压缩空气快速释放产生的强烈冲击波使型砂得到紧实。此种造型机的最大优点是结构简单,能耗少,生产率高,砂型透气性好,但是其浇口杯必须单独铣出来。气流冲击造型机适合中小铸件的大批量生产,并可组成自动生产线。

静压造型机的特点是加砂后先用压缩空气进行预紧实,然后再用压头压实成形。此种造型机生产的砂型紧实度高,均匀性好,铸件工艺出品率高,噪声低,适合生产复杂铸件,可组成自动生产线大批量生产。

除了上述常用的五大类造型机以外,还有动压冲击造型机和抛砂造型机。

6. 造型生产线

在铸造车间通常将主机(造型机)和辅助设备(翻箱机、合箱机、落箱机、捅箱机、分箱机等)按一定的工艺流程连接在一起,并采用一定的控制方法组成机械化、自动化造型生产体系,用于批量生产铸件,这种生产体系称为造型生产线。由于不同的造型机和辅助设备以不同的组合形式布置,使造型生产线差别较大,因此生产出来的铸件适用范围和批量规模也都不同。

图 7.36 为一对能分别造上下型的两台主机和辅机(翻箱机、合箱机、压铁机、浇注机、捅箱机、落砂机、分箱机等)组成的气冲造型自动生产线。砂箱尺寸为 1 250 mm×900 mm×300 mm/350 mm,生产率为 110~160 型/h,带有模板自动更换装置。

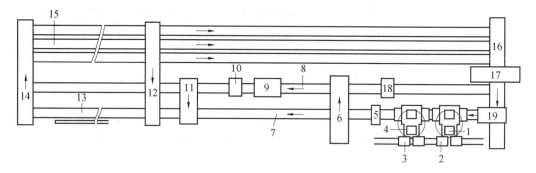

图 7.36　气冲造型自动生产线

1,4—造型机;2,3—往复式上下模板小车;5—翻箱机;6—上型转运装置;7—下芯段;8—上型铸型段;9—钻通气孔装置;10—上型翻转机;11—合箱机;12—压铁机;13—浇注段;14—转运装置;15—冷却输送机;16—转运装置;17—带机械手的振动落砂机;18—小车清扫机;19—砂箱清理机

该生产线为开放式布置,所用的间歇式铸型输送机可以是小车或输送机,也可以是辊式输送机。驱动形式可以是驱动小车、气动、液动柱杆或机动边辊等。

实际生产中,由于生产线的组成受所造铸件的类型、生产量的大小、造型工艺的差异、不同公司生产的造型机以及具体厂房条件等因素的影响,造型生产线的布置存在一定的差别,但其主要组成部分基本相同。

7.5.2　制芯设备

制芯是铸造生产的重要环节之一。砂芯通常用于形成铸件内腔或孔洞,而砂型则形成铸件外形。砂芯一般单独制取,然后用手工或下芯机放置到造好的铸型中。浇注后砂芯除芯头部分外,其余部分都被液态金属所包围,因此砂芯需要比铸型有更高的常温强度和高温强度。制芯工艺和造型工艺大不相同,这就使得制芯设备和造型设备有很大的不同。

制芯设备的结构形式与芯砂黏结剂及制芯工艺密切相关,常用的制芯设备有热芯盒射芯机、冷芯盒射芯机和壳芯机三类。

1. 热芯盒射芯机

一般采用热芯盒砂或覆膜砂射制各种复杂的砂芯及壳芯,根据砂芯的形状、大小、生产批量分别选用单工位或多工位射芯机,选用垂直、水平、垂直加水平分盒及相应的分盒、开盒、顶芯、取芯装置。与传统手工制芯和简易机械制芯相比,热芯盒射芯机具有生产率高、砂芯尺寸精度高、溃散性好、黏结剂加入量较少、易实现机械化自动化、生产成本较低等优点。热芯盒砂的混制用一般混砂机即可满足要求,混制工艺较简单,故在铸造生产中应用广泛。热芯盒射芯机有单工位、二工位、多工位等多种形式。可根据砂芯或壳型的尺寸大小、分型方式及对设备的生产率和自动化程度的不同要求合理选择机型。

2.冷芯盒射芯机

冷芯盒是向芯盒内通气硬化砂芯的工艺。与热芯盒工艺相比,它有如下优点:砂芯精度高,表面粗糙度值低;硬化时间短,生产率高;不需加热,节省能耗;常温下工作,改善了劳动条件;出芯后不到一小时即可浇注,减少储存型芯的面积;没有过硬化问题,容易制作壁厚差异大的砂芯;对芯盒的材料要求较低;浇注后易溃散,落砂性能好等。冷芯盒射芯机采用冷芯盒工艺制芯设备,由射芯机、气体发生器、净化装置以及液压、电气控制系统等组成。

3.壳芯机

壳芯机是以酚醛树脂作为黏结剂制成的热硬性砂芯的一种制芯设备。从硬化工艺来说,壳芯机也是热芯盒射芯机,由于可以做成中空的壳体芯,所以砂芯被称为壳芯,制芯设备也就被称为壳芯机。

目前使用的各种壳芯机大体上有顶吹(并摇摆)和底吹(不摇摆)两大类型。顶吹式壳芯机适合较复杂的砂芯;底吹式常用于生产结构形状简单的小砂芯,设备结构简单。

7.5.3 砂处理设备

在现代砂型铸造生产中砂处理系统是一个重要环节,它包括新砂处理、储备和输送系统;旧砂处理(破碎、磁选、过筛、冷却)、储存和输送系统;型砂混制(包括各种物料定量加入)和输送系统;辅料储存和输送系统;型砂质量在线检测和控制系统;机械化运输电气联锁控制;等等。

图 7.37 为砂处理系统工艺流程示意图。经过破碎、磁选后的热旧砂由带式输送机或旧砂斗提升机提升进入滚筒筛过筛。过筛后的旧砂进入旧砂储砂斗,经带式给料机进入砂冷却器冷却。冷却后的旧砂经带式输送机进入旧砂储存斗,再由带式给料机定量加到旧砂和新砂混合称量斗。

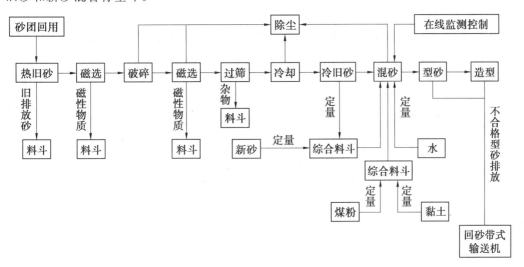

图 7.37　砂处理系统工艺流程示意图

新砂通过输送系统将新砂输送到新砂储存斗内,由储存斗下的带式给料机定量加入旧砂和新砂混合称量斗内。对型砂水分要求特别严格的造型和制芯砂使用新砂烘干设备进行烘干处理。由于造型砂厂能提供袋装干新砂,因此中小型铸造车间基本上都不设置新砂烘干设备。

煤粉、黏土和粉尘用输送系统分别输送到煤粉斗、黏土斗和粉尘斗中,并由其斗下的螺旋给料机定量加到辅料称量斗内。

混砂时,新砂、旧砂和辅料分别由称量斗加入混砂机混制,水则通过水箱经称量器定量加入混砂机内。混好的型砂排放到型砂储存斗,由储存斗下的给料机卸到型砂带式输送机(或由混砂机直接卸到型砂带式输送机)送至造型工部造型。

7.5.4　落砂及清理设备

1. 落砂设备

落砂设备的作用是将铸型破碎,使铸件从砂型中分离出来。铸件的生产规模、品种、工艺等条件不同,所采用的落砂方法及设备也不同。在单件小批生产中和简单机械化造型生产线上,砂箱和铸件的落砂在振动落砂机上同时完成。在半自动化或自动化造型生产线上通常是用捅箱机将砂箱与铸型分离,被捅出的带砂铸件则在落砂机上进一步分离。在无箱或脱箱造型生产线上,落砂可以采用振动落砂机或连续式落砂滚筒。落砂滚筒的噪声比较小,还可以对高温型砂进行冷却。

由于振动落砂的效率高、设备简单,因而在机械化或半机械化的铸造车间中应用非常普遍。落砂设备按照产生振动的方式不同,可分为机械偏心振动式、惯性振动式、电磁振动式及气动振动式等。在惯性振动落砂机中又有单轴和双轴结构。输送式振动落砂机在完成落砂的同时还可以使铸件向前运动。

2. 清理设备

铸造生产中清理是后处理工序,是铸件落砂与冷却后清除掉本体以外的多余部分,并打磨精整铸件内外表面的过程。其主要工作有清除型芯和芯撑,切除浇冒口、拉筋和多肉,清除铸件黏砂、表面异物和热处理后形成的表面氧化皮,铲磨割筋、披缝和毛刺等凸出物,以及打磨和精整铸件表面,涂敷底漆,加工初始定位基准等。

清理设备的选用是以不同清理设备的类型特点及铸件材质、尺寸大小、质量、复杂程度、生产批量、车间机械化条件和生产工艺流程等因素为依据的。通过合理选用清理设备,以较低的清理成本获得较高的清理效率和良好的清理质量,确保车间生产物流通畅。

复习思考题

1. 什么是液态合金的充型能力?它与流动性有何关系?流动性对铸件质量有何影响?

2. 既然提高浇注温度可改善充型能力,那么为什么还要防止浇注温度过高?

3. 铸件的凝固方式可分为几种类型?影响铸件凝固方式的主要因素是什么?

4. 某铸件时常产生裂纹缺陷,如何鉴别其裂纹性质?如果属于热裂,应该从哪些方面寻找产生原因?

5.什么是缩孔和缩松?它们是如何形成的?对铸件质量有何影响?怎样防止或减小它们的危害?

6.试从铸件结构、型砂、铸造工艺等方面考虑如何防止铸件产生内应力和裂纹。

7.什么是铸造工艺图?它包括哪些内容?它在铸件生产的准备阶段起着哪些重要作用?

8.浇注位置选择和分型面选择哪个重要?如若它们的选择方案发生矛盾,该如何统一?

9.哪些合金的铸造性能比较好?为什么?

10.为什么手工造型仍是目前不可忽视的造型方法?机器造型有哪些优越性?

11.为什么灰铸铁不能用热处理来提高力学性能,而球墨铸铁可以吗?

12.为什么球磨铸铁的强度和塑性比灰铸铁高,而铸造性能比灰铸铁差?

13.金属型铸造与砂型铸造相比有哪些优点?存在什么问题?

14.压力铸造工艺过程有何特点?它最适合于制造哪些铸件?

15.比较静压造型机和气冲造型机的优缺点。

第8章 塑性成形

8.1 金属塑性成形的特点和分类

1. 金属塑性成形的特点

金属塑性成形是指利用固态金属的塑性,使其在外力作用下成形的一种加工方法,也称为金属塑性加工或金属压力加工。金属塑性成形方法具有如下特点:

①金属材料经过相应的塑性加工后,不仅形状发生改变,而且其组织、性能都能得到改善和提高。

②金属塑性成形主要是靠金属在塑性状态下的体积转移,而不是靠部分地切除金属的体积,因而制件的材料利用率高,流线分布合理,从而提高了制件的强度。

③用塑性成形方法得到的工件可以达到较高的精度。

④塑性成形方法具有很高的生产率。

由于金属塑性加工具有以上优点,因而钢总产量的90%以上及有色金属总产量的70%左右需经过塑性加工成材,其产品品种规格繁多,广泛应用于交通运输、机械制造、电力电信、化工、建材、仪器仪表、国防工业、航天技术以及民用五金和家用电器等各行各业,是制造业的一个重要组成部分,也是先进制造技术的一个重要领域。

2. 金属塑性成形的分类

金属塑性成形工艺的种类很多,但并无统一的分类方法。通常将塑性加工方法分为轧制、挤压、拉拔、锻造和冲压等基本工艺类型,其中每一类型又可以进一步细分。

表8.1是按照加工时工件的受力和变形方式对常用的塑性加工方法进行的分类。其中轧制、挤压和锻造依靠压力的作用使金属产生塑性变形;拉拔和冲压依靠拉力的作用使金属产生塑性变形;弯曲依靠弯矩的作用使金属产生弯曲变形;剪切依靠剪力的作用使金属产生剪切变形。轧制、挤压和锻造基本上是在热态下进行的,而拉拔、冲压、弯曲和剪切一般是在室温下进行的。

轧制是将金属坯料通过两个旋转轧辊间的特定空间使其产生塑性变形,以获得一定截面形状材料的塑性成形方法,是使金属由大截面坯料变为小截面材料常用的加工方法。利用轧制方法可生产出型材、板材和管材。

拉拔是将中等截面的坯料拉过有一定形状的模孔,以获得小截面坯料的塑性成形方法。利用拉拔方法可以获得棒材、管材和线材。

挤压是将在筒体中的大截面坯料或锭料一端加压,使金属从模孔中挤出,以获得符合模孔截面形状的小截面坯料的塑性成形方法。因为挤压是在三向受较大的压应力状态下的成形过程,所以更适合生产低塑性材料的型材和管材。

锻造通常分为自由锻和模锻两大类,自由锻一般是在锻锤或水压机上,利用简单的工具将金属料或块料制成特定形状和尺寸的加工方法。表 8.1 中的镦粗即为一例。进行自由锻时不使用专用模具,因而锻件的尺寸精度低,生产率也不高,所以自由锻主要用于单件、小批量生产或大锻件生产。

模锻是一种适合大批量生产的锻造方法,锻件的成形是通过规定的模具实现的。由于模锻时金属的成形由模具控制,因此模锻件既有相当精确的外形和尺寸,又有相当高的生产率。

冲压是利用凸模将板料冲入凹模,是生产薄壁空心零件的方法。板料冲压时厚度基本不发生变化。表 8.1 中将拉伸视为一种典型的冲压工序。

弯曲成形依靠弯矩的作用使坯料发生弯曲变形,或者通过反复地弯曲对坯料进行校直。

剪切依靠剪力的作用把板料或棒料剪断。

表 8.1 金属塑性加工按工件的受力和变形方式分类

加工方式	受力/组合方式	工艺名称		工序简图	流动性质
基本加工方式	压力	轧制	纵扎		稳定流动
			横扎		非稳定流动
		挤压	正挤压		稳定流动
			反挤压		非稳定流动
		锻造	镦粗		非稳定流动
			模锻		非稳定流动

续表 8.1

加工方式	受力/组合方式	工艺名称	工序简图	流动性质
基本加工方式	拉力	拉拔		稳定流动
		拉伸		非稳定流动
	弯矩	弯曲		非稳定流动
	剪力	剪切		非稳定流动
组合加工方式	轧制—弯曲	辊弯		稳定流动
	轧制—锻造	辊锻		非稳定流动

  塑性加工按成形时根据工件的温度不同还可以分为热成形、冷成形和温成形三类。热成形是在充分进行再结晶的温度以上所完成的加工,如热轧、热锻、热挤压等;冷成形是在不产生回复和再结晶的温度以下进行的加工,如冷轧、冷冲压、冷挤压、冷锻等;温成形是在介于冷热成形之间的温度下进行的加工,如温锻、温挤压等。

8.2 金属塑性成形基础

  金属在外力作用下,其内部将产生应力。该应力迫使原子离开原来的平衡位置,从而改变原子间的距离,使金属发生变形,并引起原子位能的增高。当外力增加到使金属的内应力超过该金属的屈服点之后,即使外力停止作用,金属的变形也不消失。金属塑性变形的实质是晶体之间产生了位移。

8.2.1 单晶体的塑性变形

单晶体的塑性变形主要是滑移变形和孪生变形,其中滑移变形是主要的变形方式。

1. 滑移变形

滑移变形是指在切应力的作用下,晶体的一部分沿一定的晶面和晶向相对于另一部分产生的滑动。滑移变形是金属塑性变形中常见的一种变形方式。滑移的距离是滑移方向上原子间距的整数倍。滑移使大量原子从一个平衡位置滑移到另一个平衡位置,晶体产生宏观的塑性变形,如图 8.1 所示。这一晶面和晶向分别称为滑移面与滑移方向。

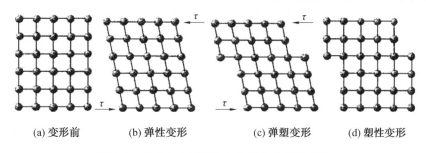

(a) 变形前　　　(b) 弹性变形　　　(c) 弹塑变形　　　(d) 塑性变形

图 8.1　切应力作用下单晶体滑移变形示意图

2. 孪生变形

孪生变形是晶体的一部分相对于一定的晶面(孪晶面)沿一定的方向产生的相对移动,原子移动的距离与原子离开孪晶面的距离成正比,又称孪生或机械孪生。每一个相邻原子间的位移只有一个原子间距的几分之一,但许多层晶面积累起来的位移便可形成比原子间距大许多倍的变形。已变形部分的晶体位向发生了变化,并以孪晶面为对称面与未变形部分相互对称,因而将这两部分晶体称为孪晶。发生变形的那部分晶体称为孪晶带,因变形而产生的孪晶称为形变孪晶,如图 8.2 所示。孪生变形与滑移变形不同,孪晶中一系列相邻晶面内的原子都产生同样的相对位移。因为这种切变在整个孪晶区内部都是均匀的,并符合晶体结构几何学,所以孪生过程又称均匀切变。

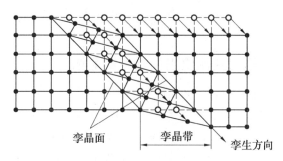

孪晶面　　　孪晶带　　　孪生方向

图 8.2　形变孪晶示意图

8.2.2 多晶体的塑性变形

工业中实际使用的金属都是多晶体,多晶体是由许多不同取向的单晶体－晶粒构成的。虽然单晶体塑性变形的规律与多晶体内单个晶粒的变形行为基本相同,但组成多晶体的各个晶粒的大小、形状和位向都不一样,晶粒之间有晶界相连,因而多晶体的变形比单晶体要复杂得多,而且其变形抗力也明显高于单晶体。图 8.3 为锌的单晶体与多晶体的应力-应变曲线。多晶体的塑性变形包括各个单晶体的塑性变形(称为晶内变形)和各晶粒之间的变形(称为晶间变形)。晶内变形主要是滑移变形,而晶间变形则包括各晶粒之间的滑动变形和转动变形。通常情况下塑性变形主要是晶内变形,当变形量特别大(超塑性变形)时,晶间变形占主导地位。

由于多晶体中各个晶粒之间的位向不同,在一定的外力作用下不同晶粒的各个滑移系分切应力相差很大,因此各晶粒不是同时发生塑性变形的,变形首先从那些处于有利位向的晶粒中进行。在这些晶粒内,位错沿位向最有利的滑移面运动,移到晶界处即停止,一般不能直接穿过晶界,滑移不能直接延续到相邻晶粒,于是位错在晶界处受阻,形成平面塞积群,如图 8.4 所示。位错平面塞积群在其前沿附近区域造成很大的应力集中,随着所加载荷的增大,应力集中也增大,最后促使相邻晶粒陆续形成塑性变形。

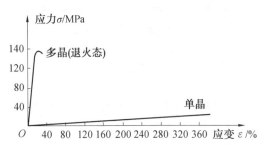

图 8.3　锌的单晶体与多晶体的应力-应变曲线

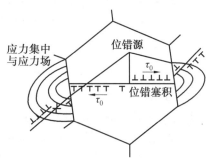

图 8.4　位错的平面塞积群

由于多晶体的每个晶粒都处于其他晶粒的包围之中,因此晶粒变形不是孤立和任意的,必须要与邻近的晶粒相互协调配合,否则将在晶界处发生开裂。为了保证晶粒间的协调变形,就要求相邻晶粒能进行多系滑移。因此具有较多滑移系的面心立方结构和体心立方结构金属表现出了良好的塑性,而密排六方结构金属由于滑移系少,晶粒之间的协调性很差,故塑性变形能力较差。

8.2.3　冷塑性变形对金属组织和性能的影响

1. 冷塑性变形对金属组织结构的影响

(1)晶粒形状发生改变。多晶体经冷塑性变形后晶粒形状逐步发生变化,通常是晶粒由原来的等轴状沿变形方向逐步伸长,晶粒由多边形变为扁平形或长条形,如图 8.5 所示。变形程度越大,晶粒形状变化也越大,当变形程度很大时,多晶体晶粒显著地沿同一方向拉长,晶界变得模糊不清,各晶粒难以分辨,呈现出一片如纤维状的条纹。

(2)变形织构。与单晶体塑性变形时滑移面要发生转动一样,多晶体金属在塑性变形过程中,各晶粒的变形也同样伴随有晶面的转动,这样各晶粒也要发生转动,使各晶粒的滑移面和滑移方向转向外力方向。当变形量很大时各晶粒的取向会趋于一致,从而破坏多晶体中各晶体取向的无序性,这一现象称为晶粒的择优取向。择优取向的结果称为织

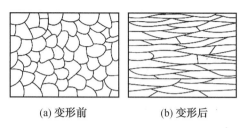

(a) 变形前   (b) 变形后

图 8.5　变形前后晶粒形状变化示意图

构,变形引起的织构就称为变形织构。由于受晶界的限制晶粒的转动不能像单晶体那样自由,只有当变形程度很大时,各晶粒的取向才会逐渐趋于一致。因此,只有发生较大塑性变形时才可能产生变形织构。

根据变形方式的不同,变形织构一般分为两种,一种是拉拔时形成的织构称为丝织构,如图 8.6 所示。其主要特征是各晶粒的某一晶向大致与变形方向平行。另一种是轧制时形成的织构称为板织构,如图 8.7 所示。其主要特征是各个晶粒的某一晶面与轧制平面平行,而某一晶向与轧制时的主变形方向平行。

金属中变形织构的形成,会使它的力学性能和物理性能等明显地出现各向异性,所以对材料的工艺性能和使用性能都有很大影响。这种各向异性是很难消除的,而且大多数情况下是不利的。如有织构的板材在拉伸过程中会出现各向变形不均匀,在弯曲过程中会出现各向回弹不一致等现象。但在有些场合织构的存在是有利的,如提高硅钢片在某一方向上的磁导率,使铁损大大减少,变压器的效率大大提高等。

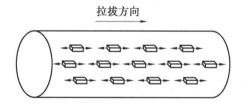

图 8.6　丝织构示意图

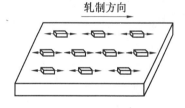

图 8.7　板织构示意图

2. 冷塑性变形对金属性能的影响

塑性变形改变了金属内部的组织结构,因而改变了金属的力学性能。随着变形程度的增加,金属的强度硬度增加,而塑性和韧性下降。图 8.8 为冷拔 45 钢的力学性能指标与变形程度的关系。

从图 8.8 可以看出,随着变形程度的增加,金属的强度和硬度增加,而塑性指标下降。在常温状态下,金属的流动应力随变形程度的增加而上升。为了使变形继续下去,就需要增加变形外力或变形功。这种现象称为加工硬化。一方面,它能提高金属的强度,人们用它来作为强化金属的一种手段;另一方面,它又增加了变形的困难,提高了变形抗力,其至降低了金属的塑性。对于必须要多道次加工的金属,需要在中间变形阶段进行退火以消除加工硬化。

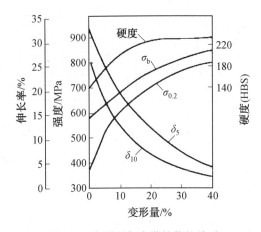

图 8.8　变形量与力学性能的关系

8.2.4　热塑性变形对金属组织和性能的影响

金属在再结晶温度以上的变形称为热塑性变形。热塑性变形过程中回复、再结晶和加工硬化同时发生,加工硬化不断被回复和再结晶所抵消,金属处于高塑性、低变形抗力的软化状态,从而使变形能够继续下去。热锻、热轧、热挤压工艺是常用的热塑性变形加工方法。

1. 热塑性变形时金属的软化过程

热塑性变形时金属的软化过程比较复杂,它与变形温度、应变速率、变形程度和金属本身的性质有关,主要有静态回复、静态再结晶、动态回复、动态再结晶和亚动态再结晶等。

(1)静态回复和静态再结晶。从热力学角度来看,变形引起加工硬化,晶体缺陷增多,金属畸变内能增加,原子处于不稳定的高自由能状态,具有向低自由能状态转变的趋势。当加热升温时,原子具有相当的扩散能力,变形后的金属自发地向低自由能状态转变。这一转变过程称为静态回复和静态再结晶(一般称为回复和再结晶),并伴随有晶粒长大。在回复和再结晶温度下金属的组织和性能变化情况如图 8.9 所示。

在回复阶段,金属的强度和硬度有所下降,塑性和韧性有所提高,但显微组织没有发生明显的变化。因为在回复温度范围内,原子只在晶内做短程扩散,使点缺陷和位错发生运动,改变了数量和状态的分布。

冷变形金属加热到一定温度后会发生再结晶现象,用新的无畸变的等轴晶取代金属变形组织。与回复不同,再结晶使金属的显微组织彻底改变或改组,使其在性能上也发生很大变化,如强度和硬度显著降低,塑性大大提高,加工硬化和内应力完全消除,物理性能得到恢复等。但是,再结晶并不是一个简单地使金属的组织恢复到变形前状态的过程。通过这种方式来改善和控制金属组织和性能。

(2)动态回复。动态回复是通过位错的攀移、交滑移来实现的。动态回复是层错能高的金属热变形过程中唯一的软化机制。对这一类金属热变形后迅速冷却至室温,发现它们的显微组织仍为沿变形方向拉长的晶粒,其亚晶粒保持等轴状。动态回复后金属的位

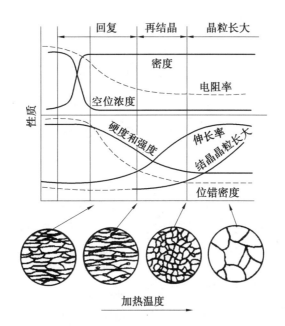

图 8.9　在回复和再结晶温度下金属的组织和性能变化情况

错密度高于相应的冷变形后静态回复的密度,而亚晶粒的尺寸要比冷变形后经静态回复的亚晶粒小,但晶粒尺寸随变形温度升高和变形速度降低而增大。

(3)动态再结晶。动态再结晶是在热塑性变形过程中发生的,层错能低的金属在变形量很大时才可能发生动态再结晶。因为层错能低时不易进行位错的交滑移和攀移。动态回复的速率和程度很低,材料的局部区域会积累足够高的畸变能差,而且由于动态回复的不充分性,所形成的胞状亚晶组织的尺寸较小,晶界不规整,同时在胞壁还有较多的位错缠结。这种不完整的亚组织成为再结晶的形核,促进了动态再结晶的发生。动态再结晶需要一定的驱动力,只有畸变能差积累到一定水平,动态再结晶才能启动,否则只能发生动态回复。只有当变形程度远高于静态再结晶所需的临界变形程度时,动态再结晶才会发生。

动态再结晶的能力除与金属的层错能高低有关外,还与晶界迁移的难易程度有关。动态再结晶的晶粒度大小也与变形程度、应变速率和变形温度有关,一般是降低变形温度、提高应变速率和变形程度,会使动态再结晶后的晶粒变细。而细小的晶粒组织具有更高的变形抗力。

在热塑性变形过程中,除了发生动态回复和动态再结晶、静态回复和静态再结晶外,还发生亚动态再结晶。图 8.10 为热轧和热挤时的动态回复、动态再结晶过程和静态回复、静态再结晶过程。

图 8.10(a)表示高层错能金属热轧变形程度较小时(50%),只发生动态回复,脱离变形区后发生静态回复;图 8.10(b)表示低层错能金属在热轧变形程度较小时(50%),在发生动态回复和静态回复的同时还发生静态再结晶,使晶粒细化;图 8.10(c)表示高层错能金属在热挤压变形程度很大时(99%),在变形区发生动态回复,在离开模口后发生静态回复和静态再结晶;图 8.10(d)同样表示在热挤压变形程度很大时(99%),低层错能金属发

生动态再结晶,在离开变形区后发生亚动态再结晶的情况。

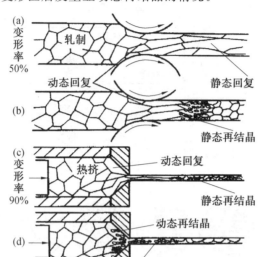

图 8.10　热轧和热挤时动态静态回复和再结晶过程示意图

2. 热塑性变形对金属组织和性能的影响

热塑性变形对金属组织和性能的影响主要表现在以下几点:

(1)改善晶粒组织。晶粒大小对金属的力学性能有很大的影响。晶粒越细、越均匀,金属的强度、塑性和韧性指标就越高。因此,通过热塑性变形获得分布均匀细小的晶粒意义十分重大。

对于铸态金属,粗大的树状晶可以通过塑性变形和经再结晶变成等轴细晶组织,经轧制、锻造或挤压成的钢坯和型材,通过进一步的热塑性变形和再结晶改善其晶粒组织。

(2)锻合内部缺陷。铸态金属中的缺陷如疏松、空隙和微裂纹等经过锻造后被压实,致密度得到提高。内部缺陷的锻合效果与变形温度、变形程度、三向压应力状态等因素有关。对于宏观缺陷的锻合,通常经历从闭合—焊合的过程。

(3)形成纤维状组织。钢锭在热锻过程中随着变形程度的增加,内部粗大的树状枝晶沿主变形方向伸长,晶间富集的杂质和非金属夹杂物的走向也逐渐趋于与主变形方向一致,脆性夹杂物被破碎成链状分布;塑性夹杂物被拉长呈条带状、线状或薄片状,沿着主变形方向形成一条条断断续续的细线,这种流线状组织称为纤维组织。图 8.11 为钢锭锻造过程中纤维组织逐渐形成的示意图。这种纤维组织与冷变形中由于晶粒被拉长而形成的纤维组织是不同的。

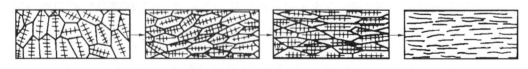

图 8.11　钢锭锻造过程中纤维组织逐渐形成的示意图

(4)改善碳化物和夹杂物分布。钢锭内部存在的各种非金属夹杂物破坏了基体的连续性,使得零件在工作时容易引起应力集中,萌生裂纹,加速疲劳破坏,是十分有害的。通过合理的锻造可以使夹杂物变形或破碎,使其较均匀地分布于基体中,这就大大地降低了它的破坏作用。

(5)改善偏析。在热塑性变形中,通过枝晶破碎和扩散可使铸态金属的偏析略有改善,铸件的力学性能得到提高。

8.2.5 金属塑性变形评价指标

塑性是指金属材料在外力作用下发生变形而不破坏其完整性的能力。人们利用金属的这种特性,使其在外力作用下改变形状,并获得一定的力学性能。这种加工方法被称为金属塑性加工或塑性成形。

金属能进行塑性加工的条件是具有良好的塑性,塑性越好,金属承受塑性变形的能力越强。不同的材料具有不同的塑性,而同一种材料在不同的条件下所表现出的塑性往往也是不同的,这主要是受化学成分、晶格类型和组织结构等内在因素的影响,以及变形温度、变形速度、应力状态等外部条件的影响。

金属的塑性指标是衡量金属塑性变形的量化指标,是以材料发生破坏时的塑性变形量来表示。常用的塑性指标为拉伸实验时材料的伸长率 $\delta(\%)$ 和断面收缩率 $\varphi(\%)$。其计算公式分别为

$$\delta = \frac{L - L_0}{L_0} \times 100\% \tag{8.1}$$

$$\varphi = \frac{A_0 - A}{A_0} \times 100\% \tag{8.2}$$

式中　L_0、L——试样的原始标准间距和试样断裂后的间距长度;

　　　　A_0、A——试样的原始断面积和试样断裂处的断面积。

事实上,这两个指标只能表示在单向拉伸条件下塑性变形的能力。这两个指标越高,说明材料的塑性越好。由于伸长率的大小与试样原始标距长度有关,而断面缩减率的大小与试样原始标距无关,因此,在塑性材料中用(%)作为塑性指标更为合理。

8.3　自由锻造

自由锻造是将坯料加热到锻造温度后,在自由锻设备和简单工具的作用下,通过人工操作控制金属变形以获得所需形状、尺寸和锻件质量的一种锻造方法。它分为人工锻打、锤上自由锻和水压机自由锻。

自由锻主要工序包括镦粗、拔长、冲孔、扩孔、弯曲等。了解和掌握自由锻主要工序的金属变形规律和变形分布,对合理制定自由锻工艺的各项规程,获得高质量锻件是非常重要的。

8.3.1 自由锻工艺过程特征和工序分类

1. 自由锻工艺过程特征

①工具简单,通用性强,灵活性大,适合单件和小批量锻件生产。

②工具与毛坯部分接触,逐步变形,所需设备功率比模锻小得多;可锻造大型锻件,也可锻造多种多样变形程度相差很大的锻件。

③靠人工操作控制锻件的形状和尺寸,精度差、效率低、劳动强度大。

2. 自由锻工序分类

根据变形性质和变形程度,自由锻工序分为三类。

(1)基本工序。基本工序是能够较大幅度地改变坯料形状和尺寸的工序,也是自由锻造过程中主要的变形工序,如镦粗、拔长、冲孔、芯轴扩孔、芯轴拔长、弯曲、切割、错移、扭转、锻接等。

(2)辅助工序。辅助工序是在坯料进行基本工序前采用的变形工序,如钢锭倒棱、预压夹钳把、阶梯轴分段压痕等。

(3)修整工序。修整工序是用来修整锻件尺寸和形状使其完全达到锻件图纸要求的工序,一般是在某一基本工序完成后进行,如镦粗后的鼓形滚圆和截面滚圆、端面平整、拔长后校正和弯曲校直等。

上述各种工序简图见表 8.2。

表 8.2　自由锻工序

8.3.2　镦粗

使坯料高度减小而横截面增大的锻造工序称为镦粗。镦粗一般可分为平砧镦粗、垫环镦粗和局部镦粗三类。

1. 平砧镦粗

（1）平砧镦粗变形分析。坯料完全在上下平砧间或镦粗平板间进行的镦粗称为平砧镦粗，如图 8.12 所示。

平砧镦粗的变形程度常用压下量 $\Delta H(\Delta H = H_0 - H)$ 和镦粗比 k_h 表示。镦粗比是坯料镦粗前后的高度之比，即

$$k_h = \frac{H_0}{H} \qquad (8.3)$$

式中 H_0—— 镦粗前坯料的高度，mm；

H—— 墩粗后坯料的高度，mm。

圆柱坯料在平砧间镦粗，随着轴向高度

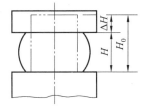

图 8.12 平砧镦粗

的减小，径向尺寸不断增大。由于坯料与上下平砧之间的接触面存在着摩擦，镦粗变形后坯料的侧表面呈鼓形，同时造成坯料变形分布不均匀。

（2）减少平砧镦粗缺陷的工艺措施。为了减小平砧镦粗时的鼓形，提高变形均匀性，可以采取如下措施：

① 预热模具是使用润滑剂预热模具来减小模具与坯料之间的温度差，这样有助于减小金属坯料的变形阻力，使用润滑剂可减小金属坯料与模具之间的摩擦，降低鼓形缺陷。

② 侧凹坯料镦粗是采用侧面压凹的坯料镦粗，在侧凹面上产生径向压力分量，可以减小鼓形，使坯料变形均匀，避免侧表面纵向开裂，由于镦粗时坯料直径增大，厚度变小，温度降低，变形抗力增大，坯料明显镦粗，侧面内凹消失，呈现圆柱形。再继续镦粗，可获得程度不太大的鼓形，如图 8.13 所示。

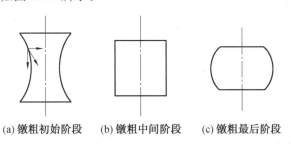

(a) 镦粗初始阶段　　(b) 镦粗中间阶段　　(c) 镦粗最后阶段

图 8.13 镦粗侧面压凹坯料

③ 叠料镦粗主要用于扁平法兰类锻件，可将两坯料叠起来镦粗，如图 8.14（a）所示。出现鼓形，如图 8.14（b）后，把坯料翻转 180° 对叠，再继续镦粗，如图 8.14（c）所示，可获得较大的变形量，最终如图 8.14（d）所示。

④ 套环内镦粗是在坯料外加一个碳钢套圈，如图 8.15 所示。图 8.15（a）为正欲镦粗加了碳钢套圈的坯料，图 8.15（b）为镦粗后加了碳钢套圈的坯料。以套圈的径向压应力来减小坯料由于变形不均匀而引起的表面拉应力，镦粗后将外套去掉。该方法主要用于镦粗低塑性高的合金钢及合金等。

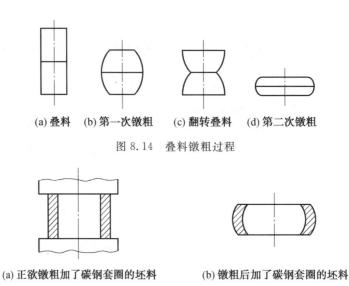

(a) 叠料　(b) 第一次镦粗　(c) 翻转叠料　(d) 第二次镦粗

图 8.14　叠料镦粗过程

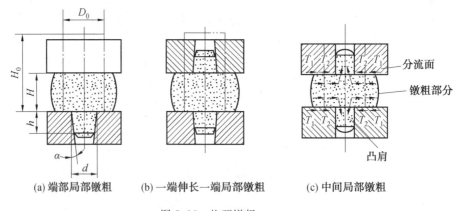

(a) 正欲镦粗加了碳钢套圈的坯料　　　　　(b) 镦粗后加了碳钢套圈的坯料

图 8.15　套环内镦粗

2. 垫环镦粗

坯料在单个垫环上或两个整环间镦粗称为垫环镦粗,如图 8.16 所示。可用于锻造带有单边[图 8.16(a)]或双边凸肩[图 8.16(b)]的饼块锻件。由于锻件凸肩和高度较小,故采用的坯料直径大于环孔直径。

![图8.16 垫环镦粗示意图，标注有 D_0、H_0、H、h、α、d、分流面、镦粗部分、凸肩、T_1、T_2]

(a) 端部局部镦粗　　　　(b) 一端伸长一端局部镦粗　　　　(c) 中间局部镦粗

图 8.16　垫环镦粗

垫环镦粗变形实质属于镦挤。

垫环镦粗的关键是能否锻出所要求的凸肩高度。镦粗过程中既有挤压又有镦粗,必然存在一个金属变形(流动)的分界面,这个面被称为分流面,在镦粗过程中分流面的位置是变化的,如图 8.16(c) 所示。分流面的位置与下列因素有关:毛坯高度与直径之比(H_0/D_0)、环孔与毛坯直径之比(d/D_0)、变形程度(ε_h)、环孔斜度(α)及摩擦条件等。

3. 局部镦粗

坯料只是在局部(端部或中间)进行镦粗称为局部镦粗。局部镦粗可以锻造凸肩直径和高度较大的饼块类锻件或带有较大法兰的轴杆类锻件,如图 8.17 所示。

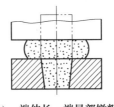
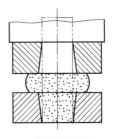

   (a) 端部局部镦粗   (b) 一端伸长一端局部镦粗   (c) 中间局部镦粗

图 8.17　局部镦粗

8.3.3　拔　长

使坯料的横截面减小而长度增加的锻造工序称为拔长。

拔长工序也是自由锻中最常见的工序,特别是大型锻件的锻造。拔长工序有如下作用:

①由横截面面积较大的坯料经过拔长得到横截面面积较小而轴向伸长的锻件。

②反复拔长与镦粗可以提高锻造比,使合金钢中碳化物破碎而均匀分布,提高锻件的质量。

根据坯料截面不同,拔长分为矩形截面坯料的拔长、圆形截面坯料的拔长、空心件的拔长等。

1. 矩形截面坯料和圆形截面坯料的拔长

(1)变形程度的表示。设拔长前变形区的长、宽、高分别为 l_0、b_0、h_0,拔长后变形区的长、宽、高分别为 l、b、h。这里设送进量为 L_0,相对送进量 L_0/h_0,压下量 $\Delta h = h_0 - h$,展宽量 $\Delta b = b - b_0$,拔长量 $\Delta l = l - l_0$。拔长的变形程度是以毛坯拔长前后的截面面积之比,即锻造比 K_L 表示的,即

$$K_L = \frac{A_0}{A} \tag{8.4}$$

式中　A_0—— 拔长前坯料截面面积,mm^2;

　　　　A—— 拔长后坯料截面面积,mm^2。

(2)拔长工序分析。由于拔长是通过逐次送进和反复转动坯料进行压缩变形的,所以它是锻造生产中耗费工时最多的锻造工序。因此,在保证锻件质量的前提下,应尽可能提高拔长效率。

①拔长效率。在变形过程中金属流动始终遵循最小阻力定律,因此平砧间拔长矩形截面毛坯时,由于拔长部分受到两端不变形金属的约束,其轴向变形与横向变形就与送进量 L_0 有关,如图 8.18 所示。当 $l_0 = b_0$ 时,$\Delta l \approx \Delta b$;当 $l_0 > b_0$ 时,$\Delta l < \Delta b$;当 $l_0 < b_0$ 时,则 $\Delta l > \Delta b$。由此可见,采用小送进量拔长可使轴向变形量增大而横向变形量减小,有利于提高拔长效率。但送进量不能太小,否则会增加太多的压下次数,降低拔长效率,还会造成表面缺陷。所以通常取送进量 $L_0 = (0.4 \sim 0.8)B$,B 为砧宽,相对送进量 $L_0/h_0 = 0.5 \sim 0.8$ 比较合适。

　　压下量 Δh 较大时,压缩所需的次数可以减小,故可以提高生产率,但在生产实际中对于塑性较差的金属,应适当控制变形程度,不宜太大。对于塑性较好的金属,变形程度也应控制每次压缩后的宽度与高度之比小于 2.5,否则翻转 90° 再压缩时,坯料可能因弯曲而折叠。

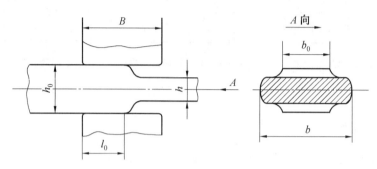

图 8.18　矩形截面的拔长

　　②拔长质量。拔长时的锻透程度和锻件成形质量均与拔长时的变形分布和应力状态有关,并取决于送进量、压下量、砧子形状、拔长操作等因素。

　　a. 送进量和压下量的影响。矩形截面坯料在平砧下拔长的变形情况与镦粗相似,通过网格法的拔长实验可以证明。所不同的是,拔长受"刚端"影响,表面应力分布和中心应力分布与拔长时的变形参数有关。当送进量小时,拔长变形区出现双鼓形,这时变形集中在上下表面层,中心锻不透,出现轴向拉压力,如图 8.19(a)所示。当送进量大时,拔长变形区出现单鼓形,心部变形很大,能锻透。但在鼓形的侧表面和棱角处受拉应力作用,如图 8.19(b)所示。从图 8.19 可以看出,增大压下量,不但可以提高拔长效率,还可强化心部变形,利于锻合内部缺陷。但变形量的大小还应考虑材料的塑性。塑性差的材料变形量不能太大,避免产生缺陷。

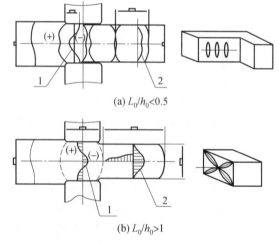

(a) $L_0/h_0 < 0.5$

(b) $L_0/h_0 > 1$

图 8.19　拔长送进量对变形和应力分布的影响
1—轴向应力;2—轴向变形

　　b.砧子形状的影响。拔长常用的砧子形状有三种,即上下平砧、上平下 V 砧和上下 V 形砧。用型砧拔长是为了解决圆形截面坯料在平砧间拔长轴向伸长小、横向展宽大的拔长方法。坯料在型砧内受砧面的侧向压力,如图 8.20 所示,减小坯料金属的横向流动,迫使其轴向流动,这样可提高拔长效率。一般情况下,在型砧内拔长比在平砧间拔长效率提高 20%～40%。

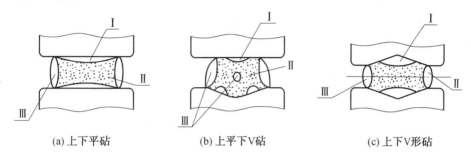

(a)上下平砧　　　　　　(b)上平下V砧　　　　　　(c)上下V形砧

图 8.20　拔长砧子形状及其对变形区分布的影响

Ⅰ—难变形区　　Ⅱ—易变形区　　Ⅲ—小变形区

　　使用上下平砧拔长矩形截面坯料时,只要相对送进量合适,就能够使坯料的中心锻透。采用大压下量,把坯料压成扁方,锻透效果更好。但使用上下平砧拔长圆形截面坯料时,因为圆形截面与砧子的接触面很窄,金属横向流动大,轴向流动小,所以拔长效率低。

　　c.拔长操作的影响。拔长时坯料的送进和翻转有三种操作方法。一是螺旋式翻转送进,适合于锻造台阶轴,如图 8.21(a)所示;二是往复翻转送进,常用于手工操作拔长,如图 8.21(b)所示;三是单面压缩,即沿整个坯料长度方向压缩一面,再翻转 90°压缩另一面,常用于大锻件锻造,如图 8.21(c)所示。

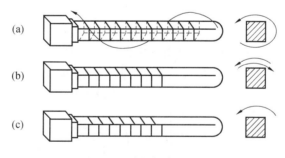

图 8.21　拔长操作方法

2. 空心件的拔长

　　减小空心毛坯外径(壁厚)而增加长度的锻造工序称空心件拔长,因在芯轴上操作又称为芯轴拔长。图 8.22 为芯轴拔长时的受力和变形情况。空心件的拔长用于锻造各种长筒形件。

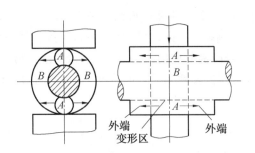

图 8.22　芯轴拔长时的受力和变形情况

8.3.4　自由锻其他工序

自由锻件常常带有大小不一的盲孔或通孔,有些锻件的轴线弯曲,对于有孔的锻件,需要冲孔、扩孔等工序。对于轴线弯曲的锻件则需要弯曲工序。

1. 冲孔

采用冲子将坯料冲出通孔或盲孔的锻造工序为冲孔。

冲孔工序常用于以下情况:

①锻件带有孔径大于 30 mm 以下的通孔或盲孔。

②需要扩孔的锻件应先冲出通孔。

③需要拔长的空心件应先冲出通孔。

一般冲孔分为开式冲孔和闭式冲孔两大类。但在生产实际中使用最多的是开式冲孔,开式冲孔常用的方法有实心冲子冲孔、空心冲子冲孔和在垫环上冲孔三种。

(1)实心冲子冲孔。双面冲孔的一般过程如下,先将坯料预镦,得到平整端面和合理形状。

一般情况下,$H_0 < D_0$,$H_0 = (1.1 \sim 1.2)H$,$D_0 \geqslant (2.5 \sim 3)d$,如图 8.23 所示,后用实心冲子轻冲,目测或用卡钳测量是否冲偏,撒入煤粉,重击冲子直至冲子深入锻件 2/3 左右。翻转毛坯把冲子放在毛坯出现黑印的地方,迅速冲除芯料得到通孔。

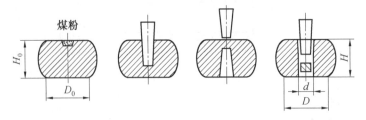

图 8.23　双面冲孔

由此可见,双面冲孔第一阶段是开式冲挤,第二阶段变形实质上是冲裁冲孔连皮。冲裁时可能会出现冲偏、夹刺、梢孔等缺陷。双面冲孔工具简单,芯料损失小,但冲孔后毛坯易走样变形,易冲偏,适合中小型锻件初次冲孔。

(2)空心冲子冲孔。空心冲子的冲孔过程如图 8.24 所示。冲孔时坯料形状变化较小,但芯料损失较大,当锻造大锻件时,正好能将钢锭中心质量差的部分冲掉。为此,钢锭冲孔时,应把钢锭冒口端向下,这种方法主要用于孔径大于 400 mm 以上的大锻件。

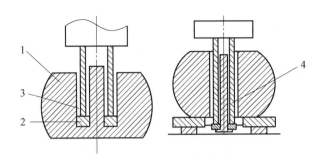

图 8.24 空心冲子冲孔

1—毛坯;2—冲垫;3—冲子;4—芯料

（3）垫环上冲孔。在垫环上冲孔时坯料形状变化很小,但芯料损失较大,如图 8.25 所示。这种方法只适合高径比（H/D）小于 0.125 的薄饼类锻件。

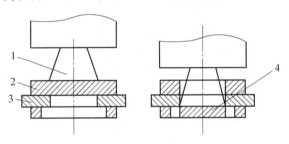

图 8.25 在垫环上冲孔

1—冲子;2—坯料;3—垫环;4—芯料

2. 扩孔

减小空心毛坯壁厚而使其外径和内径均增大的锻造工序称为扩孔,用于锻造各种圆环锻件和带孔锻件。

在自由锻中常用的扩孔方法有冲子扩孔和芯轴扩孔两种,另外还有在专门扩孔机上碾压扩孔、液压扩孔和爆炸扩孔等。

（1）冲子扩孔。采用直径比空心坯料内孔大并带有锥度的冲子,穿过坯料内孔使其内外径扩大,如图 8.26 所示。

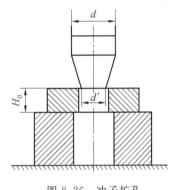

图 8.26 冲子扩孔

（2）芯轴扩孔。将空心坯料穿过芯轴放在马架上,坯料每转过一个角度压下一次,逐步将坯料的壁厚压薄、内外径扩大。这种扩孔也称为马架扩孔,如图 8.27 所示。

芯轴扩孔的变形实质相当于毛坯沿圆周方向拔长。从图 8.27 可以看出,坯料变形区为一窄长扇形,宽度方向阻力大于切向阻力,变形区的金属主要沿切向流动。芯轴扩孔应力状态较好,锻件不易产生裂纹,适合扩孔量大的薄壁环形锻件。

3. 弯曲

将坯料弯成规定外形的锻造工序称为弯曲,可用于锻造各种弯曲类锻件,如起重吊

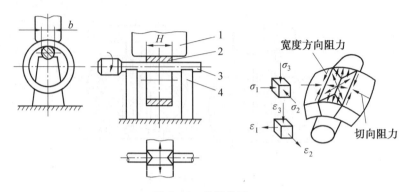

图 8.27　芯轴扩孔

1—扩孔砧子；2—坯料；3—芯轴；4—支架

钩、弯曲轴杆等。

坯料在弯曲时，弯曲变形区内侧金属受压缩，可产生折叠，外侧金属受拉伸，容易引起裂纹，而且弯曲处坯料断面形状发生畸变，断面面积减小，长度略有增加，拉缩量如图8.28所示，左边的 B—B 截面表示圆截面拉缩后的情况，右边的截面表示矩形截面拉缩后的情况。弯曲半径越小，弯曲角度越大，上述现象越严重。因此坯料弯曲时，坯料待弯断面处应比锻件相应断面稍大（增大 $10\% \sim 15\%$）。弯曲坯料直径较大时，可先拔长不弯曲部分。坯料直径较小时，可通过集聚金属使待弯曲部分截面增大。

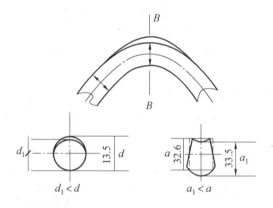

图 8.28　弯曲时坯料的形状变化

8.3.5　自由锻工艺规程的制订

自由锻工艺规程一般包括以下内容：

根据零件图绘制锻件图；确定坯料的质量和尺寸；制订变形工艺和确定锻造比；选择锻造设备；确定锻造温度范围，制订坯料加热和锻件冷却规范；制订锻件热处理规范；制订锻件的技术条件和检验要求；填写工艺规程卡片等。

制订自由锻工艺规程时必须密切结合现有的生产条件、设备能力和技术水平等实际情况，力求经济合理技术先进，并能确保正确指导生产。

1. 锻件图的制订与绘制

锻件图是编制锻造工艺、设计工具、指导生产和验收锻件的主要依据,是联系其他后续加工工艺有关的重要技术资料,也是在零件图的基础上考虑了加工余量、锻造公差、锻造余块、检验试样及工艺夹头等因素绘制而成的。

2. 坯料质量和尺寸的确定

自由锻用原材料有两种:一种是型材、钢坯,多用于中小型锻件;另一种是钢锭,主要用于大中型锻件。

(1)坯料质量的计算。坯料质量 $G_坯$ 应包括锻件的质量和各种损耗的质量,其计算公式为

$$G_坯 = (G_锻 + G_芯 + G_切)(1 + \delta) \tag{8.5}$$

式中各参量介绍如下: $G_坯$ 为坯料的质量(kg); $G_锻$ 为锻件的质量(kg),按锻件公称尺寸算出体积,然后再乘以密度即可求得; $G_芯$ 为孔芯料损失(kg),取决于冲孔方式、冲孔直径(d)和坯料高度(H_0),具体计算为

实心冲子冲孔 $G_芯 = (0.15 \sim 0.2)d^2 H_0 \rho$

空心冲子冲孔 $G_芯 = 0.78 d^2 H_0 \rho$

垫环冲孔 $G_芯 = (0.55 \sim 0.6)d^2 H_0 \rho$

其中, ρ 为锻造材料的密度(g/cm^3)。

$G_切$ 为锻件拨长后由于端部不平整而应切除的料头质量(kg),与切除部位的直径(D)或截面宽度(B)和高度(H)有关,具体计算为

圆形截面 $G_切 = (0.21 - 0.23)\rho D^3$

矩形截面 $G_切 = (0.28 - 0.3)\rho B^2 H$

δ 为钢料加热烧损率,与所选用的加热设备类型有关,可按表8.3选取。

表 8.3 不同加热炉中加热钢的一次火耗率

加热炉类型	$\delta/\%$	加热炉类型	$\delta/\%$
室式油炉	3~2.5	电阻炉	1.5~1.0
连续式油炉	3~2.5	高频加热炉	1.0~0.5
室式煤气炉	2.5~2.0	电接触加热炉	1.0~0.5
连续式煤气炉	2.5~1.5	室式煤炉	1.0~2.5

(2)坯料尺寸的确定。坯料尺寸与锻件成形工序有关,采用的工序不同,计算坯料尺寸的方法也不同。由于坯料的质量已求出,将其除以材料密度 ρ 即可得到体积 V,即

$$V_坯 = \frac{G_坯}{\rho} \tag{8.6}$$

当头道工序采用镦粗法锻造时,为避免产生弯曲坯料的高径比应小于2.5,为便于下料,高径比则应大于1.25,即

$$1.25 \leqslant \frac{H_0}{D_0} \leqslant 2.5$$

根据上述条件,将 $H_0 = (1.25 \sim 2.5)D_0$ 代入 $V_{坯} = \dfrac{\pi}{4}D_0^2 H_0$ 后,便可得到坯料直径 D_0 或方形料边长 a_0 的计算式,即

$$D_0 = (0.8 \sim 1.0)\sqrt[3]{V_{坯}} \qquad (8.7)$$

$$a_0 = (0.75 \sim 0.09)\sqrt[3]{V_{坯}} \qquad (8.8)$$

当头道工序为拔长时,原坯料直径应按锻件最大截面面积 $A_{锻}$,并考虑锻造比 K_L 和修整量等要求来确定。从满足锻造比要求的角度出发,原坯料截面面积 $A_{坯}$ 为

$$A_{坯} = K_L A_{锻} \qquad (8.9)$$

由此可算出原坯料直径 D_0,即

$$D_0 = 1.13\sqrt{K_L A_{锻}} \qquad (8.10)$$

初步算出坯料直径 D_0 或边长 a_0 后,应按材料规格的国家标准,调整到标准直径或标准边长的坯料,然后根据选定的直径或边长,计算坯料高度即下料长度。

(3)钢锭规格的选择。当选用钢锭为原坯料时,选择钢锭规格的方法有两种。

①首先确定钢锭的各种损耗,求出钢锭的利用率 η 为

$$\eta = [1 - (\delta_{冒口} + \delta_{锭底} + \delta_{烧损})] \times 100\% \qquad (8.11)$$

式中　$\delta_{冒口}$、$\delta_{锭底}$ —— 保证锻件质量被切去的冒口和锭底的质量占钢锭质量的百分比;

　　　$\delta_{烧损}$ —— 加热烧损率。

碳素钢钢锭　　　　$\delta_{冒口} = 18\% \sim 25\%$,$\delta_{锭底} = 5\% \sim 7\%$

合金钢钢锭　　　　$\delta_{冒口} = 25\% \sim 30\%$,$\delta_{锭底} = 7\% \sim 10\%$

然后计算钢锭 $G_{锭}$ 的质量为

$$G_{锭} = \frac{G_{锻} + G_{损}}{\eta} \qquad (8.12)$$

式中　$G_{锻}$ —— 锻件质量,kg;

　　　$C_{损}$ —— 除冒口、锭底及烧损以外的损耗质量,kg;

　　　η —— 钢锭利用率。

根据钢锭计算质量 $G_{锭}$,参照有关钢锭规格表,选取相应规格的钢锭即可。

②根据锻件类型,参照经验资料先定出大概的钢锭利用率 η,然后求得钢锭的计算质量 $G_{锭} = G_{锻}/\eta$,再从有关钢锭规格表中选取所需的钢锭规格。

3. 制订变形工艺和确定锻造比

(1)制订变形工艺。制订变形工艺的内容主要包括确定锻件成形必须采用的变形工序,以及各变形工序的顺序、计算坯料各工序尺寸等。

制订变形工艺是编制自由锻工艺规程最重要的部分,对于同一锻件,不同的工艺规程会产生不同的效果。好的工艺能使变形过程工序少时间短,省时省力,并能保证锻件的质量。否则,不仅工序多耗时多,而且锻件质量也较难保证。

(2)确定锻造比。锻造比(K_L)是表示锻件变形程度的指标,是指在锻造过程中锻件镦粗或拔长前后的截面面积之比或高度之比,即 $K_L = A_0/A = D_0^2$ 或 $K_L = H_0/H$。这里 A_0、D_0、H_0 和 A、D、H 分别为锻件锻造前后的截面面积、直径和高度。

锻造比也是衡量锻件质量的一个重要指标,它的大小能反映锻造对锻件组织和力学

性能的影响。一般规律是,随着锻造比增大,锻件的内部缺陷被焊合,铸态树枝晶被打碎,锻件的纵向和横向力学性能均可得到提高。当锻造比超过一定数值时,由于形成纤维组织,垂直于纤维方向的力学性能(抗拉强度、塑性和韧性等)急剧下降,导致锻件出现各向异性。因此,在制订锻造工艺规程时应合理地选择锻造比的大小。

对用钢材锻制的锻件(莱氏体钢锻件除外),由于钢材经过了大变形的锻或轧,其组织与性能均已得到改善,一般不必考虑锻造比。用钢(包括有色金属铸)锻制大型锻件时,就必须考虑锻造比。

表 8.4 为典型锻件的总锻造比,使用时可作为参考。

表 8.4 典型锻件的总锻造比

锻件名称	计算部位	总锻造比	锻件名称	计算部位	总锻造比
碳素钢轴类锻件 合金钢轴类锻件	最大截面 最大截面	$2.0\sim2.5$ $2.5\sim3.0$	曲轴	曲拐轴颈	$\geqslant2.0$ $\geqslant3.0$
热轧辊	辊身	$2.5\sim3.0$	锤头	最大截面	$\geqslant2.5$
冷轧辊	辊身	$3.5\sim5.0$	模块	最大截面	$\geqslant3.0$
齿轮轴	最大截面	$2.5\sim3.0$	高压封头	最大截面	$3.0\sim5.0$
船用尾轴、中间轴 推力轴	法兰 轴身	$\geqslant1.5$ $\geqslant3.0$	汽轮机转子 发电机转子	轴身 轴身	$3.5\sim6.0$ $3.5\sim6.0$
水轮机主轴	法兰 轴身	最好$\geqslant1.5$ $\geqslant2.5$	汽轮机叶轮 旋翼轴、涡轮轴	轮毂 法兰	$4.0\sim6.0$ $6.0\sim8.0$
水压机立柱	最大截面	$\geqslant3.0$	航空用大型锻件	最大截面	$6.0\sim8.0$

4. 选择锻造设备

自由锻常用的设备为锻锤和水压机,这类设备虽无过载损坏问题,但若设备吨位选得过小,则会出现锻件内部锻不透,而且会影响生产效率;反之,若设备吨位选得过大,不仅浪费动力,而且由于大设备的工作效率低,同样也会影响生产效率和锻件成本。

自由锻所需设备吨位主要与变形面积、锻件材质、变形温度等因素有关,在自由锻中变形面积由锻件大小和变形工序性质而定。镦粗时,锻件与工具的接触面积相对于其他变形工序要大得多,而很多锻造过程均与镦粗有关,因此常根据镦粗力的大小来选择自由锻设备。

5. 确定锻造温度范围

45 钢的始锻温度为 1 200 ℃,终锻温度为 800 ℃。

6. 填写工艺卡片(略)

8.4 模型锻造

模型锻造简称模锻,是使经加热后的金属坯料在锻模的模腔内受压,产生塑性变形并充满模腔,从而获得与模腔形状、尺寸相一致的零件加工方法。

模锻与自由锻相比,主要优点是:

①可锻造形状较复杂,更接近于零件的形状。

②模锻件尺寸精度较高,表面较光洁,加工余量小。

③模锻时坯料受三向压应力,可以锻造塑性较低的金属。

④模锻件的锻造流线分布较均匀且连续,力学性能好。

⑤生产效率高,易于实现机械化生产。

主要缺点是:

①模具成本高,生产周期长。

②模锻时锻件变形抗力大。

因此,受模锻设备吨位和模具尺寸的限制,只适合中小型锻件的大批量生产,广泛应用于国防工业和机械制造业中,如飞机、坦克、汽车、拖拉机的零件和轴承等。

模锻按所用的设备不同分为锤上模锻、压力机上模锻、平锻机上模锻、摩擦压力机上模锻等。

8.4.1　锤上模锻

锤上模锻是模型锻造中最基本的生产方法,应用广泛。

锤上模锻所用的设备有蒸汽－空气模锻锤、无砧座模锻锤、高速模锻锤等。一般工厂主要使蒸汽－空气模锻锤,如图 8.29 所示。该设备中运动副之间的间隙比自由锻小,运动精度高,可保证上下模合模的准确性,减少锻件的错移,保证锻件的尺寸和形状精度。模锻锤的吨位(落下部分质量)为 10～160 kN,可锻造 150 kg 以下的模锻件。

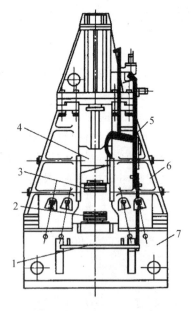

图 8.29　蒸汽－空气模锻锤

1—踏杆;2—下模;3—上模;4—锤头;5—操纵机构;6—机架;7—砧座

1. 锤上模锻的过程

如图 8.30 所示,锤上模锻的锻模由上下模组成。上模和下模分别安装在锤头下端和砧座的尾槽内,用楔铁紧固。上模沿导轨运动与下模接触时,其接触面上下所形成的空间称为模腔。模锻时,将加热后的坯料放在下模的模腔内,上模随锤头向下运动,锤击坯料,使坯料变形充满模腔,获得与模腔形状一致的锻件。

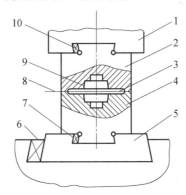

图 8.30　锤上模锻的锻模

1—锤头;2—上模;3—飞边槽;4—下模;5—模垫;6,7,10—楔铁;8—分模面;9—模腔

2. 锤上模锻的锻模模腔

锻模模腔根据功用不同,分为制坯模腔、模锻模腔和切断模腔三大类。模锻的变形工艺都在相应的模腔内完成。制坯模腔的作用是改变原毛坯的形状,使坯料金属按模锻件要求的形状合理分布(制坯),然后再通过预锻和终锻模腔最后成形(模锻)。常见的制坯模腔有拔长模腔、滚压模腔、弯曲模腔、切断模腔、镦粗台和压扁台等。模锻模腔分为预锻模腔和终锻模腔两种。预锻模腔的作用是使坯料变形到接近锻件的形状和尺寸,以便终锻时金属易于充满终锻模腔。终锻模腔的作用是最终获得所要求的锻件的形状和尺寸。切断模腔用于切下已锻好的锻件。

由于设置制坯模腔增加了锻模体积和制造加工难度,故对截面变化较大的长轴类锻件,目前多采用辊锻机或楔形模横轧来轧制坯料,以替代制坯工序,从而大大简化锻模结构。

根据锻件复杂程度,锻模又分为单腔锻模和多腔锻模。单腔锻模在一副锻模上只有一个模腔,如图 8.30 所示。多腔锻模则在一副锻模上有两个以上模腔,图 8.31 为一弯曲连杆的多腔锻模。为减少作用在模锻设备上的偏心载荷,制坯模腔常分布在终锻模腔的两侧,终锻模腔则设置于锻模中心,因为终锻所需的变形力最大。

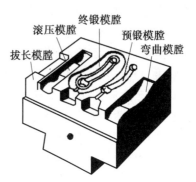

图 8.31　多腔锻模

8.4.2 压力机上模锻

锤上模锻的工艺适应性广,可用于拔长、滚压、弯曲等制坯工步,也可进行预锻和终锻成形,因此在锻压生产中得到广泛应用。但模锻锤工作时震动和噪声大;锻锤的导向精度差、影响锻件精度;且蒸汽效率低,能耗高。所以大吨位模锻锤有逐步被压力机取代的趋势。用于模锻的压力机有热模锻压力机、螺旋压力机、平锻机、模锻水压机等。

1. 热模锻压力机上模锻

热模锻压力机的工作原理如图 8.32 所示,是通过曲柄连杆机构使滑块往复运动进行模锻。锻模的上下模分别安装在滑块下端和工作台上。热模锻压力机采用整体床身或有预应力框架机身,结构刚度大。作用到锻件上的力是静压力而非冲击力,因此无震动、噪声小。金属在模膛内流动缓慢,有利于锻件的再结晶和力学性能的提高,对于变形速度敏感的低塑性材料的成形尤其有利。压力机在滑块的一次行程中即可完成一个工步的变形,生产率高。且滑块与导轨的间隙小,装配精度高,导向准确,并设有上下顶出机构,能使锻件自由脱模,故锻件尺寸精度高,公差、余量和模锻斜度比锤上模锻小,且操作简单,易实现自动化生产。但由于是一次成形,若金属变形量过大,不易使金属充满终锻模膛,故不适合于拔长和滚压工步,但能生产带头部的杆类零件。另外,热模锻压力机的设备和模具复杂,造价高,适合大批量生产。

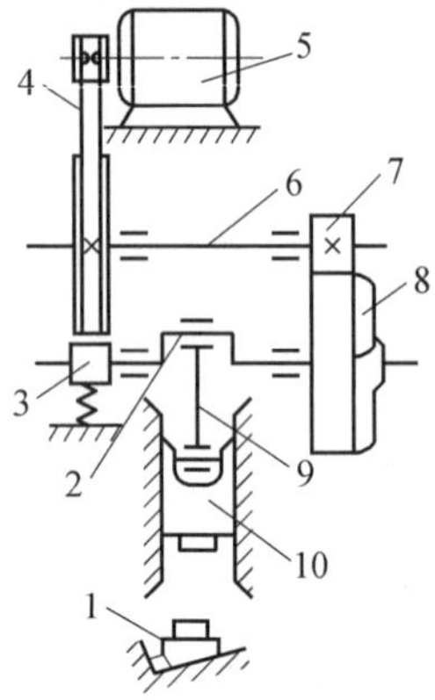

图 8.32　热模锻压力机
的工作原理

1—下模;2—曲轴;3—带闸制动器;4—V 形带;5—电动机;6—轴;7—传动齿轮;8—摩擦离合器;9—连杆;10—滑块

2. 螺旋压力机上模锻

螺旋压力机是利用飞轮旋转积蓄的能量,靠主螺杆的旋转带动滑块上下运动使坯料模锻成形的。螺旋压力机根据驱动方式不同分为摩擦螺旋压力机、电动螺旋压力机和液压螺旋压力机三大类。

图 8.33 为摩擦螺旋压力机的工作原理。锻模分别安装在滑块 3 和工作台 1 上,滑块 3 和螺杆 8 一起沿导轨 2 上下滑动,螺杆穿过固定在机架上的固定螺母 7,上端为飞轮 6。摩擦轮 5 由电动机驱动,改变操纵杆位置可使飞轮沿轴向移动,使飞轮与其中一个摩擦轮靠紧,借助摩擦力带动飞轮转动。飞轮与两个摩擦轮接触,可获得不同的转向,经螺杆带动滑块上下滑动,从而实现模锻生产。

螺旋压力机具有锻锤和压力机的双重特性,其滑块行程不固定,可多次锻打,且打击力可控制,工艺适应性强;滑块速度低,较适合要求变形速度低的非铁合金的模锻;可采用组合式模具锻制两个方向上均有凹坑或凸台的锻件;机架刚度好,有顶出装置,很适合成形模锻锤上难以完成的有头部的长杆件、筒形件、精密模锻件。但传动螺杆对偏载敏感,只能用单膛锻模进行模锻,故形状复杂的锻件需在其他设备上制坯。螺旋压力机适合中小型锻件的中小批量生产,如筒体、螺钉、齿轮等。

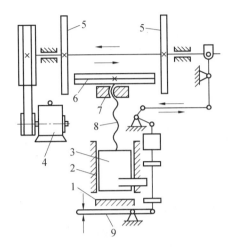

图 8.33　摩擦螺旋压力机的工作原理

1—工作台；2—导轨；3—滑块；4—电动机；5—摩擦轮；

6—飞轮；7—固定螺母；8—螺杆；9—操纵杆

8.4.3　平锻机上模锻

平锻机是具有镦锻滑块和夹紧滑块的卧式压力机（曲柄连杆机构），其主滑块水平运动，故称之为平锻机，其锻造过程如图 8.34 所示。锻造时坯料水平放置，其长度不受设备工作空间限制。锻模由凸模、固定凹模和活动凹模组成，有两个互相垂直的分模面，主分模面在凸模与凹模之间，另一个分模面在活动凹模与固定凹模之间。当活动凹模与固定凹模夹紧坯料后，曲柄连杆机构带动凸模前行镦锻，使金属充满模膛。随后，凸模退回，凹模分开，即可取出坯料，放入下一个模膛。重复以上过程，直至完成全部锻造工作。

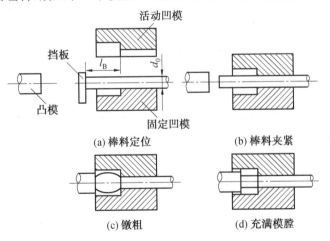

图 8.34　平锻机模锻过程示意图

8.5 板料冲压

板料冲压是利用冲模使板料产生分离或变形,从而获得毛坯或零件的加工方法。这种加工方法通常是在常温下进行的,所以又称冷冲压或板料冲压。只有当板料厚度超过 8 mm 时,才采用热冲压。

板料冲压的坯料一般是 1～2 mm 厚的金属板料,必须是具有塑性的金属材料,如低碳钢、奥氏体不锈钢、铜或铝及其合金等,也可以是非金属材料,如胶木、云母、纤维板、皮革等。

板料冲压具有下列特点与应用:

①板料冲压生产过程的主要特征是依靠冲模和冲压设备完成加工,操作简便,工艺过程便于实现机械化和自动化,生产率很高。

②可以冲压出形状复杂的零件,废料较少,冲压件一般不需再进行切削加工,因而节省原材料,节省能源消耗和机械加工工时。

③板料冲压常用的原材料必须有足够的塑性和低的变形抗力,如低碳钢以及塑性高的合金钢和铜、铝等有色金属,从外观上看多是表面质量好的板料或带料,金属板料经过冷变形强化作用,所以具有产品质量轻、强度和刚度好的优点。

④因冲压件的尺寸公差由冲模保证,所以产品有足够的精度和较低的表面粗糙度,零件的互换性好,一般只需要进行一些钳工修整即可作为零件使用。

⑤冲压模具复杂,模具精度高,制造成本高,适合大批量生产。

板料冲压是一种质量高、精度高、成本低的加工方法,在机械制造生产中得到广泛的应用。板料冲压在大多数有关制造金属制品的工业部门中得到广泛应用,特别是在汽车、拖拉机、电机、航空、电器、仪器仪表、国防以及日用品工业中,冲压件占有极其重要的地位。

冲压生产的工序虽然种类很多,但基本工序只有分离工序和变形工序两大类。

8.5.1 分离工序

分离工序是使坯料的一部分与另一部分相互分离的工序,如落料、冲孔、修整等。

1.落料及冲孔

落料及冲孔(统称冲裁)是使坯料按封闭轮廓线分离的工序。落料和冲孔这两个工序的操作方法和模具结构相同,只是用途不同。落料是被分离的部分为成品,而周边是余料或废料;冲孔则相反,即冲孔是被分离的部分为废料,而得到的孔是成品。例如,冲制平面垫圈,制取外形的冲裁工序称为落料,而制取内孔的工序称为冲孔,如图 8.35 所示。

冲裁的应用十分广泛,它既可直接冲制成品零件,又可为其他成形工序制备坯料。

(1)冲裁变形过程。冲裁件质量、模具结构与冲裁时板料变形过程有密切关系。图 8.36 是简单冲裁模。凸模与凹模都是具有与工件轮廓一样形状的锋利的刃口,凸凹模之间存在一定的间隙,当凸模向下运动压住板料时,板料受到凸凹模的作用力,板料受到挤压,产生弹性变形,进而产生塑性变形,凸模继续下压,当上下刃口附近材料内的应力超过

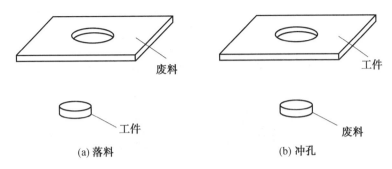

图 8.35　落料与冲孔示意图

一定极限后,即开始出现裂纹。随着凸模继续下压,板料受剪面互相分离。

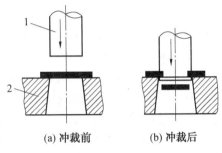

图 8.36　简单冲裁模
1—凸模;2—凹模

①弹性变形阶段,冲裁开始时板料在凸模压力下,使板料产生弹性压缩、拉伸和弯曲等变形,板料中的应力迅速增大,凹模上的材料则向上翘曲,间隙越大,弯曲和上翘越明显。同时,凸模稍许挤入板料上部,板料的下部则略挤入凹模洞口,但材料的内应力未超过材料的弹性极限。

②塑性变形阶段,凸模继续压入,压力增加,当材料内的应力达到屈服极限时,便开始产生塑性变形。随着凸模挤入板料深度的增大,塑性变形程度增大,变形区材料硬化加剧,冲裁变形力不断增大,直到刃口附近侧面的材料由于拉应力的作用出现微裂纹时,塑性变形阶段结束。

③断裂分离阶段,已形成的上下微裂纹随凸模继续沿最大剪应力方向不断向料内部扩展,当上下裂纹重合时,板料被剪断分离。

冲裁变形区的应力与变形情况和冲裁件切断面状态如图 8.37 所示。由图 8.37 可知,冲裁件的切断面由塌角、光面、毛面和毛刺 4 个部分组成,具有明显的区域性特征。

塌角(塌角区)a:它是在冲裁过程中刃口附近的材料被牵连拉入变形(弯曲和拉伸)的结果。

光面(光亮带区)b:它是在塑性变形过程中凸模(或凹模)挤压切入材料,使其受到剪切应力 τ 和挤压应力 σ 的作用而形成的。

毛面(剪裂带区)c:它是由于刃口处的微裂纹在拉应力 σ 作用下不断扩展断裂而形成的。

毛刺 d:冲裁毛刺是在刃口附近的侧面上材料出现微裂纹时形成的。当凸模继续下

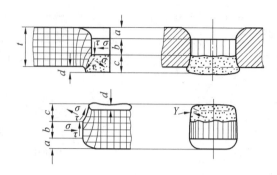

图 8.37　冲裁变形区的应力与应变情况和冲裁断面状态

行时,便使已形成的毛刺拉长并残留在冲裁件上。

冲裁件四个特征区的大小和在断面上所占的比例大小并非一成不变,冲裁件断面质量主要与材料力学性能、凸凹模间隙、刃口锋利程度有关。同时也受模具结构及板厚等因素的影响。要提高冲裁件的质量,就要增大光亮带的宽度,缩小塌角和毛刺高度,并减少冲裁件翘曲。增加光亮带宽度的关键是延长塑性变形阶段,推迟裂纹的产生,这就要求材料的塑性好,同时要选择合理的模具间隙值,并使间隙均匀分布,保持模具刃口锋利。

(2)冲裁间隙。冲裁间隙是指冲裁模的凸模和凹模口之间的间隙。冲裁间隙分单边间隙和双边间隙,单边间隙用字母 C 表示,双边间隙用字母 Z 表示。

间隙不仅严重影响冲裁件的断面质量,而且影响模具寿命、卸料力、推件力、冲裁力的大小和冲裁件的尺寸精度,是冲压工艺与模具设计中一个非常重要的工艺参数。

当间隙过小时,如图 8.38(a)所示,上下裂纹向外错开。两裂纹之间的材料随着冲裁的进行将被第二次剪切,在断面上形成第二光面。因间隙太小,凸模压入板料接近于挤压状态,材料受凸凹模挤压力大,压缩变形大,同时凸凹模受到金属的挤压作用增大,从而增加了材料与凸凹模之间的摩擦力。这不仅增大了冲裁力、卸料力和推件力,还加剧了凸凹模的磨损,降低了模具寿命(冲硬质材料更为突出)。因材料在过小间隙冲裁时受到挤压而产生压缩变形,所以冲裁完毕后,材料的弹性恢复使落料件尺寸略有增大,而冲孔件的孔径略有缩小(受压后,弹性回复)。但是间隙小,光面宽度增加,塌角、毛刺、斜度等都有所减小,工件质量较高。因此,当工件公差要求较严时,仍然需要使用较小的间隙。

当间隙合适时,如图 8.38(b)所示上下裂纹重合一线,毛刺最小。冲裁力、卸料力和推件力适中,模具有足够的寿命。这时光面占板厚的 1/3～1/2,切断面的塌角、毛刺和斜度均很小。零件的尺寸几乎与模具一致,完全可以满足使用要求。

当间隙过大时,如图 8.38(c)所示,上下裂纹向内错开。材料的弯曲与拉伸增大,拉应力增大,易产生剪裂纹,塑性变形阶段较早结束,致使断面光面减小,塌角与斜度增大,形成厚而大的拉长毛刺,且难以去除,同时冲裁的翘曲现象严重。由于材料在冲裁时受拉伸变形较大,所以冲裁完毕后材料的弹性恢复,冲裁件尺寸向实体方向收缩,使落料件尺寸小于凹模尺寸,而冲孔件的孔径则大于凸模尺寸。同时推件力与卸料力大为减小,甚至为零,材料对凸凹模的摩擦作用大大减弱,因此模具寿命较高。对于批量较大而公差又无特殊要求的冲裁件,可采用大间隙冲裁以保证较高的模具寿命。

(3)凸凹模刃口尺寸的确定。冲裁件尺寸和冲模间隙都取决于凸模和凹模刃口的尺

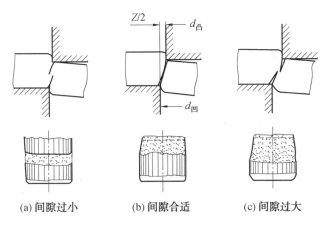

(a) 间隙过小　　(b) 间隙合适　　(c) 间隙过大

图 8.38　间隙对冲裁断面的影响

寸,因此必须正确设计冲模刃口尺寸。

冲裁件尺寸的测量与使用都是以光面的尺寸为基准的,落料件的光面是因凹模刃口挤切材料产生的,而孔的光面是凸模刃口挤切材料产生的。故计算刃口尺寸时,应按落料和孔两种情况分别进行。

设计落料模时,应先按落料件确定凹模刃口尺寸,取凹模作设计基准件,然后根据间隙 Z 确定凸模尺寸,用缩小凸模刃口尺寸来保证间隙值,即

$$D_凹 = d_落, \quad D_凸 = D_凹 - Z \tag{8.13}$$

设计冲孔模时,先按冲孔件确定凸模尺寸,取凸模作设计基准件,然后根据间隙 Z 确定凹模尺寸,用扩大凹模刃口尺寸来保证间隙值,即

$$D_凸 = d_孔, \quad D_凹 = D_凸 + Z \tag{8.14}$$

冲模在工作过程中必然有磨损,落料件尺寸会随凹模刃口的磨损而增大,而冲孔件尺寸则随凸模的磨损而减小。为了保证零件的尺寸要求,并提高模具的使用寿命,落料时凹模基本尺寸应取工件尺寸公差范围内较小的尺寸。而冲孔时,选取凸模刃口的基本尺寸应取工件尺寸公差范围内较大的尺寸。

(4)冲裁力的计算。计算冲裁力的目的是合理选用压力机和检验模具强度的一个重要依据。计算准确有利于发挥设备的潜力。压力机的吨位必须大于所计算的冲裁力,计算不准确有可能使设备超载而损坏,甚至造成严重事故。

平刃冲模的冲裁力按下式计算,即

$$P = KLt\tau \tag{8.15}$$

式中　P—— 冲裁力,N;

　　　L—— 冲裁周边长度,mm;

　　　K—— 系数,常取 1.32;

　　　t—— 坯料厚度,mm;

　　　τ—— 材料抗剪强度(可查手册或取 $\tau = 0.8\sigma_b$),MPa。

(5)冲裁件的排样。冲裁件在板条等材料上的合理布置的方法称为排样。排样合理与否不仅影响材料的利用率,还会影响模具结构、生产率、冲压件质量、生产操作是否方便

及安全等。因此排样是冲压工艺中非常重要的工作。排样合理可使废料最少,材料利用率大为提高。图 8.39 为同一种冲裁件采用四种不同排样方式的材料消耗对比。

落料件的排样有两种类型:无搭边排样和有搭边排样。

无搭边排样是用落料件形状的一个边作为另一个落料件的边缘,如图 8.39(d)所示,这样排样材料的利用率很高。但毛刺不在同一个平面上,而且尺寸不容易准确,因此只有在对冲裁件质量要求不高时才采用。

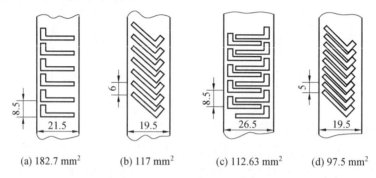

(a) 182.7 mm²   (b) 117 mm²   (c) 112.63 mm²   (d) 97.5 mm²

图 8.39 不同排样方式的材料消耗对比

有搭边排样即是在各个落料件之间均留有一定尺寸的搭边,其优点是毛刺小,而且在同一个平面上,冲裁件尺寸准确,质量较高,但材料消耗多。

2. 修整

修整是利用修整模沿冲裁件外缘或内孔刮削一薄层金属,以切掉普通冲裁时在冲裁件断面上存留的剪裂带和毛刺,从而提高冲裁件的尺寸精度和降低表面粗糙度。修整在专用的修整模上进行,模具间隙为 0.006~0.01 mm。

修整冲裁件的外形称为外缘修整,修整冲裁件的内孔称为内孔修整,如图 8.40 所示。修整的机理与冲裁完全不同,与切削加工相似。修整时应合理确定修整余量及修整次数,对于大间隙落料件,单边修整量一般为材料厚度的 10%,对于小间隙落料件,单边修整量为材料厚度的 8% 以下。当冲裁件的修整总量大于一次修整量,或材料厚度大于 3 mm 时,均需多次修整,但修整次数越少越好。

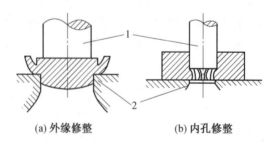

(a) 外缘修整   (b) 内孔修整

图 8.40 修整工序简图

1—凸模;2—凹模

外缘修整模的凸凹模间隙,单边取 0.001~0.01 mm。也可以采用负间隙修整,即凸模大于凹模的修整工艺。

修整后冲裁件公差等级达 IT7~IT6,表面粗糙度 Ra 为 1.6~0.8 μm。

8.5.2 变形工序

变形工序是使坯料的一部分相对于另一部分产生位移而不破裂的工序,如弯曲、拉深、翻边、胀型、旋压等。

1. 弯曲

弯曲是将金属材料弯成一定角度、曲率和一定形状的零件的工艺方法,如图 8.41 所示。弯曲成形的应用相当广泛,在冲压生产中占很大比重。弯曲所用的材料有板料、棒料、管材和型材。

(1)弯曲变形过程。图 8.42 为板料在 V 形压弯模受力变形的基本情况。在板料的 A 处,凸模施加外力 p(U 形)或 $2p$(V 形),则在凹模的支撑点 B 处引起反力 p 并形成弯曲力矩 $M = pa$,这个弯曲力矩使板料产生弯曲。在弯曲过程中随着凸模下压,凹模的支撑点的位置及弯曲圆角半径 r 发生变化,使支撑点距离 l 和 r 逐渐减小,而外力 p 逐渐

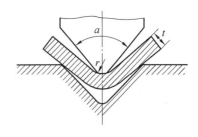

图 8.41 弯曲过程

加大,同时弯矩增大。当弯曲半径达到一定值后,毛坯开始出现塑性变形,随着弯曲半径的减小,塑性变形由毛坯表面向内部扩展,最后将板料弯曲成与凸模形状一致的工件。图 8.43 为板料在 V 形弯曲模中校正弯曲的过程:开始为自由弯曲,随着凸模的下压,板料的弯曲半径 r 和支撑点距离 l 逐渐减小,接近行程终点时弯曲半径 r 继续减小,而直边部分反而向凹模方向变形,最后板料与凸模和凹模完全贴合。

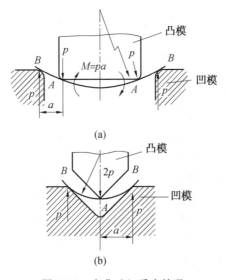

图 8.42 弯曲毛坯受力情况

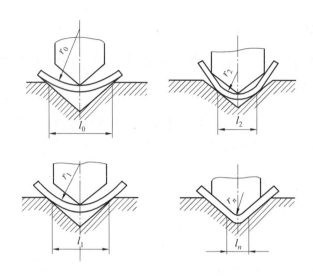

图 8.43　V 形模内校正弯曲过程

（2）弯曲力。弯曲力是拟定弯曲工艺和选择设备的重要依据之一。板料首先发生弹性弯曲，之后变形区内外层纤维进入塑性状态，并逐渐向板料的中心扩展，进行自由弯曲，最后是凸凹模与板料（全）接触并冲击零件，进行校正弯曲。

弯曲力的大小与板料尺寸（b、t）、板料力学性能及模具结构参数等因素有关。最大自由弯曲力 $p_自$ 的经验公式为

$$p_自 = \frac{kbt^2}{r+t}\sigma_b \tag{8.16}$$

式中　r———弯曲半径，mm；

　　　　t———板料厚度，mm；

　　　　b———弯曲板料的宽度，mm；

　　　　σ_b———弯曲板料的抗拉强度极限，MPa；

　　　　k———安全系数，对于 U 形件，k 取 0.91；对于 V 形件，k 取 0.78。

（3）弯曲件的回弹塑性。弯曲与任何塑性变形一样，在外加载荷的作用下，板料产生的变形由弹性变形和塑性变形两部分组成，当外载荷去除后，总变形中的弹性部分立即恢复，引起零件的回弹，其结果表现在弯曲件曲率和角度的变化，如图 8.44 所示。图中 ρ_0 和 ρ'_0 分别为卸载前后的中性层半径；α_0 和 α 分别为卸载前后的弯曲角。

显然，回弹现象会影响弯曲件的尺寸精度，回弹角的大小与下列因素有关。

①材料的力学性能。材料屈服极限越高，弹性模量越小，回弹角越大，即弯曲后回弹角 $\Delta\alpha = \alpha - \alpha_0$ 越大。

②相对弯曲半径 r/t 值。相对弯曲半径越大，则在整个弯曲过程中弹性回弹所占比例越大，回弹角也越大，相对弯曲半径越小，则回弹角越小。这也是曲率半径大的冲压件不易弯曲成形的原因。

③ 弯曲角中心角 α 值。中心角 α 越大则变形区域的 $r\alpha$ 越大，回弹积累值越大，弯曲后回弹角 $\Delta\alpha$ 也越大。

④ 零件形状。形状复杂的弯曲件,弯曲后回弹角 $\Delta\alpha$ 较小。

⑤弯曲方式。

2. 拉深

拉深是将平面板料变形为中空形状冲压件的冲压工序,拉深又称拉延。拉深可以制成筒形、阶梯形、盒形、球形、锥形及其他复杂形状的薄壁零件。

(1)拉深过程及变形特点。圆筒形零件的拉深过程,如图 8.45 所示。其凸模和凹模

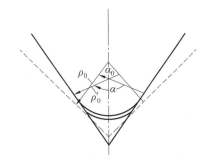

图 8.44 弯曲件卸载后的回弹

与冲裁模不同,它们都有一定的圆角而不是锋利的刃口,其间隙一般稍大于板料厚度。在凸模的压力下板料被拉进凸凹模之间的间隙里形成圆筒的直壁。拉深件底部的金属在整个拉深过程中基本上不变形,只起传递拉力的作用,厚度基本不变,拉深后成为拉深件的底部。而冲头周围环形区的金属则变成拉深件的筒壁。由于其主要受拉力作用,厚度有所减小。而直壁与底之间的过渡圆角部被拉薄最严重。拉深件的法兰部分,切向受压应力作用,厚度有所增大。拉深时金属材料产生很大的塑性,流动坯料直径越大,拉深后筒形直径越小,变形程度越大,其变形程度有一定限度。

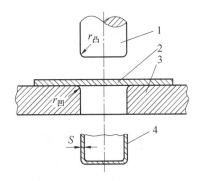

图 8.45 圆筒形零件的拉深过程
1—凸模;2—毛坯;3—凹模;4—工件

(2)拉深过程的相关计算。拉深过程的相关计算包括拉深毛坯尺寸、拉深系数、拉深次数的确定及拉深力。

①拉深件的毛坯尺寸。对于旋转体零件,现以圆形板料为例,如图 8.46 所示。其直径按面积相等的原则计算(不考虑板料的厚度变化)。图 8.46 中所示的板料直径可按下式计算,即

拉伸前面积为 $1/4\pi D^2$

拉深后面积为 $1/4\pi(d-2r)^2$(圆底面积)$+\pi d(h_1-r)$(侧壁面积)$+1/2\pi r[\pi(d-$

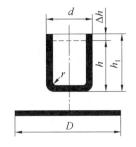

图 8.46 拉深件毛坯尺寸计算

$2r) + 4r](1/4$ 凸球带面积)

板料直径为

$$D = \sqrt{(d - 2r)^2 + 2\pi r(d - 2r) + 8r + 4d(h_1 - r)} \qquad (8.17)$$

②拉深系数和拉深次数的确定。板料拉深的变形程度称为拉深系数。制定拉深工艺时必须预先确定该零件是一次拉成还是多次才能拉成,拉深的次数与拉深系数有关。

圆筒形件的拉深系数用 m 表示,即

$$m = d/D \qquad (8.18)$$

圆筒形件第 n 次拉深系数为

$$m_n = d_n/d_{n-1} \qquad (8.19)$$

以上两式中 d —— 拉深后的工件直径,mm;

D —— 板料直径或前一次拉深后的半成品直径,mm;

d_{n-1} —— 第 $n-1$ 次拉深后的圆筒直径,mm;

d_n —— 第 n 次拉深后的圆筒直径,mm。

③拉深力的计算。常用下列公式计算拉深力,即

$$p_1 = \pi d_1 t \sigma_b K_1 \qquad (8.20)$$

式中 p_1 —— 第一次拉深时的拉深力,N;

K_1 —— 修正系数,$K_1 = 0.4 \sim 1.0$。

$$p_n = \pi d_n t \sigma_b K_2 \qquad (8.21)$$

式中 p_n —— 第二次及以后各次拉深时的拉深力,N;

K_2 —— 修正系数,$K_1 = 0.5 \sim 1.0$。

8.5.3 其他冲压成形

其他冲压成形指除弯曲和拉深以外的冲压成形工序,包括起伏、胀形、翻边、缩口、旋压和校形等。它们大多是对经过冲裁、弯曲或拉深后的半成品进行局部的变形加工,使冲压件具有更好的刚性和更合理的结构形状;不同点是:胀形和圆内孔翻边属于伸长类成形,常因拉应变过大而产生拉裂破坏;缩口和外缘翻凸边属于压缩类成形,常因坯料失稳起皱而失败;校形时,由于变形量一般不大,不易产生开裂或起皱,但需要解决弹性恢复影响校形的精确度等问题;旋压的变形特点又与上述各种有所不同。因而在制订工艺和设计模具时,一定要根据不同的成形特点确定合理的工艺参数。

1. 胀形

胀形是将板料或空心半成品的局部表面胀大的工序,如压制凹坑,加强筋,起伏形的花纹及标记等。另外,管类毛坯的胀形(如波纹管)、平板毛坯的拉形等均属胀形工艺,胀形也可采用刚模或软模进行。

胀形与拉伸不同,胀形时只有冲头下的一小部分金属在双向拉应力作用下产生塑性变形并变薄,其周围的金属并不发生变形。变形仅限于一个固定的变形区范围之内,通常材料不从外部进入变形区内。胀形的极限变形程度主要取决于材料的塑性,材料的塑性越好,可能达到的极限变形程度就越大。

由于胀形时毛坯处于两向拉应力状态,因此变形区的毛坯不会产生失稳起皱现象。

冲压成形的零件表面光滑,质量好。胀形所用的模具可分刚模和软模,图 8.47 为刚模胀形,图 8.48 为软模胀形。软模胀形时材料的变形比较均匀,容易保证零件的精度,便于成形复杂的空心零件,因此得到了广泛的应用。

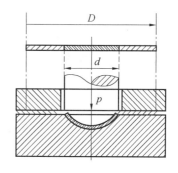

图 8.47　刚模胀形

2. 翻边

翻边是在板料或半成品上沿一定的曲线翻起竖立边缘的成形工序,翻边在生产中应用较广,根据按变形的状况分为内孔翻边和外缘翻边,外缘翻边按变形的性质又分为内凹外缘分边(图 8.49)和外凸外缘分边(图 8.50)两种类型。根据竖立边缘壁厚的变化情况分为不变薄翻边和变薄翻边。圆孔翻边主要的变形是坯料受切向和径向拉伸,越接近预孔边缘,变形越大。因此,圆孔翻边的失败往往是边缘拉裂,拉裂与否主要取决于拉伸变形的大小。圆孔变形程度用翻边前预孔直径 d_0 与翻边后的平均直径 D 的比值 K_0 表示,即

$$K_0 = d_0/D \tag{8.22}$$

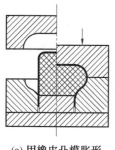 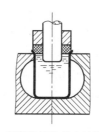 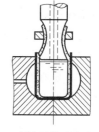

(a) 用橡皮凸模胀形　　　　(b) 用倾注液体的方法胀形　　　　(c) 用充液橡皮囊胀形

图 8.48　软模胀形

K_0 为翻边系数,显然 K_0 值越小,变形程度越大。翻边时孔边不破裂所能达到的最小 K 值,称为极限翻边系数。对于镀锡铁皮 K_0 不小于 $0.65 \sim 0.7$;对于酸洗钢 K_0 不小于 $0.68 \sim 0.72$。

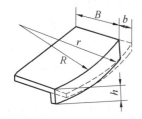 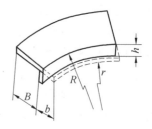

图 8.49　内凹外缘翻边　　　　　　　　图 8.50　外凸外缘翻边

当零件所需凸缘的高度较大,一次翻边成形有困难时,可采用先拉深后冲孔(按 K_0 计算得到的容许孔径),再翻边的工艺来实现。

3. 旋压

图 8.51 为旋压过程示意图。顶块 1 把坯料压紧在模具 3 上,机床主轴带动模具和坯料一同旋转,手工操作赶棒加压于坯料反复赶辗,于是由点到线、由线及面,使坯料逐渐贴于模具上而成形。

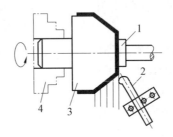

图 8.51　旋压过程示意图
1—顶块;2—赶棒;3—模具;4—卡盘

8.6　其他塑性成形方法

塑性成形技术的新发展是建立在材料学、力学、塑性成形理论与技术、模具和润滑技术、计算机数值模拟、自动化和机器人技术等基础上的,主要体现在:一是提高成形件精度和质量,实现近净成形的精密成形方法;二是现代高新技术或大功率能源的利用,实现降低能耗或高能高速成形工艺,或对传统技术的改进与创新;三是实现产品、工艺、材料一体化技术;四是计算机在塑性成形领域的应用,实现塑性成形过程的数值模拟、加工过程控制和工艺优化,提高成形极限、提高成形设备和成形方法的柔性及模具 CAD/CAM 技术等。

8.6.1　精密模锻

精密模锻是提高锻件精度和表面质量的一种先进工艺,它能够锻造形状复杂、尺寸精度高的零件,实现锻件的少、无切削加工,如锥齿轮、叶片等。其主要工艺特点是:

①使用普通的模锻设备进行锻造,一般需采用顶(粗)锻和终(精)锻两套锻模,对形状简单的锻件也可用一套锻模。粗锻时应留 0.1～1.2 mm 的精锻余量。

②原始坯料尺寸和质量要精确,否则会降低锻件精度和增大尺寸公差。

③精细清理坯料表面,除净氧化皮,脱碳层及其他缺陷等。

④采用少氧或无氧化加热法,减少氧化,以提高锻件精度和减少表面粗糙度。

⑤模锻时要很好地润滑和冷却锻模。

⑥精锻模腔的精度一般要比锻件精度高两级,精锻模要有导柱导套结构,以保证合模准确。为排除模腔中气体,减少金属流动阻力,易充满模腔,在凹模上应开设排气孔。

⑦公差、余量约为普通锻件的 1/3,Ra 为 3.2～0.8 μm,尺寸精度为 IT15～IT12。

近年来精密模锻发展很快,已用于汽车、拖拉机中的直齿锥齿轮、涡轮机叶片、发动机连杆及医疗器械等复杂零件成形,且在中小型复杂零件的大批量生产中得到较好的应用。

8.6.2 超塑性成形/扩散连接

超塑性是指金属或合金在特定条件下,呈现异常高的塑性,变形抗力很小,延伸率可达百分之几百,甚至高达百分之两千以上。如钢超过 50%,纯钛超过 30%,锌铝合金超过 1 000%,这种现象称为超塑性。

超塑性形成的条件是:采用变形或热处理方法获得 0.2~5 μm 的超细等轴晶;变形温度要稳定,一般控制在 0.5~0.7 倍的绝对熔化温度下;变形速度要慢,一般呈现超塑性的最佳应变速率 $\varepsilon = (10^{-4}~10^{-2})s^{-1}$。

金属超塑性成形是一项新工艺,具有如下优点:

①超塑性成形材料塑性特高,比一般塑性成形提高 1~2 个数量级,使难以进行常规锻压的材料也可采用超塑成形,扩大了锻压材料的范围。

②材料变形抗力小,通常为常规塑性成形的 1/5 左右,可降低设备吨位,减少模具损耗。

③可一次成形复杂形状的零件,表面光洁度及尺寸精度高,可实现近净成形或终净成形。

但超塑性成形的生产率低,需要耐高温的模具材料及专用加热装置,因而只能在一定范围内使用才是经济的。

常用的超塑性成形材料主要是锌铝合金、铝基合金,钛合金及高温合金等。超塑性成形方法的应用有板料冲压成形、板料气压成形、挤压和模锻成形等,已在航空航天、模具制造、工艺美术、电子仪器仪表、轻工等领域得到实际应用。

近年来超塑性成形(SPF)/扩散连接(DB)组合技术得到迅速发展,这是一种近无余量的成形技术。该复合技术是通过扩散连接将两个或两个以上的超塑性成形零件一次加工成一个复杂形状的整体构件的成形工艺。超塑性材料是 SPF/DB 技术发展的基础,钛合金板材的 SPF/DB 较为成熟,金属间化合物、陶瓷、不锈钢及金属基复合材料的 SPF/DB 技术也在研究中。SPF/DB 技术已应用于航空航天领域,如飞机的记忆机翼、舱门、风扇叶片、工字梁以及导弹和火箭的机体和夹层结构的翼面等重要部件。其显著特点是能在满足设计要求的条件下,减轻构件质量,增大刚度,降低成本,缩短周期。该技术的发展趋势是,增加专用的超塑性材料品种,开发现有材料的超塑性;加强工艺过程控制,实现加工过程自动化;发展先进检测技术;加强其他连接技术与超塑性成形的组合工艺研究,如钛合金的超塑性成形与钎焊组合工艺;铝合金、铝锂合金超塑性成形与搅拌摩擦焊(激光焊接、黏结等连接技术)的组合工艺等。

8.6.3 半固态模锻

半固态塑性成形方法有半固态流变和半固态触变塑性成形两种。对于触变成形,由于半固态坯料便于输送,易于实现自动化,因而得到广泛应用。

1. 半固态触变模锻的工艺过程

先采用电磁搅拌或机械搅拌方法等制备浆料,并将浆料凝固成坯料,坯料再经电磁感应半固态重熔加热,使坯料的固相分数约为 55%。然后将半固态坯料直接放入锻模模腔内压成形,也可将坯料先放入压室,通过压力作用使之经浇道进入锻模模腔而成形。

2.半固态触变模锻的工艺特点

半固态坯料黏度可调;成形温度低,模具使用寿命长;变形抗力小,成形速度高;成形件表面平整光滑,工件内部组织致密、气孔和偏析等缺陷少,晶粒细小,力学性能高,可接近或达到锻件的性能;工件凝固收缩小,尺寸精度高,可极大地减少机械加工,达到净成形或近净成形的效果。

典型产品有汽车的驾驶控制杆、多种支撑架和转向节等,也可利用半固态金属的高黏度使不同材料有效混合,制成新的复合材料。

8.6.4 粉末锻造

粉末冶金锻造(简称粉末锻造)是粉末冶金与锻造工艺的结合,即将粉末冶金制品作为预制坯,再加热后用模锻的方法成形。通过锻造可显著提高粉末冶金的力学性能,同时又可保证粉末冶金的优点。

粉末锻造工艺过程为:金属粉末配制→混粉→冷压制坯→少、无氧化烧结加热→模锻→热处理→机加工→成品。

粉末锻造的优点是:材料利用率高(可达90%),尺寸精度高,表面质量好,可实现少或无切削加工;锻件力学性能好,成分均匀,缺陷及偏析尺寸小,无各向异性;可进行各种热处理;成本低,生产率高,易实现自动化等。

粉末锻造可生产的零件有差速器齿轮、柴油机连杆、链轮、衬套等。

复习思考题

1.试分析多晶体塑性变形的特点。

2.解释热塑性变形的机理。

3.晶粒度对金属塑性和变形抗力有何影响?

4.说明下列基本概念:

塑性、变形抗力、自由锻、模锻、板料冲压、锻造比、拔长、冲孔、弯曲、精密冲裁

5.自由锻工序如何分类? 自由锻工艺过程有哪些特征?

6.平砧镦粗时坯料的变形与应力分布有何特点? 不同高径比的坯料镦粗结果有何不同?

7.说明减少平砧镦粗的工艺措施。

8.说明自由锻工艺规程制订的内容。

9.说明模锻有何特点。

10.说明模锻工艺规程制订的内容。

11.说明板料冲压的特点。

12.什么是冲裁工序? 说明冲裁间隙对冲裁件质量的影响。如何合理选择其大小?

13.其他冲压成形还有哪些?

14.说明冲压工艺规程制订的内容。

第9章 连接成形

材料通过机械、物理化学和冶金方式,由简单型材或零件连接成复杂零件和机械部件的工艺过程称为连接成形。连接成形的方法可分为以下三类:

1. 机械连接成形

机械连接成形是指用螺钉、螺栓和铆钉等紧固件,将分离型材或零件连接成一个复杂零件或部件的过程,它是靠机械力实现,接头可松动或拆除。

2. 物理化学连接成形

物理化学连接是通过毛细作用、分子间力作用或相互扩散及化学反应,将两个分离的表面连接成不可拆接头,主要是胶接和封接。

3. 冶金连接成形

冶金连接成形是通过加热或加压使两个分离表面的原子达到晶格距离形成金属键,获得不可拆接头,用于金属材料时称为焊接。

焊接具有节省金属材料,结构质量轻;以小拼大、化大为小,制造重型、复杂的机器零部件;接头具有良好的力学性能和密封性;能够制造双金属结构,使材料的性能得到充分利用等优点,广泛应用在机器制造、造船工业、建筑工程、电力设备等领域。本章将着重介绍焊接技术的基本原理、特点及应用等方面的知识,并简要介绍胶接技术。

9.1 焊接成形概述

9.1.1 焊接电弧与焊接冶金过程

1. 焊接电弧

焊接电弧是在具有一定电压的两电极间或电极与工件之间的气体介质中,产生的强烈而持久的放电现象,即在局部气体介质中有大量电子流通过的导电现象。焊接电弧如图9.1所示。引燃焊接电弧时,通常是将两个电极接通电源,短暂接触并迅速分离,两极相互接触时发生短路,形成电弧(这种方式称为接触引弧)。电弧形成后,只要电源保持两极之间一定的电位差,即可维持电弧的燃烧。焊接电弧具有电压低、电流大、温度高、能量密度大、移动性好等优点,一般20~50 V的电压即可维持电弧的稳定燃烧,而电弧中的电流可以从几十安培到几千安培以满足不同工件的焊接要求。

焊接电弧沿着长度方向分为三个区域:阴极区、弧柱区和阳极区。电弧与电源负极所接的一端为阴极区,长度为 10^{-6}~10^{-5} cm,温度可达2 400 K;与正极所接的一端为阳极区,长度为 10^{-3}~10^{-2} cm,温度可达2 600 K,阳极区和阴极区之间的部分为弧柱区,其长度约为电弧长度,温度可达6 000~8 000 K。阴极和阳极的温度根据焊接方法的不同有所差别。焊接电弧的温度分布特点为两个电极上的温度较低,弧柱温度较高。由于电极加热温度受电极材料沸点的限制,加热温度一般不能超过其沸点,故温度有限;而弧柱中的介质通常是气体或者含有金属蒸气,其加热温度不受沸点的限制,且气体介质的导热特性也不如金属电极的导热性好,热量不易散失,故弧柱部分有较高的温度。

电弧的热量与焊接电流和电弧电压的乘积成正比。一般情况下电弧热量在阳极区产生的较多,约占总热量的43%;阴极区因放出大量的电子,消耗了一部分能量,所以产生的热量相对较少,约占36%;其余21%左右的热量是在弧柱中产生的。焊条电弧焊只有65%~85%的热量用于加热和熔化金属,其余的热量则散失在电弧周围和飞溅的金属滴中。

采用直流弧焊电源焊接时,有正接和反接两种接线方式。正接是将工件接到电源的正极,焊条(或电极)接到负极;反接是将工件接到电源的负极,焊条(或电极)接到正极,如图9.2所示。正接时工件的温度相对高一些。当采用交流电焊机(弧焊变压器)时,因为电极每秒钟正负变化达100次之多,所以两极加热温度一样,都在2 500 K左右。

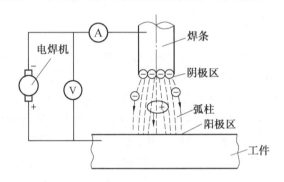

图 9.1　焊接电弧

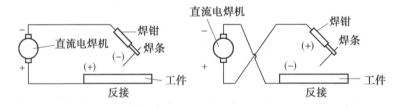

图 9.2　直流电源的正接与反接

2. 焊接冶金过程

焊接时熔化速度快,焊缝金属从开始熔化到凝固时间很短,各种化学反应难以达到平衡状态,因此焊缝中的化学成分不够均匀,容易出现不平衡组织结构。焊缝暴露在大气中,在高温电弧的作用下,氧、氢、氮等气体很容易熔入焊缝金属中,氧与熔池中的铁、锰、硅等有益元素发生化学反应生成氧化物(FeO、MnO 和 SiO_2),氮与液态金属中的铁反应生成脆性的氮化物(Fe_4N 和 Fe_2N),造成了合金元素的烧损。合金元素的烧损,使得焊缝金属的力学性能,尤其是塑性和韧性显著下降。此外空气中的水分,工件和焊条表面的油、锈和水等在电弧高温的作用下极易分解出氢原子,熔入液态金属中使焊缝中氢的质量分数增加,导致接头的塑性和韧性急剧下降(这种现象称为氢脆),从而引起冷裂纹和形成气孔。当焊缝金属冷却时,由于冷却较快,高温下熔入金属液体中的气体来不及析出而停留在焊缝金属中,易于形成气孔。金属液体中的杂质也容易浮出到表面,容易形成夹渣。

9.1.2 焊接接头的组织与性能

1. 焊接工件上温度的变化与分布

焊接过程中热源沿着工件移动,在热源的作用下焊缝及其附近的金属由常温状态开始被加热,温度升高,达到最大值。随着热源的离开,温度降低,逐渐冷却到常温。由于各点离焊缝中心距离不同,所以各点的最高温度也不同。又因热传导需要一定时间,所以各点是在不同的时间达到该点最高温度的,图 9.3 给出了焊接时焊缝横截面上不同点的温度变化情况。焊接过程是一个不均匀加热和冷却的过程,必然会产生相应的组织与性能的变化。

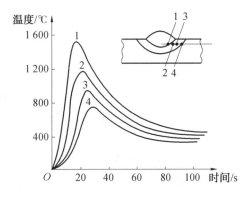

图 9.3 焊缝横截面各点温度变化情况

2. 焊接接头的组织与性能

下面以低碳钢为例说明焊接接头组织与性能的变化,如图 9.4 所示。图中左侧下部是焊件的横截面,上部是相应各点在焊接过程中被加热的最高温度曲线(并非某一瞬时该截面的实际温度分布曲线),右侧为部分铁—碳合金状态图,用来对照分析各区金属组织的获得。焊接接头由以下几个区域组成。

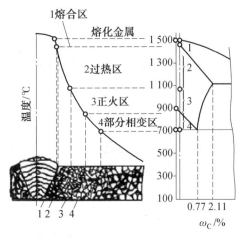

图 9.4 低碳钢焊接接头的组织与性能的变化

(1)焊缝。焊缝区加热温度超过液相线,母材和填充材料完全熔化。由于焊接加热温度高,熔池过热度大,加之体积小,冷却速度快,凝固后形成柱状的铸态组织(由铁素体和少量珠光体组成)。结晶是从熔池底部的半熔化区开始逐次进行的,低熔点的硫、磷杂质和氧化铁等易偏析物集中在焊缝中心区。焊接时熔池金属受电弧吹力和保护气体的吹动,熔池底壁柱状晶体的成长受到干扰,柱状晶体呈倾斜状,晶粒有所细化。同时,由于焊接材料的渗和作用,焊缝金属中锰、硅等合金元素质量分数可能比母材金属元素质量分数高,焊缝金属的性能可能也不低于母材金属的性能。

(2)熔合区。熔合区是焊缝和热影响区的交接过渡区,此区温度处于固相线和液相线之间,由于焊接过程中母材部分熔化,所以也称半熔化区。此时熔化的金属凝固成铸态组织,未熔化金属因加热温度过高而成为过热粗晶。在低碳钢焊接接头中,熔合区很窄(0.1~1 mm),是整个焊接接头中的薄弱地带,其强度、塑性和韧性都下降,而且此处接头断面变化易引起应力集中。许多焊接结构的失效常常是由熔合区的某些缺陷引起的,如冷裂纹、再热裂纹和脆性相等常起源于熔合区,熔合区在很大程度上决定着焊接接头的性能。

(3)焊接热影响区。焊接热影响区是指焊缝两侧金属因焊接热作用而发生组织和性能变化的区域。由于焊缝附近各点受热情况不同,热影响区可分为过热区、正火区和部分相变区等。

①过热区被加热到 Ac_3 以上 100~200 ℃ 至固相线温度区间,该区金属处于过热的状态,奥氏体晶粒发生严重的长大现象,冷却后得到粗大组织,故塑性及韧性降低。对于易淬火硬化钢材,此区脆性更大。

②正火区被加热到 Ac_1 至 Ac_3 以上 100~200 ℃ 区间,处于材料的正火温度区间,这区域的金属发生相变重结晶,转变为细小的奥氏体晶粒。冷却后得到均匀而细小的铁素体和珠光体组织,其力学性能优于母材。

③部分相变区相当于加热到 $Ac_1 \sim Ac_3$ 温度区间,珠光体和部分铁素体发生重结晶,转变成细小的奥氏体晶粒。部分铁素体不发生相变,但其晶粒有长大趋势。冷却后晶粒大小不均,因而力学性能比正火区稍差。

焊接热影响区的大小和组织性能变化的程度,取决于焊接方法、焊接参数、接头形式和焊后冷却速度等因素。同一焊接方法使用不同的焊接参数时,热影响区的大小也不相同。在保证焊接质量的条件下增加焊接速度或减少焊接电流都能减小焊接热影响区。

9.1.3 焊接应力与变形

1. 焊接应力

焊接过程是一个极不平衡的热循环过程,焊缝及其相邻区金属都要由室温被加热到很高温度,然后再快速冷却下来。在这个热循环中,焊件各部分的温度不同,随后的冷却速度也各不相同,因而焊件各部位在热胀冷缩和塑性变形的影响下,必将产生内应力和变形。

焊缝是靠一个移动的点热源来加热,随后逐次冷却下来所形成的,因而应力的形成、大小和分布状况较为复杂。为简化问题,假定整条焊缝同时成形。图 9.5 为平板对焊时应力和变形的分布状况。当焊缝及其相邻区金属处于加热阶段时会膨胀,受到焊件冷金属的阻碍,不能自由伸长而受压,形成压应力,该压应力使处于塑性状态的金属产生压缩变形。随后冷却到室温时,其收缩又受到周边冷金属的阻碍,不能缩短到自由收缩所应达到的位置,因而产生残余拉应力(焊接应力)。焊接应力的存在直接影响焊件的使用性能,使其承载能力大为降低,在外载荷改变时可能出现脆断的危险后果。对于接触腐蚀性介质的焊件,由于应力腐蚀现象加剧,将影响焊件的使用寿命,甚至因产生应力腐蚀裂纹而报废。

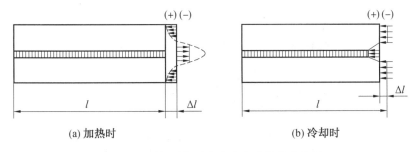

(a) 加热时   (b) 冷却时

图 9.5 平板对焊时应力和变形的分布状况

预防和减小焊接应力的主要措施如下:

首先,在结构设计时应选用塑性好的材料;避免焊缝截面过大和焊缝过长,焊缝要尽可对称分布,避免焊缝密集交叉;确定正确的焊接顺序,应该使焊接时焊缝的纵向和横向都能自由收缩。图 9.6(a)为正确的焊接顺序,而图 9.6(b)中 A 区易产生裂纹,是不正确的焊接顺序。

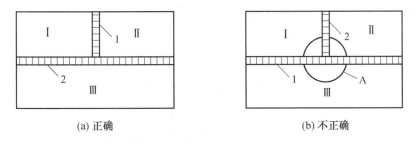

(a) 正确   (b) 不正确

图 9.6 焊接顺序对焊接应力的影响

其次,焊前对焊件预热可减弱焊件各部位间的温差,防止产生淬硬组织,从而减小焊接应力。焊接中采用小能量焊接方法也可减小焊接应力。

再次,采用热处理法也可以消除焊接应力,利用材料在高温下屈服点下降和蠕变现象达到松弛焊接应力的目的,同时热处理还可以改善焊接接头的性能。生产中常用的热处理方法有整体热处理和局部热处理两种。

此外,还可以采用机械法消除应力,主要有以下三种方式:锤击焊缝、整体冷校正和振动消除应力法。

2. 焊接变形

焊接时应力是不可避免的,当焊接应力超过焊接材料的屈服强度时,焊件将产生变形。根据变形的外观形态,可将变形分为五种基本形式:收缩变形、角变形、弯曲变形、扭曲变形和波浪变形,如图9.7所示。具体焊件会出现哪种变形与焊件结构、焊缝布置、焊接工艺及应力分布等因素有关。一般情况下,结构简单的小型焊件,焊后仅出现收缩变形。当焊件坡口横截面的上下尺寸相差较大或焊缝分布不对称,以及焊接顺序不合理时,则焊件易发生角变形、弯曲变形或扭曲变形。而薄板焊件最容易产生不规律的波浪变形。这些基本变形形式的不同组合,形成了实际生产中焊件的变形。焊件出现变形将影响使用,过大的变形量将使焊件报废。

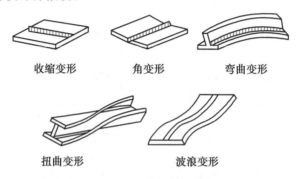

收缩变形　　　角变形　　　弯曲变形

扭曲变形　　　波浪变形

图 9.7　焊接变形的基本形式

　　焊件产生变形主要是由焊接应力引起的,预防焊接应力的措施对防止焊接变形是有效的,除此之外,还可以通过反变形法和刚性固定法来预防和控制。反变形法是在焊接前先估算好焊件变形的大小和方向,然后在装配时给焊件一相反方向的变形,以此与焊接变形相抵消,使焊件达到技术条件要求。图9.8为反变形法示意图。为了减小V形坡口对接接头的角变形,可以预先将焊接坡口处垫高。刚性固定法的实质是将焊件固定在具有足够刚性的基体上,焊件在焊接时不能移动,在焊完和完全冷却后将焊件放开,这时焊件还要产生变形,但要比在自由状态下焊接时所产生的变形小些。因此刚性固定法不能消除变形,但可以减少变形,在措施恰当时可使焊件的变形控制在允许范围之内。

图 9.8　反变形法示意图

　　焊件产生变形后,如果情况较为严重影响焊件的正常使用,需要采取措施进行矫正。常用的矫正方法有机械矫正法和火焰矫正法。机械矫正法是借助外力迫使焊件改变形状,一般采用压力机或锤击等方法矫正焊件的变形,如图9.9所示。该方法主要用于矫正塑性较好、厚度较小的焊件。火焰矫正法是利用火焰对焊件的某些部位进行局部加热,冷却后产生新的变形去抵消原有的焊接变形,使变形的焊件得以矫正,如图9.10所示。

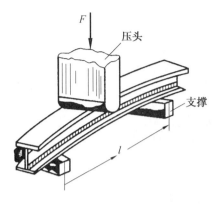

图 9.9　机械矫正法

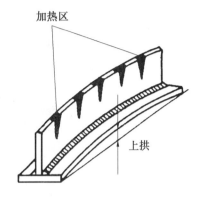

图 9.10　火焰矫正法

9.2　电　弧　焊

9.2.1　焊条电弧焊

1. 焊条电弧焊的工作原理与特点

(1)焊条电弧焊的工作原理。焊条电弧焊即手工电弧焊,是用手工操纵焊条进行焊接的方法。焊条电弧焊的焊接过程如图 9.11 所示。焊接时将焊条与工件接触短路后立即提起焊条,引燃电弧。电弧在焊条与被焊工件之间燃烧,电弧热使工件和焊芯熔化,同时使焊条药皮熔化和分解。熔化的焊芯以熔滴的形式过渡到熔化的工件表面,与之熔合到一起,形成熔池。药皮熔化后与液态金属发生物理化学反应,所形成的熔渣不断从熔池中浮起,覆盖在液体金属上面。药皮受热分解产生大量的 CO_2、CO 和 H_2 等保护气体,围绕在电弧周围。熔渣和气体能防止空气中氧和氮的侵入,起保护熔化金属的作用。当电弧向前移动时,工件和焊条不断熔化汇成新的熔池。原来的熔池则不断冷却凝固,构成连续的焊缝。覆盖在焊缝表面的熔渣也逐渐凝固成为固态渣壳。这层熔渣和渣壳对焊缝成形的好坏和减缓金属的冷却速度有着重要的作用。

(2)焊条电弧焊的特点。焊条电弧焊的优点:

①使用的交流和直流焊机都比较简单,焊接操作时不需要复杂的辅助设备,只需配备简单的辅助工具,焊机价格便宜,维护方便。

②焊条在焊接过程中能够产生保护熔池和焊接处避免氧化的保护气体,并且具有较强的抗风能力,不需要辅助气体防护。

③操作灵活,适合焊接不规则的、空间任意位置的以及其他不易实现机械化焊接的焊缝,可达性好,适应性强。

④应用范围广,不仅可以焊接碳素钢、低合金钢,而且还可以焊接高合金钢及有色金属;不但可以焊接同种金属,而且可以焊接异种金属,还可以进行铸铁焊补和各种金属材料的堆焊等。

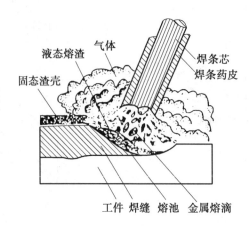

液态熔渣 气体 焊条芯 焊条药皮
固态渣壳
工件 焊缝 熔池 金属熔滴

图 9.11 焊条电弧焊过程

焊条电弧焊的缺点：

①焊条电弧焊的焊接质量除靠选用合适的焊条、焊接工艺参数和焊接设备外，主要靠焊工的操作技术和经验保证，因此对焊工操作技术要求高，必须经常进行焊工培训。

②焊工的劳动强度大，并且始终处于高温烘烤和有烟尘的环境中，劳动条件比较差。

③焊接时要经常更换焊条，清理焊道熔渣，与自动焊相比，焊接生产率低。

④不适合焊接活泼金属和难熔金属，也不适合薄板的焊接，工件厚度应在 3 mm以上。

2. 电焊条

涂有药皮供焊条电弧焊用的熔化电极称为焊条。焊条由焊芯和药皮(涂料)两部分组成。焊条的一端为引弧端，药皮磨成一定的角度，使焊芯外露，便于引弧，另一端药皮被除去一部分为夹持端。焊芯的直径即称为焊条直径，最小为 1.6 mm，最大为 8 mm，其中3.2～5 mm的焊条应用最广。

(1)焊芯。焊芯是组成焊缝金属的主要材料，主要起导电和填充焊缝金属的作用，其化学成分和非金属夹杂物的多少直接影响焊缝的质量。常用的结构钢焊条焊芯的牌号和化学成分见表 9.1。

表 9.1 常用的结构钢焊条焊芯的牌号和化学成分

钢号	化学成分(质量分数)/%							用途
	碳	锰	硅	铬	镍	硫	磷	
H08	≤0.10	0.30～0.55	≤0.30	≤0.20	≤0.30	<0.04	<0.04	一般焊接结构
H08A	≤0.10	0.30～0.55	≤0.30	≤0.20	≤0.30	<0.03	<0.03	重要焊接结构
H08MnA	≤0.10	0.80～1.10	≤0.07	≤0.20	≤0.30	<0.03	<0.03	用作埋弧自动焊钢丝

焊芯具有较低的碳质量分数和一定的锰质量分数，硅质量分数控制较严，硫磷质量分数则应低。焊芯牌号中带"A"字符号者，其硫、磷质量分数不超过 0.03%。焊接低合金钢、不锈钢用的焊条，应采用相应的低合金钢、不锈钢的焊接钢丝作焊芯。

(2)焊条药皮。焊条药皮在焊接过程中的作用主要是：

①提高电弧的稳定性。

②造渣和造气防止空气对熔池金属的影响。

③脱氧。

④渗入合金元素。

焊条药皮原料的种类、名称及其作用见表9.2。

表 9.2　焊条药皮原料的种类、名称及其作用

原料种类	原料名称	作用
稳弧剂	碳酸钾、碳酸钠、长石、大理石、钛白粉、钠水玻璃、钾水玻璃	改善引弧性能,提高电弧燃烧的稳定性
造气剂	淀粉、木屑、纤维素、大理石	造成一定量的气体,隔绝空气,保护焊接熔滴与熔池
造渣剂	大理石、萤石、菱苦土、长石、锰矿、钛铁矿、黏土、钛白粉、金红石	造成具有一定物理-化学性能的熔渣,保护焊缝,碱性渣中的CaO还可起脱硫、磷作用
脱氧剂	锰铁、硅铁、钛铁、铝铁、石墨	降低电弧气氛和熔渣的氧化性,脱除金属中的氧,锰还起脱硫作用
合金剂	锰铁、硅铁、铬铁、钼铁、钒铁、钨铁	使焊缝金属获得必要的合金成分
稀渣剂	萤石、长石、钛白粉、钛铁矿	降低熔渣黏度,增加熔渣流动性
黏结剂	钾水玻璃、钠水玻璃	将药皮牢固地黏在钢芯上

9.2.2　埋弧焊

1.埋弧焊的工作原理

埋弧焊是电弧在焊剂层下燃烧进行焊接的方法,利用焊丝和焊件之间燃烧的电弧产生热量,熔化焊丝、焊剂和母材而形成焊缝的。焊丝作为填充金属相当于焊条焊芯的作用。焊剂则对焊接区起保护和合金化作用,相当于药皮的作用。

埋弧焊的焊缝形成过程如图9.12所示。焊接过程中焊剂不断地被焊剂输送管输送到焊件的表面,焊丝在送丝轮的作用下不断地向焊接区输送,且位于焊剂中。焊丝经导电器而带电,以保证焊丝与焊件之间产生电弧。电弧热使周围的母材、焊丝和焊剂熔化以致部分蒸发并形成一个气体空穴,笼罩在电弧周围,而电弧就在这个气体空穴内进行燃烧,气泡上部被熔化了的焊剂,即熔渣构成外膜所包围。焊丝顶端熔化所形成的熔滴落下,并与已局部熔化的母材混合而形成金属熔池,熔渣密度较小,浮于熔池的表面。随着焊接过程的进行,焊丝不断向前移动,熔池中的熔化金属在电弧力的作用下被推向熔池后方。金属熔池在熔渣的保护下逐渐冷却并凝固成焊缝,而熔渣在焊缝的表面凝固成焊渣壳。

对于埋弧焊来说,在焊接过程中形成的熔渣对于焊缝的形成起着重要的作用,具体表现如下:熔渣可保护焊缝金属,防止空气的污染;熔渣与熔化金属产生物理化学反应,改善焊缝金属的成分及性能;熔渣可使焊缝金属缓慢冷却,减少或避免一些焊接缺陷的产生,

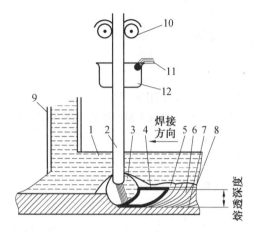

图 9.12　埋弧焊的焊缝形成过程

1—焊剂;2—焊丝;3—电弧;4—熔池;5—熔渣;6—焊缝;

7—焊件;8—焊渣壳;9—焊剂输送管;10—送丝轮;11—焊接电缆;12—导电器

提高焊缝的性能。

2. 埋弧焊的特点

(1)生产效率高。埋弧焊所用焊接电流大,电弧的熔透能力和焊丝的熔化速度都大大提高,加上焊剂、熔渣的保护,熔敷率也高。

(2)焊接质量好。因为熔渣的保护,熔化金属不与空气接触,熔池金属凝固较慢,液体金属和熔化焊剂间的冶金反应充分,减少了焊缝中产生气孔和裂纹的可能性。利用焊剂对焊缝金属脱氧还原反应以及渗和作用,可以获得力学性能优良、致密性高的优质焊缝金属。焊缝表面光洁,焊后无须修磨焊缝表面。

(3)容易实现机械化、自动化。

(4)劳动条件好。埋弧焊过程无弧光辐射,噪声小,烟尘量也少,是一种安全绿色的焊接方法。

(5)焊接位置受限制。埋弧焊采用颗粒状焊剂进行保护,适合在平焊位置下进行焊接,对工件的倾斜度亦有限制,常用于平焊和平角焊位置的焊接。

(6)不适合焊小件薄件。埋弧焊使用电流较大,电弧的电场强度较高,电流小于100 A时,电弧稳定性较差,因此不适合焊接厚度小于1 mm的薄件。

(7)不便于观察。埋弧焊焊接时不能直接观察电弧与坡口的相对位置,需要采用焊缝自动跟踪装置来保证焊炬的对准,对装配精度要求高,每层焊道焊接后必须清除焊渣。

3. 埋弧焊的应用

埋弧焊广泛应用于锅炉、压力容器、船舶、桥梁、起重机械、工程机械、冶金机械以及海洋结构、核电设备中。凡是焊缝可以保持在水平位置或倾斜度不大的焊件,不管是对接、角接和搭接接头,都可以用埋弧焊焊接,特别是当用于中厚板、长焊缝的焊接时具有明显的优越性。可焊接的钢种有碳素结构钢、低合金结构钢、不锈钢、耐热钢以及某些有色金属,如镍基合金、铜基合金等。此外,用埋弧焊堆焊耐热耐腐蚀合金也能获得很好的效果。

9.2.3 气体保护焊

1. 钨极惰性气体保护焊

钨极惰性气体保护焊是使用纯钨或活化钨（如钍钨、铈钨等）作为非熔化电极，采用惰性气体（如氩气、氦气等）作为保护气体的电弧焊方法，简称 TIG 焊。当采用氩气作为保护气体时称为钨极氩弧焊。

（1）TIG 焊的工作原理。TIG 焊工作原理如图 9.13 所示。钨极被夹持在电极夹上，从 TIG 焊焊枪的喷嘴中伸出一定长度。在伸出的钨极端部与焊件之间产生电弧，对焊件进行加热。与此同时，惰性气体进入枪体，从钨极的周围通过喷嘴喷向焊接区，以保护钨极、电弧及熔池，使其免受大气的侵害。当焊接薄板时，一般不需加填充焊丝，可以利用焊件被焊部位自身熔化形成焊缝。当焊接厚板和开有坡口的焊件时，可以从电弧的前方把填充金属以手动或自动的方式，按一定的速度向电弧中送进。填充金属熔化后进入熔池，与母材熔化金属一起冷却凝固形成焊缝。

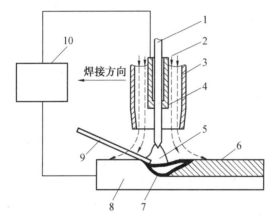

图 9.13　TIG 焊工作原理示意图

1—钨极；2—惰性气体；3—喷嘴；4—电极夹；5—电弧；6—焊缝；

7—熔池；8—母材；9—填充焊丝；10—焊接电源

（2）TIG 焊的特点。TIG 焊的优点：

①能够实现高品质焊接，得到优良的焊缝，这是由于电弧在惰性气体中极为稳定，保护气体对电弧及熔池的保护很可靠，能有效地排除氧、氮、氢等气体对焊接金属的侵害。

②焊接过程中钨电极是不熔化的，故易于保持恒定的电弧长度，不变的焊接电流稳定的焊接过程，使焊缝很美观、平滑、均匀。

③焊接电流的使用范围通常为 5～500 A，即使电流小于 10 A，仍能正常焊接，因此特别适合薄板焊接。如果采用脉冲电流焊接，可以更方便地对焊接热输入进行调节控制。

④在薄板焊接时无须填充焊丝，在厚板焊接时，由于填充焊丝不通过焊接电流，所以不会因熔滴过渡引起电弧电压和电流变化而产生的飞溅现象，为获得光滑的焊缝表面提供了良好的条件。

⑤钨极氩弧焊的电弧是各种电弧焊方法中稳定性最好的电弧之一，焊接熔池可见性好，焊接操作十分容易进行，因此应用比较普遍。

⑥可以焊接各种金属材料,如钢、铝、钛、镁等。

⑦TIG焊可靠性高,可以焊接重要构件,如核电站和航空航天工业等领域。

TIG焊的缺点:

①焊接效率低于其他方法,由于钨极的承载电流能力有限,且电弧较易扩展而不集中,所以TIG焊的功率密度受到制约,致使焊缝熔深浅,熔敷速度小,焊接速度不高和生产率低。

②氩气没有脱氧或去氢作用,所以焊前对焊件的除油、去锈、去水等准备工作要求严格,否则易产生气孔,影响焊缝的质量。

③焊接时钨极有少量的熔化蒸发,钨微粒如果进入熔池会造成夹钨,影响焊缝质量,电流过大时尤为明显。

④由于生产效率较低惰性气体的价格较高,生产成本比焊条电弧焊、埋弧焊和 CO_2 气体保护焊都要高。

(3)TIG焊的应用。TIG焊的应用很广泛,可以用于几乎所有金属和合金的焊接,特别是对铝、镁、钛、铜等有色金属及其合金、不锈钢、耐热钢、高温合金和钼、铌、锆等难熔金属等的焊接最具优势。

TIG焊有手工焊和自动焊两种,适合各种长度焊缝的焊接。既可以焊接薄件,也可以用来焊接厚件;既可以在平焊位置焊接,也可以在各种空间位置焊接,如仰焊、横焊、立焊等焊缝及空间曲面焊缝等。

钨极氩弧焊通常用于焊接厚度为6 mm以下的焊件。如果采用脉冲钨极氩弧焊,焊接厚度可以降到0.8 mm以下。对于大厚度的重要结构(如压力容器、管道等),TIG焊也有广泛的应用,但一般只是用于打底焊,即在坡口根部先用TIG焊焊接第一层,然后再用其他焊接方法焊满整个焊缝,这样可以确保底层焊缝的质量。

2. 熔化极氩弧焊

熔化极氩弧焊是使用焊丝作为熔化电极,采用氩气或富氩混合气作为保护气体的电弧焊方法。当保护气体是惰性气体时,通常称为熔化极惰性气体保护电弧焊,简称MIG焊;当保护气体加入少量活性气体时,通常称为熔化极活性气体保护电弧焊,简称MAG焊。

(1)熔化极氩弧焊工作原理。熔化极氩弧焊工作原理如图9.14所示。焊接时氩气或富氩混合气体从焊枪喷嘴中喷出,保护焊接电弧及焊接区。焊丝由送丝机构向待焊处送进,焊接电弧在焊丝与焊件之间燃烧,焊丝被电弧加热熔化形成熔滴过渡到熔池中。冷却时由焊丝和母材金属共同组成的熔池凝固结晶,形成焊缝。

MIG焊时采用Ar或Ar+He作为保护气体,可以利用气体对金属的非活性和不熔性有效地保护焊接区的熔化金属;MAG焊时在氩气中加入少量 O_2,或 CO_2,或 CO_2+O_2 等气体,其目的是增加气氛的氧化性,能克服使用单一氩气焊接钢铁材料时产生的阴极漂移及焊缝成形不良等缺点。

(2)熔化极氩弧焊的特点。熔化极氩弧焊与其他焊接方法相比有以下优点:

①MIG焊的保护气体是没有氧化性的纯惰性气体,电弧空间无氧化性,能避免氧化,焊接中不产生熔渣,在焊丝中不需要加入脱氧剂,可以使用与母材同等成分的焊丝进行焊

接;MAG 焊的保护气体虽然具有氧化性,但相对较弱。

②与 CO_2 气体保护电弧焊相比较,熔化极氩弧焊电弧稳定,熔滴过渡稳定,焊接飞溅少,焊缝成形美观。

③与 TIG 焊相比较,熔化极氩弧焊由于采用焊丝作为电极,焊丝和电弧的电流密度大,焊丝熔化速度快,熔敷效率高,母材熔深大,焊接变形小,焊接生产率高。

④MIG 焊采用焊丝为正的直流电弧焊接铝及铝合金时,对母材表面的氧化膜有良好的阴极清理作用。

熔化极氩弧焊的不足:

①氩气及混合气体均比 CO_2 气体的售价高,故焊接成本比 CO_2 气体保护电弧焊的焊接成本高。

图 9.14　熔化极氩弧焊工作原理
1—焊件;2—电弧;3—焊丝;4—焊丝盘;
5—送丝滚轮;6—导电嘴;7—保护罩;
8—保护气体;9—熔池;10—焊缝金属

②MIG 焊对工件、焊丝的焊前清理要求较高,即焊接过程对油、锈等污染比较敏感。

(3)熔化极氩弧焊的应用。MIG 焊几乎可以焊接所有的金属材料,既可以焊接碳钢、合金钢、不锈钢等金属材料,也可以焊接铝、镁、铜、钛及其合金等容易氧化的金属材料。然而,在焊接碳钢和低合金钢等黑色金属时,更多的是使用富氩混合气体的 MAG 焊,而很少使用纯惰性气体的 MIG 焊,因此 MIG 焊主要用于焊接铝、镁、铜、钛及其合金,以及不锈钢等金属材料。

熔化极氩弧焊已被广泛应用于汽车制造、工程机械、化工设备、矿山设备、机车车辆、船舶制造、电站锅炉等行业。由于熔化极氩弧焊焊出的焊缝内在质量和外观质量都很高,该方法已经成为焊接重要结构时优先选用的焊接方法之一。

3. CO_2 气体保护电弧焊

(1)CO_2 气体保护电弧焊的工作原理。CO_2 气体保护电弧焊(以下简称 CO_2 焊)是利用 CO_2 气体作为保护气体,使用焊丝作为熔化电极的电弧焊方法,工作原理如图 9.15 所示。焊接时,在焊丝与焊件之间产生电弧,焊丝自动送进,被电弧熔化形成熔滴并进入熔池,CO_2 气体经喷嘴喷出,包围电弧和熔池,起着隔离空气和保护焊接金属的作用。同时,CO_2 气体还参与冶金反应,它在高温下的氧化性有助于减少焊缝中的氢。

(2)CO_2 气体保护电弧焊的特点。CO_2 焊的优点:

①CO_2 焊是一种节能的焊接方法。例如,水平对接焊 10 mm 厚的低碳钢板时,CO_2 焊的耗电量比焊条电弧焊低 2/3 左右,与埋弧焊相比也略低些。同时考虑到高生产率和焊接材料价格低廉等特点,CO_2 焊的经济效益是很高的。

②用粗丝(焊丝直径不小于 1.6 mm)焊接时,可以使用较大的电流实现射滴过渡。焊件的熔深很大,可以不开或开小坡口。该方法基本上没有熔渣,焊后不需要清渣,节省了许多工时,因此较大地提高了焊接生产率。

③用细丝(焊丝直径小于 1.6 mm)焊接时,可以使用较小的电流,实现短路过渡方

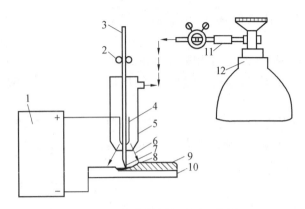

图 9.15　CO_2气体保护电弧焊工作原理

1—焊接电源;2—送丝滚轮;3—焊丝;4—导电嘴;5—喷嘴;6—CO_2气体;

7—电弧;8—熔池;9—焊缝;10—焊件;11—预热干燥器;12—CO_2气瓶

式。这时电弧对焊件是间断加热,电弧稳定,热量集中,焊接热输入小,适合焊接薄板。同时焊接变形也很小,甚至不需要焊后矫正工序。

④CO_2焊是一种低氢型焊接方法,焊缝氢的质量分数极低,抗锈能力较强,所以焊接低合金钢时不易产生冷裂纹,同时也不易产生氢气孔。

⑤CO_2焊是一种明弧焊接方法,焊接时便于监视和控制电弧和熔池,有利于实现焊接过程的机械化和自动化,用半自动焊焊接曲线焊缝和空间位置焊缝十分方便。

CO_2焊与焊条电弧焊和埋弧焊相比,不足之处主要表现为:

①焊接过程中金属飞溅较多,焊缝外形较为粗糙,特别是当焊接参数匹配不当时,飞溅就更为严重。

②不能焊接易氧化的金属材料,也不适合在有风的地方施焊。

③焊接过程弧光较强,尤其是采用大电流焊接时电弧的辐射较强,故要特别重视对操作人员的劳动保护。

④设备比较复杂,需要专业队伍负责维修。

(3)CO_2气体保护电弧焊的应用。CO_2焊在机车车辆制造、汽车制造、船舶制造、金属结构及机械制造等方面应用十分普遍,既可采用小电流短路过渡方式焊接薄板,也可以采用大电流自由过渡方式焊接厚板,可焊工件厚度范围较宽,从 0.5 mm 到 150 mm。从焊接接头的形式来看,CO_2焊可以进行对焊、角焊等方式的焊接,不仅可以平焊,也可以立焊和仰焊。目前,CO_2焊除不适合焊接容易氧化的有色金属及其合金外,可以焊接碳钢和合金结构的钢构件,用于焊接不锈钢也取得了较好的效果。

9.3　电　阻　焊

电阻焊是工件组合后通过电极施加压力,利用电流通过接头的接触面及邻近区域产生的电阻热,把工件加热到塑性或局部熔化状态,在压力作用下形成接头的焊接方法。电阻焊过程的物理本质是利用焊接区本身的电阻热和大量塑性变形的能量,使两个分离表面的金属原子之间接近到晶格距离形成金属键,在结合面上产生足够量的共同晶粒而得到焊点、焊缝或对接接头。电阻焊方法主要有点焊、凸焊、缝焊和对焊等形式。

9.3.1 点焊

1. 点焊基本原理

点焊是将工件装配成搭接接头,紧压在两电极之间,利用电阻热熔化金属母材,形成焊点的电阻焊方法。电阻点焊接头形成示意图如图 9.16 所示,将焊件 3 压紧在两电极 2 之间,施加电极压力后,阻焊变压器 1 向焊接区通过强大的电流,在焊件接触面上形成物理接触点,并随着通电加热的进行而不断扩大。塑性变形能与热能使接触点的原子不断被激活,消失了接触面,继续加热形成熔化核心 4,简称熔核。熔核中的液态金属在电动力作用下发生强烈搅拌,熔核内的金属成分均匀化,结合界面迅速消失。加热停止后,核心液态金属以自由能最低的熔核边界半熔化晶粒表面为晶核开始结晶,然后沿与散热相反方向不断以枝晶形式向中间延伸。通常熔核以柱状晶形式生长,将合金中浓度较高的成分排至晶叉及枝晶前端,直至生长的枝晶相互抵住,获得牢固的金属键合,接合面消失得到了柱状晶生长较充分的焊点。或因合金过冷条件不同,核心中心区同时形成等轴晶粒,得到柱状晶与等轴晶两种凝固组织并存的焊点。同时,液态熔核周围的高温固态金属,在电极压力作用下产生塑性变形和强烈再结晶而形成塑性环,该环先于熔核形成且始终伴随着熔核一起长大,它的存在可防止周围气体侵入和保证熔核液态金属不至于沿板缝向外喷溅。

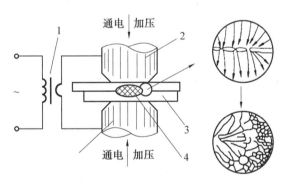

图 9.16　电阻点焊接头形成示意图
1—阻焊变压器;2—电极;3—焊件;4—熔核

焊完一个点后,电极将移至另一点进行焊接。当焊接下一个点时,有一部分电流会流经已焊好的焊点,称为分流现象。分流将使焊接处电流减小,影响焊接质量,因此两个相邻焊点之间应有一定距离。工件厚度越大,材料导电性越好,则分流现象越严重,故焊点间距离应加大。不同材料及不同厚度工件上焊点间最小距离见表 9.3。

表 9.3 点焊的焊点间最小距离   mm

工件厚度	结构钢最小点点距	耐热合金最小点点距	铝合金最小点点距
0.5	10	8	15
1.0	12	10	15
1.5	14	12	20
2.0	16	14	25

2. 点焊焊接工艺

影响点焊质量的主要因素有焊接电流、通电时间、电极压力及工件表面清理情况等。根据焊接时间的长短和电流大小,常把点焊焊接规范分为硬规范和软规范。硬规范是指在较短时间内通以大电流的规范,其生产率高、工件变形小、电极磨损慢,但要求设备功率大,规范应控制精确,适合焊接导热性能较好的金属。软规范是指在较长时间内通以较小电流的规范,其生产率低,但可选用功率小的设备焊接较厚的工件,更适合焊接有淬硬倾向的金属。

点焊电极压力应保证工件紧密接触并顺利通电,同时依靠压力消除熔核凝固时可能产生的缩孔和缩松。工件厚度越大,材料高温强度越大(如耐热钢),电极压力也应越大。但压力过大时,将使工件电阻减小,从而电极散失的热量将增加,也使电极在工件表面的压坑加深。工件的表面状态对焊接质量影响很大,如工件表面存在氧化膜、污垢等,将使工件间电阻显著增大,甚至存在局部不导电而影响电流通过。因此点焊前必须对工件进行酸洗、喷砂或打磨处理。点焊工件都采用搭接接头,图 9.17 为几种典型的点焊接头形式。

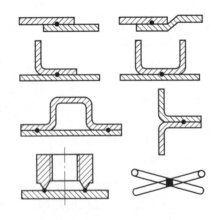

图 9.17 点焊接头形式

9.3.2 凸焊

凸焊是在一工件的贴合面上预先加工出一个或多个突起点,使其与另一工件表面相接触并通电加热,然后压塌,使这些接触点形成焊点的电阻焊方法。凸焊是点焊的一种变形,主要用于焊接低碳钢和低合金钢的冲压件。板件凸焊最适宜的厚度为 0.5～4 mm,

小于 0.25 mm 时宜采用点焊。

1. 凸焊接头的形成过程

图 9.18 为凸焊接头的形成过程。凸点的存在不仅改变了电流场和温度场的形态,而且在凸点压溃过程中使焊接区产生很大的塑性变形,均对获得优质接头有利。但同时也使凸焊过程比点焊过程复杂,凸焊焊接循环由预压、通电加热和冷却结晶三个连续阶段组成。

(1)预压阶段。在电极压力作用下凸点产生变形,压力达到预定值后,凸点高度均下降 1/2 以上。因此凸点与下板贴合面增大,使焊接区的导电通路面积稳定,更好地破坏了贴合面上的氧化膜,获得良好的物理接触,如图 9.18(b)Ⅰ所示。

(2)通电加热阶段。该阶段由两个过程完成,其一为凸点压溃过程;其二为成核过程。通电后,电流将集中流过凸点贴合面,当采用预热(或缓升)电流和直流焊接时,凸点的压溃较为缓慢,且在此程序时间内凸点并未完全压平,如图 9.18(b)Ⅱ所示;随着焊接电流的继续接通,凸点被彻底压平,如图 9.18(b)Ⅲ所示。此时如果采用的是工频等幅交流焊机或加压机构随动性较差,将引起焊点的初期喷溅。凸点压溃、两板贴合后形成较大的加热区,随着加热的进行,由个别接触点的熔化逐步扩大,形成足够尺寸的熔化核心和塑性区,如图 9.18(b)Ⅳ~Ⅶ所示。同时,因焊接区金属体积膨胀,将电极向上推移 S_4 并使电极压力曲线升高。

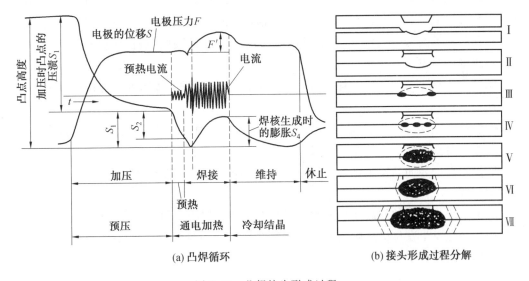

(a) 凸焊循环   (b) 接头形成过程分解

图 9.18 凸焊接头形成过程

(3)冷却结晶阶段。切断焊接电流,熔核在压力作用下开始冷却结晶,其过程与点焊熔核的结晶过程基本相同。

2. 凸焊的特点

①凸焊与点焊一样是热-机械(力)联合作用的焊接过程。相比较而言,其机械(力)的作用和影响要大于点焊,如对加压机构的随动性要求、对接头形成过程的影响等。

②在同一个焊接循环内,可高质量地焊接多个焊点,而焊点的布置亦不必像点焊那样受到点距的严格限制。

③由于电流在凸点处密集,但用较小的电流焊接却能获得可靠的熔核和较浅的压痕,尤其适合镀层板焊接的要求。

④需预制凸点、凸环等,增加了凸焊成本,有时还会受到焊件结构的制约。

9.3.3　缝焊

缝焊焊件装配成搭接或对接接头并置于两滚轮电极之间,滚轮电极加压焊件并转动,连续或断续送电,形成一条连续焊缝的电阻焊方法。也可以说,缝焊是点焊的一种演变。缝焊广泛地应用在要求密封性的接头制造上,被焊金属材料的厚度通常为0.1～2.5 mm。

1. 缝焊接头形成过程

断续缝焊时,每一焊点同样要经过预压、通电加热和冷却结晶三个阶段。

①将进入滚轮电极下面的邻近金属,受到一定的预热和滚轮电极部分压力作用,系处在预压阶段。

②在滚轮电极直接压紧下,正被通电加热的金属,处于通电加热阶段。

③刚从滚轮电极下面出来的邻近金属,一方面开始冷却,同时尚受到滚轮电极部分压力作用,处在冷却结晶阶段。

因此正处于滚轮电极下的焊接区和邻近它的两边金属材料,在同一时刻将分别处于不同阶段。而对于焊缝上的任一焊点来说,从滚轮下通过的过程也就是经历"预压—通电加热—冷却结晶"三个阶段。由于该过程是在动态下进行的,如果预压和冷却结晶阶段时的压力作用不够充分,就会使接头质量比点焊时差,易出现裂纹、缩孔等缺陷。

2. 缝焊的特点

①缝焊机械(力)的作用在焊接过程中是不充分的(步进缝焊除外),焊接速度越快,表现越明显。

②缝焊焊缝是由相互搭接一部分的焊点组成,焊接时的分流要比点焊严重得多,这给高电导率铝合金及镁合金的厚板焊接带来困难。

③滚轮电极表面易发生黏损而使焊缝表面质量变坏,对电极的修整是一个特别值得注意的问题。

④由于缝焊焊缝的截面面积通常是母材纵截面面积的2倍以上(板越薄,这个比率越大),破坏必然发生在母材热影响区。因此对缝焊结构很少强调接头强度,主要要求其具有良好的密封性和耐蚀性。

9.3.4　对焊

对焊是把两工件端部相对放置,利用焊接电流加热,然后加压完成焊接的电阻焊方法。对焊包括闪光对焊及电阻对焊两种。

1. 闪光对焊

将焊件装配成对接接头,接通电源,并使其端面逐渐移近达到局部接触,利用电阻热加热接触点(产生闪光),使端面金属熔化,直至焊件端部在一定深度范围内达到预定温度时,迅速施加顶锻力完成焊接的方法。

2. 电阻对焊

电阻对焊是将焊件装配成对接接头,使其端面紧密接触,利用电阻热加热至塑性状态,然后迅速加顶锻力来完成焊接的方法。电阻对焊虽有接头光滑、毛刺小、焊接过程简单等优点,但其接头的力学性能较低,对焊件端面的准备工作要求高,因此仅用于小断面(250 mm² 以下)金属型材的对接,适用范围有限。其与闪光对焊的比较见表 9.4。

表 9.4 电阻对焊和闪光对焊的比较

方法	电阻对焊	闪光对焊
接头形式	对接	对接
电源接通时刻	焊件端面压紧后,接通电源	接通电源后,再使焊件端面局部接触
加热最高温度	低于材料熔点	高于材料熔点
加热区宽度	宽	窄
顶锻前端面状态	高温塑性状态	熔化状态,形成一层较厚的液态金属
接头形成过程	预压、加热(无闪光)、顶锻	闪光、顶锻(连续闪光焊);预热、闪光、顶锻(预热闪光焊)
接头形成实质	高温塑性状态下的固相连接	高温塑性状态下的固相连接(顶锻时液态金属全部被挤出)
优缺点	接头光滑、毛刺小、焊接过程简单;力学性能低,对焊件准备工作要求高	焊接质量高,焊前端面准备要求低;毛刺较大,有时需用专门的刀具切除
应用范围	小断面金属型材焊接(丝材、棒材、板条和厚壁管的接长)	应用广,主要用于中大断面焊件焊接(各种环形件、刀具、钢轨等)

9.4 钎 焊

9.4.1 概述

1. 钎焊的工作原理与特点

钎焊是采用比母材熔化温度低的钎料,采取低于母材固相线而高于钎料液相线的操作温度,通过熔化的钎料将母材连接在一起的一种焊接技术。钎焊时钎料熔化为液态而母材保持为固态,液态钎料在母材的间隙中或表面上润湿、毛细流动、填充、铺展、与母材相互作用(溶解、扩散或产生金属间化合物),冷却凝固形成牢固的接头,从而将母材连接在一起。

钎焊在原理、设备、工艺过程方面与其他焊接方法不同,表现出以下独特的优点:

①加热温度一般远低于母材的熔点,对母材的物理化学性能影响较小,焊件整体均匀加热,引起的应力和变形小。

②具有很高的生产效率,钎焊可一次完成多缝多零件的连接。

③可用于结构复杂、精密、开敞性和接头可达性差的焊件。

④特别适合多种材料组合连接。不但可以连接常规金属材料,其他一些焊接方法难以连接的金属材料以及陶瓷、玻璃、石墨及金刚石等非金属材料也适用,此外还较易实现异种金属、金属与非金属材料的连接。

钎焊技术存在如下不足:

①焊接接头的强度一般较低,特别是没有通过特殊工艺处理的接头强度更低。

②耐热能力较差。

③较多地采用搭接接头,增加了母材的消耗量和结构的质量。

④镍基、铜基等高温钎料通常含有 Si、B 等降熔元素,致使钎焊接头脆性大。

2. 钎焊的分类

按照不同的特征和标准,钎焊有如下分类:

①按照钎料的熔点分为两类,所使用钎料液相线温度在 450 ℃ 以上的钎焊称为硬钎焊;在 450 ℃ 以下的钎焊称为软钎焊。

②按照钎焊温度的高低可分为高温钎焊、中温钎焊和低温钎焊,高、中、低温的划分是相对于母材的熔点而言的,其温度分界标准也不十分明确,只是一种通常的说法。例如,对于铝合金来说,加热温度在 500～630 ℃ 时称为高温钎焊,加热温度在 300～500 ℃ 时称为中温钎焊,加热温度低于 300 ℃ 时称为低温钎焊。通常所说的高温钎焊,一般是指温度高于 900 ℃ 的钎焊。

③按照热源种类和加热方式可分为烙铁钎焊、火焰钎焊、炉中钎焊、感应钎焊、电阻钎焊、电弧钎焊、浸渍钎焊、红外钎焊、激光钎焊、电子束钎焊、气相钎焊和超声波钎焊等。

④按照环境介质及去除母材表面氧化膜的方式可分为有钎剂钎焊、无钎剂钎焊、自钎剂钎焊、刮擦钎焊、气体保护钎焊和真空钎焊等。

9.4.2 常用的钎焊方法

下面介绍常用的三种钎焊方法。

1. 火焰钎焊

火焰钎焊是利用可燃性气体或液体燃料的汽化产物与氧或空气混合燃烧产生的火焰对工件和钎料加热,实现钎焊的工艺方法。

火焰钎焊的优点:

①可以加工任何数量的钎焊接头,小批量生产采用手工钎焊,大批量生产采用自动钎焊。

②燃烧气体种类多来源方便可靠,火焰能够根据应用要求调节成碳化焰、还原焰、中性焰或者氧化焰。

③手工火焰钎焊设备轻便,经济投入少,便于现场安装应用。

④钎料可以被预置,也可以在工件加热到合适温度后送进。

⑤变截面或不同的材料可以通过控制一把或多把焊炬的移动,选择加热部位、合适的热量来钎焊。

⑥所有在氧化环境中不会退化的母材,只要能获得合适的钎焊材料就能被火焰钎焊。

火焰钎焊的缺点:

①火焰钎焊是在氧化环境中完成的,钎焊后接头表面有钎剂残渣和热垢。

②由于使用钎剂,导致钎焊件上残留钎剂,会引起潜在的腐蚀,而且接头易产生气孔。

③厚重件上采用火焰钎焊加热时,钎焊区域的温度很难超过 1 000 ℃。

④高活性母材(如钛和锆)不适合火焰钎焊。

⑤火焰钎焊含镉钎料,若钎焊温度超过镉的蒸发温度,将危害人体健康。

⑥火焰钎焊的接头质量受操作者技能的影响。

⑦手工钎焊劳动强度大。

2. 感应钎焊

感应钎焊是将焊件的待焊部位置于交变的磁场中,通过电磁感应在工件中产生感应电流来实现工件加热的一种钎焊方法。

感应钎焊的优点:

①选择感应电流作为热源,充分利用局部加热的方式对工件进行加热,可以减少工件的性能变化。

②加热控制精确,工艺循环精确稳定,可提供外观平整、光滑、均匀的接头,而且能够使用递减钎焊温度的钎料进行顺序钎焊。

③加热速度快,工件钎焊时变色轻并能避免结垢,允许在空气中加热。

④可减少和简化夹持工装,加热范围小,增加了所用工装的寿命,保持了被连接部件的尺寸精度。

⑤感应钎焊可以在接头上预置钎料,特别适合半自动或全自动生产。

感应钎焊的缺点:

①感应钎焊装配间隙小,仅数十微米,装配难度大。如果使用固液相之间有明显温差的钎料,钎料在钎焊过程中的流动性较差,间隙变化太大,将阻碍填满焊缝,导致不完整的结合。

②配套系统复杂,设备的初装费用高,需要专门知识。

3. 炉中钎焊

炉中钎焊是利用电阻加热炉来加热焊件实现钎焊的工艺方法。按照钎焊过程中钎焊区的气氛组成可分为空气炉中钎焊、保护气氛炉中钎焊(又可分为活性气氛和惰性气体两种)和真空炉中钎焊。

与其他钎焊方法相比,炉中钎焊的主要优点是作为钎焊材料的保护气氛价格便宜,工厂能大量生产。炉中钎焊的另一个主要优点是,无论用间歇式炉或连续炉,均能以较低的单件成本钎焊大批量的组件,大量生产时是最有效和最经济的钎焊方法。在钎焊温度下,炉中钎焊能使整个工件的温度均匀分布。但是,若被钎焊组件的断面厚度相差很大,有时就需要将它们先预热到接近钎料熔点的温度并保温到温度均匀,然后再将温度升高到钎焊温度范围。当用适当的气氛保护时,从炉子冷却室(约 150 ℃)出来的已钎焊件清洁而光亮,无须再进一步清理。

炉中钎焊的缺点是以铜钎焊钢时需要较高的温度。铜钎焊钢时的温度比银基钎料钎焊所要求的钎焊温度高约 300 ℃。这种高温使中碳钢、高碳钢和低合金钢的晶粒粗化,对于加热炉构件的寿命是有害的,特别是那些处于高温工作的构件,如炉衬、电热元件、轨道、托盘和传送带等都是不利的。另外,工业气氛和发生器制备的气氛可能含有一些有毒化合物;含有 5% 或更多可燃气体(H_2、CO 和 CH_4)的气氛具有潜在的火灾和爆炸危险,安全操作以及对炉子、发生器与排气系统的预防性维护都是必要的。通过改进炉子的设计和材料,与炉子构件寿命有关的大多数缺点都可以克服。

9.4.3 钎料和钎剂

1. 钎料

钎料是指钎焊过程中在被焊接材料(母材)不熔化的情况下,通过自身熔化而填充钎焊接头缝隙的金属或合金。钎料的作用是通过钎料自身的熔化、润湿、铺展、填缝和扩散过程,使钎焊接头形成冶金结合,从而满足钎焊接头综合性能的设计要求。

(1)对钎料的要求。为了满足接头综合性能和钎焊工艺的要求,钎料应符合下列基本要求:

①钎料应具有适当的熔化温度范围,一般情况下钎料的熔化温度应低于母材。

②钎料在钎焊温度下对母材应具有良好的润湿作用,能充分填充接头间隙。

③钎料与母材的物理化学作用应保证它们之间形成牢固的冶金结合而无不利影响。

④钎料成分应稳定,尽量减少在钎焊温度下钎料合金元素的损耗。

⑤能满足对接头物理、化学及力学性能的要求。

⑥钎料原料来源广泛,成本低,少含或不含稀有金属或贵金属。

⑦钎料在制造和使用过程中应尽量符合环境保护的要求,即无毒、无害、无污染等。

(2)钎料的分类。通常情况下,按照钎料的熔化温度可将其划分为以下两大类。

①液相线温度低于 450 ℃的称为软钎料,也称易熔钎料。

②液相线温度高于 450 ℃的称为硬钎料,也称难熔钎料。

但是,为了选择和使用方便,更习惯于将钎料按照合金体系进行分类,如分为镓基、铋基、铟基、锡基、镉基、锌基、铅基、铝基、银基、铜基、锰基、钛基、金基、镍基、钯基、钴基、锡铅等钎料。工业常用的软钎料有锡基、铅基、锡铅、铋基钎料等;常用的硬钎料有铝基、银基、铜基、锰基、钛基、镍基、钴基钎料等。

2. 钎剂

在空气或保护气氛下钎焊时,钎剂是用于保护待焊零部件和钎料表面免于氧化,对于焊接部位已经存在的氧化膜具有有效去除作用,同时可以改善钎料对基体材料表面的润湿能力。对钎剂的一般要求如下:

①钎剂应具有去膜和净化表面的作用。

②钎剂应具有覆盖和保护作用。

③钎剂应具有匹配的理化特性。

④钎剂应具有热稳定性。

⑤钎剂应具有无毒、无腐蚀及易清除性。

⑥钎剂应具有合理的经济性,在具有一系列使用性能的基础上还应易得到或易购买,并具有较低的价格。

9.5 常用金属材料的焊接

9.5.1 金属材料的焊接性

1. 焊接性的概念

金属材料的焊接性是指在限定的施工条件下,焊接成按规定设计要求的构件,并满足预定服役要求的能力,即金属材料在一定焊接工艺条件下表现出来的焊接难易程度。焊接性包括两个方面:一是工艺焊接性,主要是指金属在一定的工艺条件下形成具有一定使用性能的焊接接头的能力;二是使用焊接性,主要是指焊接接头在使用中的可靠性,包括焊接接头的力学性能及其他特殊性能,如耐热、耐蚀性能等。如果一种金属材料可以在很简单的工艺条件下焊接而获得完好的接头,能够满足使用要求,就可以说是焊接性良好。反之,如果必须保证很复杂的工艺条件(如高温预热、高能量密度、高纯度保护气氛或高真空度以及焊后复杂热处理等)才能够焊接,或者所焊的接头在性能上不能很好地满足使用要求,就可以说是焊接性较差。

金属材料的焊接性不是一成不变的,同一种金属材料采用不同的焊接方法、焊接材料及焊接工艺(包括预热和热处理等),其焊接性可能有很大差别。例如,化学活泼性极强的钛,焊接时比较困难,曾一度认为钛的焊接性很不好,但自氩弧焊的应用比较成熟以后,钛及其合金的焊接结构已在航空等领域广泛应用。由于新能源的发展,等离子弧焊接、真空电子束焊接、激光焊接等新的焊接方法相继出现,使钨、钼、钽、铌、锆等高熔点金属及其合金的焊接都已成为可能。

2. 钢材焊接性的评价方法

金属材料的焊接性可通过估算和实验方法确定,评价焊接性的方法有多种,每一种方法都是从某一特定的角度来考核或说明焊接性的,这里只着重介绍最常用的碳当量法。碳当量法这是一种粗略估价低合金钢冷裂敏感性的方法。由于焊接热影响区的淬硬及冷裂倾向与化学成分直接有关,各种化学元素对焊缝组织性能、夹杂物的分布以及对焊接热影响区的淬硬程度等的影响不同,对产生裂纹倾向的影响也不同,所以可以用化学成分来估价冷裂敏感性的大小。在各种元素中,碳对淬硬及冷裂影响最显著,所以有人将各种元素的作用按照相当于若干碳质量分数的作用折合并叠加起来,求得所谓"碳当量",以碳当量值的大小 $w(C)_{当量}$ 为估价淬硬及冷裂倾向大小的指标。

碳钢及低合金结构钢的碳当量经验公式为

$$w(C)_{当量} = w(C) + \frac{w(Mn)}{6} + \frac{w(Cr) + w(Mo) + w(V)}{5} + \frac{w(Ni) + w(Cu)}{15}$$

$$(9.1)$$

当 $w(C)_{当量} < 0.4\%$ 时,钢材塑性良好,淬硬倾向不明显,焊接性良好。在一般的焊接工艺条件下,工件不会产生裂纹。但厚大件或在低温下焊接时,应考虑预热。

当 $w(C)_{当量} = 0.4\% \sim 0.6\%$ 时,钢材塑性下降,淬硬倾向明显,焊接性能相对较差。焊前工件需要适当预热,焊后应注意缓冷,要采取一定的焊接工艺措施才能防止裂纹。

当 $w(C)_{当量} > 0.6\%$ 时,钢材塑性较低,淬硬倾向很强,焊接性不好。焊前工件必须预热到较高温度,焊接时要采取减少焊接应力和防止开裂的工艺措施,焊后要进行适当的热处理,才能保证焊接接头的质量。

利用碳当量法估算钢材焊接性是粗略的,因为钢材的焊接性还受结构刚度、焊后应力条件、环境温度等因素的影响。例如,当钢板厚度增加时,结构刚度增大,焊后残余应力也较大,焊缝中心部位处于三向拉应力状态,因此表现出焊接性下降。在实际工作中确定材料焊接性时,除初步估算外,还应根据实际情况进行抗裂试验及焊接接头使用的实验,为制订合理的焊接工艺规程提供依据。

9.5.2 碳钢的焊接

1. 低碳钢的焊接

低碳钢的碳质量分数不大于 0.25%,其塑性好,一般没有淬硬倾向,对焊接过程不敏感,焊接性好。低碳钢可以用各种焊接方法进行焊接,应用最广泛的是焊条电弧焊、埋弧焊、气体保护焊和电阻焊等。焊接这类钢时不需要采取特殊的工艺措施,通常焊后也不需进行热处理。为了确保低碳钢焊接质量,在焊接工艺方面需要注意以下几点:

①焊前清除焊件表面铁锈、油污、水分等杂质。

②焊接刚性大的构件时,为了防止产生裂纹,宜采用焊前预热和焊后消除应力的措施。

③在环境温度低焊接低碳结构钢时接头冷却速度较快,为了防止产生裂纹,应采取减缓冷却速度的措施,如焊前预热、采用低氢型焊材等。

④厚度大于 50 mm 的低碳钢构件,常用大电流多层焊,焊后应进行消除内应力退火。

2. 中高碳钢的焊接

中碳钢碳质量分数为 $0.25\% \sim 0.6\%$。随着碳质量分数的增加,淬硬倾向越加明显,焊接性逐渐变差。实际生产中主要是焊接各种中碳钢的铸件与锻件。中碳钢的焊接特点如下:

(1)热影响区易产生淬硬组织和冷裂纹。中碳钢属淬火钢,热影响区金属被加热超过淬火温度区段时,受工件低温部分的迅速冷却作用,势必出现马氏体等淬硬组织。当工件刚性较大或工艺不当时,就会在淬火区产生冷裂纹。

(2)焊缝金属产生热裂纹倾向较大。焊接中碳钢时,因工件基体材料碳质量分数与硫、磷杂质质量分数远远高于焊芯,基体材料熔化后进入熔池,使焊缝金属碳质量分数增加,塑性下降,加上有硫、磷等低熔点杂质的存在,焊缝及熔合区在相变前可能因内应力而产生裂纹。

中碳钢主要用于制造各类机器零件,焊缝有一定的厚度,但长度不大。因此焊接中碳钢多采用焊条电弧焊。焊前必须进行预热,使焊接时工件各部分的温差小,以减小焊接应力。一般情况下,35 钢和 45 钢的预热温度可选为 $150 \sim 250 \ ℃$。结构刚度较大或钢材碳质量分数更高时,预热温度应再提高些。焊后要进行相应的热处理。

高碳钢的焊接特点与中碳钢基本相似,由于碳质量分数更高,使焊接性变得更差。进行焊接时应采用更高的预热温度及更严格的工艺措施。实际上,高碳钢的焊接一般只限于利用焊条电弧焊进行修补工作。

9.5.3 合金结构钢的焊接

用于机械制造的合金结构钢零件(包括调质钢、渗碳钢),一般都采用轧制或锻造的坯料,焊接结构采用较少。如需焊接,因其焊接性与中碳钢相似,所以其焊接工艺措施与中碳钢基本相同。在焊接中用得最多的是焊接低合金结构钢,其焊接特点如下:

(1)热影响区的淬硬倾向。低合金钢焊接时,热影响区可能产生淬硬组织,淬硬程度与钢材的化学成分和强度级别有关。钢中碳质量分数及合金元素越多,钢材强度级别越高,则焊后热影响区的淬硬倾向越大。如 300 MPa 级的 09Mn2、09Mn2Si 等钢材的淬硬倾向很小,其焊接性与一般低碳钢基本一样。350 MPa 级的 16Mn 钢淬硬倾向也不大,但当碳质量分数接近允许上限或焊接参数不当时,过热区也完全可能出现马氏体等淬硬组织。强度级别较大的低合金钢,淬硬倾向增加,热影响区容易产生马氏体组织,硬度明显增高,塑性和韧度则下降。

(2)焊接接头的裂纹倾向。随着钢材强度级别的提高,产生冷裂纹的倾向也加剧。影响冷裂纹的因素主要有三个方面:一是焊缝及热影响区的氢质量分数;二是热影响区的淬硬程度;三是焊接接头的应力大小。对于热裂纹,由于我国低合金钢系统的碳质量分数低,且大部分含有一定的锰,对脱硫有利,因此产生热裂纹的倾向不大。

根据低合金钢的焊接特点,生产中可分别采取以下措施进行焊接。对于强度级别较低的钢材,在常温下焊接时与对待低碳钢基本一样。在低温或在大刚度、大厚度构件上进行小焊脚、短焊缝焊接时,应防止出现淬硬组织,要适当增大焊接电流、减慢焊接速度、选用抗裂性强的低氢型焊条,必要时需采用预热措施。对锅炉、受压容器等重要构件,当厚度大于 20 mm 时,焊后必须进行退火处理,以消除内应力。对于强度级别高的低合金钢件,焊前一般均需预热,焊接时应调整焊接参数,以控制热影响区的冷却速度不宜过快。焊后还应进行热处理,以消除内应力。不能立即热处理时,可先进行消氢处理,即焊后立即将工件加热到 200~350 ℃,保温 2~6 h,以加速氢扩散逸出,防止产生因氢引起的冷裂纹。

9.5.4 铸铁的补焊

铸铁碳质量分数大于 2.11% 时,组织不均匀,塑性很低,属于焊接性很差的材料。铸铁焊接时的主要问题如下:

(1)熔合区易产生白口组织。由于焊接时为局部加热,在快速冷却条件下,焊缝结晶时间短,石墨化过程不充分致使熔合区和焊缝中碳以 Fe_3C 状态存在,形成了白口及淬硬组织,其硬度很高,焊后很难进行机械加工。

(2)易产生裂纹。铸铁强度低塑性差,当焊接应力较大时就会在焊缝及热影响区内产生裂纹,甚至使焊缝整体断裂。此外,当采用非铸铁组织的焊条或焊丝冷焊铸铁件时,因铸铁中碳及硫、磷的质量分数高,基体材料过多熔入焊缝中,则易产生热裂纹。

(3)易产生气孔。铸铁碳质量分数高,焊接时易生成 CO 和 CO_2 气体,铸铁凝固时由液态转变为固态所经过的时间很短,熔池中的气体来不及逸出而形成气孔。

因此设计和制造焊接构件时,不应该采用铸铁。由于铸铁件存在铸造缺陷,以致在使用过程中有时会发生局部损坏或断裂,此时用焊接手段将其修复,其经济效益是很大的。所以,铸铁的焊接主要是焊补工作。此外铸铁的流动性好,立焊时熔池金属容易流失,所以一般以平焊为主。

根据铸铁的焊接特点,采用气焊、焊条电弧焊进行焊补较为适宜。铸铁的补焊可分为热焊法和冷焊法两大类:

(1)热焊法。热焊法是指焊前采用加热炉或氧乙炔焰将工件整体或局部位置预热到 600~700 ℃(暗红色),然后进行焊接,焊后在炉中缓冷。灰口铸铁预热到 600~700 ℃时,不仅有效地减少了接头上的温差,而且铸铁由常温无塑性改变为有一定塑性,再加上焊后缓慢冷却,故接头应力状态大为改善。由于工件受热均匀,焊后冷却缓慢,故石墨化过程进行得比较充分,接头可以完全避免白口及淬硬组织的产生,从而有效地防止了裂纹的产生。同质焊缝金属硬度与母材相近,有优良的切削加工性,力学性能与母材基本相同,颜色也与母材一致,焊后接头的残余应力很小,故热焊法能得到满意的焊接质量,但热焊法成本较高、生产率低、焊工劳动条件差。一般用于焊补形状复杂、焊后需进行加工的重要铸件,如床头箱,气缸体等。

(2)冷焊法。焊补前工件不预热或只进行 400 ℃以下的低温预热。焊补时主要依靠焊条调整焊缝的化学成分,以防止或减少白口组织和避免裂纹。冷焊法方便、灵活、生产率高、成本低、劳动条件好,但焊接处切削加工性能较差。生产中多用于焊补要求不高的铸件以及不允许高温预热引起变形的铸件。焊接时应尽量采用小电流、短弧、窄焊缝、短焊道(每段不大于 50 mm),并在焊后及时锤击焊缝,以松弛应力,防止焊后开裂。

9.5.5 非铁金属及其合金的焊接

1. 铜及铜合金的焊接

铜及铜合金的焊接比低碳钢焊接困难得多,这是由于:

①铜的导热性很高(紫铜为低碳钢的 8 倍),焊接时热量极易散失。焊前工件要预热,焊接中要选用较大的电流或火焰,否则容易造成焊不透等缺陷。

②液态铜易氧化,生成的 CO 与铜可组成低熔点共晶体,分布在晶界上形成薄弱环节。又因为铜的膨胀系数大,冷却时收缩率也大,容易产生较大的焊接应力,焊接过程中极易引起开裂。

③铜在液态时吸气性强,特别容易吸收氢气。凝固时气体将从熔池中析出,若来不及逸出就会在工件中形成气孔。

④铜的电阻极小,不适合电阻焊。

⑤某些铜合金比纯铜更容易氧化,使焊接的困难增大。例如,黄铜(铜锌合金)中的锌沸点很低,极易烧蚀蒸发并生成氧化锌(ZnO)。锌的烧损不但改变了接头的化学成分,降低接头性能,而且所形成的氧化锌烟雾易引起焊工中毒。铝青铜中的铝在焊接中易生成难熔的氧化铝,增大熔渣黏度,生成气孔和夹渣。

焊接紫铜及黄铜常用的方法有气焊、焊条电弧焊、埋弧焊、惰性气体保护焊及等离子弧焊等。气焊及钨极氩弧焊主要应用于薄件的焊接(工件厚度为 1~4 mm),从焊接质量

(变形、接头塑性等)来说,钨极氩弧焊的质量比气焊强,但后者费用较贵。当焊接板厚为 5 mm 以上且焊缝较长时,宜采用埋弧焊及熔化极氩弧焊。由于埋弧焊可采用很高的热输入,故埋弧焊焊接较厚的紫铜件不需预热仍能保证焊接质量。而熔化极氩弧焊焊接紫铜时,其焊接电流受到一定限制。电流超过一定值后,焊缝成形不良,飞溅多,故紫铜件厚度在 8 mm 以上时就需要预热。工件越厚预热温度越高,而且氩气较贵,故焊接较厚紫铜工件时,采用埋弧焊较多。但熔化极氩弧焊焊缝晶粒较细,焊缝中含 O_2 量低,焊缝塑性性能比埋弧焊高,故也有一定的应用。焊条电弧焊焊接紫铜时,由于铜的导热性能强,即使采取一定的预热温度,焊接质量也不易稳定,易出现夹渣、气孔等缺陷,故在焊接重要的紫铜及其合金结构中很少应用。用热量集中的等离子弧焊接紫铜已经取得了某些进展,最大焊接厚度为 6~8 mm。用微束等离子弧已经能够焊接 0.1~0.5 mm 厚的铜箔和直径为 0.04 mm 的丝网。

铜及铜合金的焊接工艺要点如下:

①认真做好焊前的准备工作,由于氧及氢是引起焊缝出现裂纹及气孔的主要根源,故焊前应仔细清理焊丝表面及工件坡口上的氧化物及其他脏物,使其露出金属光泽,清理工具可用钢丝刷或砂纸等。焊前应对焊接材料严格按规定温度烘干,以去除水分。所用氩气的纯度应在 99.9% 以上。

②由于铜及其合金导热性能好,为防止焊缝出现缺陷,可采用大线能量焊接,必要时还应对工件进行焊前预热,预热温度应随板厚增加而增高。气焊时亦应采用大功率的火焰进行焊接,其火焰功率应比焊接同等厚度的低碳钢高两倍左右。

2. 铝及铝合金的焊接

工业中主要对纯铝、铝锰合金、铝镁合金和铸铝件进行焊接。铝及铝合金的焊接也比较困难,其焊接特点如下:

①铝与氧的亲和力很大,极易氧化生成氧化铝(Al_2O_3)。氧化铝组织致密,熔点高达 2 050 ℃,覆盖在金属表面,能阻碍金属熔合。此外,氧化铝的密度较大,易使焊缝形成夹渣缺陷。

②铝的热导率较大,焊接中要使用大功率或能量集中的热源。工件厚度较大时应考虑预热。铝的膨胀系数也较大,易产生焊接应力与变形,并可能导致裂纹的产生。

③氢在液态铝中的溶解度较高,在凝固时则迅速下降,因此在熔池凝固过程中易产生气孔。

④铝在高温时强度和塑性很低,焊接中常由于不能支持熔池金属而形成焊缝塌陷,因此常需采用垫板进行焊接。

用于铝及铝合金焊接的方法有钨极氩弧焊、熔化极惰性气体保护焊、等离子弧焊、钎焊、搅拌摩擦焊和电阻焊等,其中应用较多的是钨极氩弧焊、熔化极惰性气体保护焊。钨极氩弧焊因变形小、气孔率低、质量好,故适合薄板和要求严格的产品。选用交流 TIG 焊,背面加气体保护措施。交流 TIG 焊负半波可去除氧化膜,正半波可减少钨极过热。铝及铝合金 MIG 焊推荐采用亚射流熔滴过渡形式,亚射流熔滴过渡可得到盆底状焊缝截面熔深,力学性能优于短路浅熔深和射流过渡指状熔深。目前轨道车辆制造业多选用脉冲 MIG 焊,为提高效率和降低气孔倾向,选用 Ar+He 气体保护,同时要控制好送丝速度、焊枪倾角、焊接速度、喷嘴高度等。送丝软管用聚四氟乙烯或尼龙软管。

铝及铝合金的焊接工艺要点如下：

①焊前清理。焊接前母材及焊接区必须清理，可采用的方法有化学清理或机械清理。化学清理采用先碱后酸，最后水洗法清理；机械清理采用弓弧锉刀、电(风)动铣刀、钢丝轮等工具清理，不可使用普通锉刀、三砂(砂纸、砂布、砂轮)清理。焊丝必须是规则绕盘，真空包装，光亮处理的焊丝，避免焊丝表面的污染。

②预热和层间温度控制。为防止对焊接过程中的有害影响，预热温度尽可能低些，持续时间应尽可能短。过高的预热温度和较长的时间会影响冷作硬化或可热处理强化材料的机械性能，还会通过晶粒生长或共格稳定相的析出改变热影响区内的冶金结构。较长时间预热时，加热气体中的氧气不要过多，避免焊缝边缘氧化膜过厚。特别要考虑到预热温度和时间对热处理强化铝合金、冷变形的铝合金和 Mg 质量分数较高铝合金材料性能的影响。为避免预热，在某些情况下可用氩—氦混合气体替代单一氩气，严格控制层间温度，还应尽可能减小焊接层数，以减小接头软化倾向。

9.6　焊接件的结构工艺性

1. 焊缝的合理布置

合理的焊缝位置是焊接结构设计的关键，与产品质量、生产率、成本及劳动条件密切相关，其一般工艺设计原则如下：

(1)尽量平焊。按焊缝在空间的位置不同，焊缝分为平焊、横焊、立焊和仰焊四种类型，如图 9.19 所示。平焊操作方便，质量易于保证，故生产中尽量使焊缝处于平焊位置，尽可能避免仰焊焊缝，减少横焊焊缝。

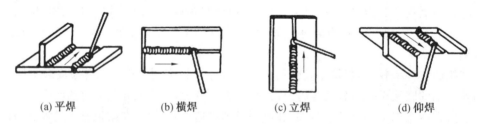

(a) 平焊　　　　　(b) 横焊　　　　　(c) 立焊　　　　　(d) 仰焊

图 9.19　焊接位置

(2)尽量减少焊缝的数量。设计焊接结构时应多采用工字钢、槽钢、角钢和钢管等型材，形状复杂的部分也可选用冲压件、锻件和铸钢件，以减少焊缝数量，简化焊接工艺，减少应力和变形，增加构件的强度和刚度。图 9.20 为合理选材与减少焊缝数量，原来用四块钢板焊成，如采用两根槽钢或两块钢板弯曲焊成，可减少焊缝数量。

(3)焊缝位置应便于操作。布置焊缝时要考虑到有足够的操作空间，图 9.21(a)为采用焊条电弧焊时的内侧焊缝，焊接时焊条无法伸入。若必须焊接，只能将焊条弯曲，但操作者的视线被遮挡，极易造成缺陷。因此应改为图 9.21(b)所示的设计。图 9.22 为埋弧焊焊接位置设计。埋弧焊结构要考虑接头处在施焊中存放焊剂和熔池的保持问题。图 9.23为点焊焊接位置设计，点焊的缝焊应考虑电极伸入的方便性问题。

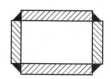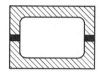

(a) 四块钢板焊成　(b) 两根槽钢焊成　(c) 两块钢板弯曲焊成

图 9.20　合理选材与减少焊缝数量

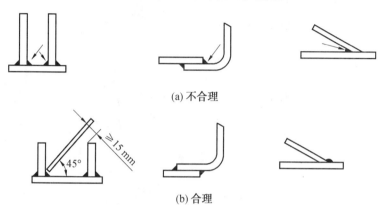

(a) 不合理

(b) 合理

图 9.21　电弧焊焊接位置设计

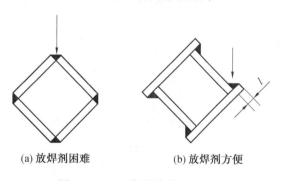

(a) 放焊剂困难　(b) 放焊剂方便

图 9.22　埋弧焊焊接位置设计

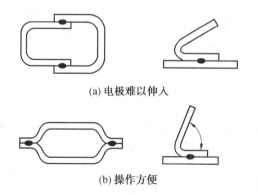

(a) 电极难以伸入

(b) 操作方便

图 9.23　点焊焊接位置设计

(4)避免密集和交叉的焊缝。焊缝密集和交叉处会使焊接接头处严重过热,使热影响区变宽,组织粗大,并使焊接应力增大。因此焊缝要避免密集和交叉,两条焊缝的间距一般要求大于3倍板厚,且不小于100 mm。图9.24为焊缝分散布置,图9.24(a)所示的结构不合理,应改为9.24(b)的结构。

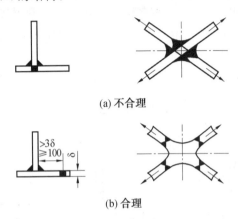

(a) 不合理

(b) 合理

图9.24 焊缝分散布置

(5)尽可能使焊缝对称布置。如果焊缝采用不对称的布置,焊接后易产生变形。当焊缝对称布置时,各条焊缝产生的焊接变形能够一定程度地相互抵消,焊后不会发生明显的变形,如图9.25所示。

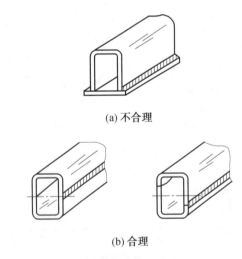

(a) 不合理

(b) 合理

图9.25 焊缝对称布置设计

(6)焊缝应避开最大应力与应力集中处。对于受力较大、结构较复杂的焊接构件,在最大应力断面和应力集中位置不应该布置焊缝。图9.26(a)为大跨度的焊接钢梁,焊缝若布置在应力最大的跨度中间,则使结构的承载能力下降。若改为图9.26(b)结构,虽增加了一条焊缝,但改善了焊缝的受力情况,使梁的承载能力提高。

(7)焊缝应尽量避开机械加工表面。若焊接结构在某些部位有较高的精度要求,需要进行机械加工,其焊缝位置应尽可能远离加工表面,如图9.27所示。

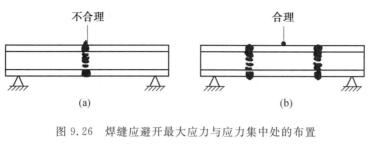

图 9.26 焊缝应避开最大应力与应力集中处的布置

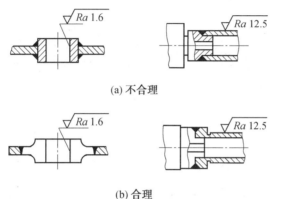

图 9.27 焊缝应避开加工面

(8)焊缝转角处应平滑过渡。焊缝转角处易产生应力集中,其尖角更为严重,故应平滑过渡。

2. 焊接接头形式的选择

(1)接头与坡口形式。焊接碳钢和低合金钢的接头形式主要分为对接接头、角接接头、T 形接头和搭接接头等;坡口形式主要有 I 形、V 形、双 V 形和 U 形等。对接接头受力比较均匀,是最常用的接头形式,重要的受力焊缝应尽量选用。搭接接头因两工件不在同一平面,受力时将产生附加弯矩,而且金属消耗量也大,一般应避免选用。但搭接接头不需开坡口,装配时尺寸精度要求不高,对某些受力不大的平面连接与空间构架,采用搭接接头可节省工时。角接接头与 T 形接头受力情况都较对接接头复杂,但接头成直角或一定角度时,必须采用这种接头形式。

用焊条电弧焊焊接板厚 6 mm 以下的对接焊缝时,一般可用 I 形坡口直接焊接,若为重要结构,当板厚大于 3 mm 时就要开坡口。板厚在 6～26 mm 时,常开 Y 形、V 形坡口,单面焊接,其焊接性较好,但焊后角变形大,焊条消耗量也大;板厚在 12～60 mm 时,常开带钝边的 X 形坡口,进行双面施焊,焊缝受热均匀,变形较小,焊条消耗量也少,但有时因为结构限制而难以实现双面焊接。带钝边的 U 形坡口根部较宽,允许焊条深入,容易焊透,且坡口角度小,焊条消耗少;但因坡口形状复杂,主要用于重要的受动载的厚板焊接结构。K 形坡口主要用于 T 形接头和角接接头的焊接结构。

(2)接头过渡形式。设计焊接构件最好采用相等厚度的金属材料,以便获得优质的焊接接头。当对两块厚度相差较大的金属材料进行焊接时,接头处会造成应力集中,而且接头两边受热不匀,易产生焊不透等缺陷。不同厚度金属材料对接时允许的厚度差见表

9.5。如果 $\delta_1 \sim \delta$ 超过表中规定值或者双面超过 $2(\delta_1 \sim \delta)$ 时,应在较厚板料上加工出单面或双面斜边的过渡形式,如图 9.28 所示。钢板厚度不同的角接与 T 形接头受力焊缝,可考虑采取图 9.29 所示的过渡形式。

表 9.5　不同厚度金属材料对接时允许的厚度差　　　　　mm

较薄板的厚度	2～5	6～8	9～11	≥12
允许厚度差	1	2	3	4

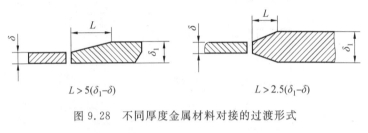

$L > 5(\delta_1 - \delta)$　　　　　　$L > 2.5(\delta_1 - \delta)$

图 9.28　不同厚度金属材料对接的过渡形式

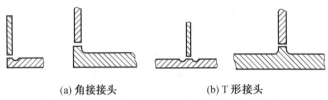

(a) 角接接头　　　　　　(b) T 形接头

图 9.29　不同厚度的角接头与 T 形接头的过渡形式

9.7　焊接自动化

9.7.1　焊接机械化与自动化

焊接过程的动作包括焊接参数调整(电流、电压、焊接速度等)、移动焊枪、添加焊丝、工件送进、装夹工件、拆卸工件。通常按照完成这些动作的自动化程度,将完成焊接作业的方法分为手工焊、半机械化焊、机械化焊及自动化焊。

(1)半机械化焊接。焊接设备完成焊接过程动作的某一个或几个动作。

(2)机械化焊接。焊接设备完成全部焊接过程动作,焊工连续地控制和监督焊接过程,工件装夹和拆卸由人工完成。

(3)自动化焊接。焊接设备根据预设的程序独立地完成所有焊接过程的动作。

根据对产品的适应能力不同,自动化焊接系统可以分为如下两类:

①"刚性"自动化系统,也称专机,主要针对中大批量定型产品,特点为成本低、效率高,但适应的产品单一,一旦产品换型,就要更换生产线。

②"柔性"自动化系统,主要指通过编程可改变操作的机器,产品换型时只需通过改变相应程序,便可适应新产品,机器人属于典型的柔性设备。在中小批量产品焊接生产中,手工焊仍是主要焊接方式,焊接机器人使小批量产品自动化焊接生产成为可能。

随着市场经济的快速发展,企业的产品从单一品种大批量生产变为多品种小批量,要求生产线具有更大的柔性。所以焊接机器人在生产中的应用越来越广泛,机器人焊接已成为焊接自动化的发展趋势。

9.7.2 焊接机器人

1.焊接机器人概述

焊接机器人是工业机器人技术在焊接领域的应用,代表着高度先进的焊接机械化和自动化。焊接机器人根据预设的程序同时控制焊接端的动作和焊接过程,可就不同的场合进行重新编程。机器人焊接是焊接自动化的革命性进步,它突破了传统的焊接刚性自动化方式,开拓了一种柔性自动化新方式。其主要优点如下:

①能代替人在危险、污染或特殊环境下完成各种焊接任务。

②能代替人从事简单而单调的焊接任务,解放劳动力,提高生产率。

③机器人的焊接操作具有相当高的重复再现精度,可以保证可靠稳定的焊接质量。

④降低对工人操作技术难度的要求。

⑤具有柔性,可快速适应产品变化。

⑥增强生产管理的计划性和预见性,准确地预算材料消耗量和生产成本。

现在广泛应用的焊接机器人都属于第一代工业机器人,它的基本工作原理是示教再现。示教也称导引,即由操作者导引机器人,一步一步地按实际任务操作一遍,机器人在导引过程中自动记忆示教的每个动作的位置、姿态、运动参数、工艺参数等,并自动生成一个连续执行全部操作的程序。完成示教后,只需给机器人一个启动命令,机器人将精确地按示教动作步骤逐步完成全部操作。

一台通用的工业机器人按其功能划分,一般分为机器人手臂总成、控制器总成(软硬件)及示教盒。机器人手臂总成是机器人的执行机构,它由驱动器、传动机构、机器人杆件、关节、末端执行工具及内部传感器等组成。它的任务是精确地保证末端执行工具所要求的位置、姿态,实现其运动。控制器是机器人的神经中枢,它由计算机硬件、软件和一些专用电路构成。其软件主要是指控制器系统软件,包括底层驱动软件、插补软件、机器人运动学软件、机器人专用语言软件、机器人自诊断、自保护功能软件等,它处理机器人工作过程中的信息,控制其动作。示教盒是机器人与操作者之间的人机界面,在示教过程中它将控制机器人的动作,并将其信息送入控制器存储器中,体现在机器人应用上,是一个专用的操作终端。

据不完全统计,全世界在役的工业机器人中约有一半的工业机器人用于焊接领域,主要集中在汽车、摩托车、工程机械、铁路机车等行业,特别是汽车行业是焊接机器人的最大用户。焊接机器人应用中最普遍的方式主要有两种,即弧焊机器人和点焊机器人,它们分别能进行电弧焊自动操作和点焊自动操作。

2.弧焊机器人

弧焊机器人在生产中具有以下作用:

(1)稳定和提高焊接质量,保证其均一性。在被焊材料和焊接材料确定的情况下,电弧焊的焊接参数如焊接电流、电弧电压、焊接速度、焊丝伸出长度等对焊接结果起决定作用。采用机器人焊接时可以保证每条焊缝的焊接参数稳定不变,使焊缝质量受人的因素影响降低到最小,因此焊接质量很稳定。

(2)实现各种焊件的焊接自动化。实现小批量产品的焊接自动化,并可缩短产品改型换代的周期。焊接专机适合批量大、改型慢的产品,以及焊件的焊缝数量较少、较长、形状规矩(直线、圆等)的情况。弧焊机器人不仅能胜任这些工作,而且适应中小批量生产,以及焊件焊缝短而多、形状较复杂的情况,特别是产品品种多、批量生产又很少或经常需要改型换代的情况。只要通过修改程序就可以适应不同焊件的焊接,既可以缩短调整的周期,又可以减少相应的设备投资。

(3)改善劳动条件。电弧焊时存在弧光、烟尘、飞溅、热辐射等不利于操作者身体健康的因素,而使用弧焊机器人以后,可以使焊接操作者远离上述不利因素。

(4)提高焊接生产率。任何焊接专机都不可能做到一天 24 h 连续生产,而弧焊机器人可以做到这一点。对于一条弧焊机器人生产线来说,它由一台调度计算机控制,只要白天装配好足够的焊件,并放到存放工位,夜间就可以实现无人或少人生产。

(5)适应各种极端条件。可用在核能设备、空间站建设、深水焊接等极端条件下,完成人工难以进行的焊接作业。

(6)为柔性焊接打基础。为建立柔性焊接生产线提供技术基础。

弧焊机器人配有焊缝自动跟踪(如电弧传感器、激光视觉传感器)和熔池形状控制系统等,可对环境的变化进行一定范围的适应性调整。弧焊机器人可以被应用在所有电弧焊、切割技术范围及类似的工艺方法中。最常用的是结构钢及不锈钢的熔化极活性气体保护焊(CO_2气体保护焊、MAG 焊),铝及特殊合金熔化极惰性气体保护焊(MIG),不锈钢和铝的加冷丝和不加冷丝的钨极惰性气体保护焊(TIG)以及埋弧焊,除气割、等离子弧切割及等离子弧喷涂外还实现了在激光切割上的应用。

弧焊机器人操作机的结构与通用型机器人基本相似。弧焊机器人必须和焊接电源等周边设备配套构成一个系统,互相协调,才能获得理想的焊接质量和较高的生产率。弧焊机器人系统由示教盒、控制器、机器人本体及自动送丝装置、焊接电源等组成,如图 9.30 所示,相当于一个焊接中心或焊接工作站,具有机座可移动、多自由度、多工位轮番焊接等功能。

弧焊用的工业机器人通常有五个以上自由度,具有六个自由度的机器人可以保证焊枪的任意空间的轨迹和姿态。选择弧焊机器人时应注意是否满足弧焊工艺所需自由度,根据产品结构和工艺需要及技术要求选择弧焊机器人的机械结构参数,示教再现型弧焊机器人的重复轨迹精度、焊接电源与送丝机构参数与弧焊机器人参数相符合等问题。

3. 点焊机器人

点焊机器人约占我国焊接机器人总数的 46%,主要应用在汽车、农机、摩托车等行业。与弧焊机器人系统相似,点焊机器人系统由机器人操作机、控制器、阻焊变压器、焊钳、点焊控制器及水、电、气路及其他辅助设备等构成。点焊机器人组成框图如图 9.31 所示。

(1)点焊钳。点焊机器人焊钳从用途上可分为 C 形和 X 形两种,通过机械接口安装在操作机手腕上。根据钳体、变压器和操作机的连接关系,可将焊钳分为分离式、内藏式

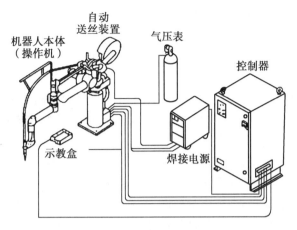

图 9.30　弧焊机器人系统

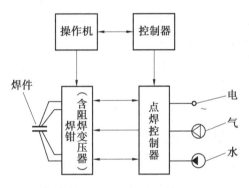

图 9.31　点焊机器人组成框图

和一体式三种。

(2)点焊控制器。用于点焊机器人焊接系统中的点焊控制器是一个相对独立的多功能点焊微机控制装置,可实现:

①点焊过程时序控制,顺序控制预压、加压、焊接、维持、休止。

②可实现焊接电流波形的调制,且其恒流控制精度在 $1\%\sim2\%$。

③可同时存储多套焊接参数。

④可自动进行电极磨损后的阶梯电流补偿、记录焊点数并预报电极寿命。

⑤具有故障自检功能,对晶闸管超温、晶闸管单管导通、变压器超温、计算机、水压、气压、电极黏结等故障进行显示和报警,直至自动停机。

⑥可实现与机器人控制器及示教盒的通信联系,提供单加压和机器人示教功能。

⑦断电保护功能,系统断电后内存数据不会丢失。

目前,机器人点焊控制器正向智能化方向迅速发展,主要表现在:

①改进传统的人机操作模式,提供友好的人－机对话界面。

②根据所焊材质、厚度、焊接电流波形(即焊机类型)研制集成专家系统、人工神经网络、模糊技术等诸多人工智能方法相混合的点焊工艺设计与接头质量预测的智能混合系统,偏重于软件方面实现机器人点焊质量控制;基于多传感器信息融合技术,偏重于硬件

方面实现机器人点焊多参数联合质量控制。

9.8 胶 接

胶接是利用胶黏剂在连接面上产生的机械结合力、物理吸附力和化学键合力而使两个胶接件连接起来的工艺方法。胶接技术与铆接、焊接、螺接等传统连接方法相比,具有以下独特的优点:

①不受材料种类和胶接件几何形状的限制,不管厚与薄、硬与软、大与小的胶接件,相同或不同材质之间都能胶接,这是铆、焊、螺等连接方法所无法相比的。

②加热温度不必过高,不会产生热变形、裂纹和金相组织的变化,接缝的内应力小,且能均匀地分布在整个胶接面上,应力集中小。一般胶接的反复剪切疲劳强度破坏为 4×10^6 次,而铆接只有 2×10^5 次,胶接疲劳寿命要比铆接高几倍。

③可省去大量的铆钉、螺栓等,节省材料。胶接结构质量轻,采用胶接可使飞机质量减轻 $20\%\sim25\%$,成本下降 $30\%\sim35\%$。

④连接密封性好,可达到完全密封。胶接可堵住三漏(漏气、漏水、漏油),有良好的耐水、耐介质、防锈、耐腐蚀和绝缘性能。

⑤设备要求比较简单,操作容易,利用自动化生产,生产效率高。

9.8.1 胶接接头的形成机理

胶接过程是一个比较复杂的物理、化学过程。两个被胶接物表面实现胶接的必要条件是胶黏剂应与被胶接物表面紧密地结合在一起,也就是通过胶黏剂能充分地浸润物体表面,并形成足够的胶接力。胶接质量是用胶接力来衡量的,胶接力的大小主要与胶黏剂的技术状态、被胶接物表面特征和胶接过程的工艺条件等有关。胶接具备的条件如下:

1. 胶黏剂必须容易流动

流动是高分子链段在熔体空穴之间协同运动的结果并受链缠结、分子间力、增强材料的存在和交联等因素所制约。从物理化学的观点看,胶黏剂的黏度越低,越有利界面区分子的接触。

2. 液体对固体表面的湿润

当液体与被胶接物在表面上接触时,浸润能够自动均匀地展开,液体与被胶接物体的表面浸润得越完全,两个界面的分子接触的密度越大,吸附引力越大。

3. 固体表面的粗糙化

胶接主要发生在固体和液体表面薄层,固体表面的特征对胶接接头强度有着直接的影响。在被胶接物表面适当地进行粗糙处理或增加人为的缝隙,可增大胶黏剂与被胶接物体接触的表面积,提高胶接强度。界面有了缝隙,可将缝隙视为毛细管,表面产生毛细现象对浸润是非常有利的。

4. 被胶接物和胶黏剂膨胀系数差要小

胶黏剂本身的膨胀系数与胶层和被胶接物的膨胀系数差值越大,固化后胶接接头内的残余内应力也越大,工作中对接头的破坏也越严重。

5.形成胶接力

被胶接物体表面涂胶后,胶黏剂通过流动、浸润扩散和渗透等作用,当间距小于 5×10^{-10} m 时,被胶接物体在界面上就产生了物理和化学的结合力。它包括化学键、氢键、范德瓦耳斯力等。化学键是强作用力,范德瓦耳斯力是弱作用力,结合力大小顺序为化学键>氢键>范德瓦耳斯力。

9.8.2　胶黏剂的组成与分类

1.胶黏剂的组成

现在使用的胶黏剂均是采用多种组分合成树脂胶黏剂,通常是以具有胶接性或弹性体的天然高分子化合物和合成高分子化合物为黏料,加入固化剂、增韧剂或增塑剂、稀释剂、填料等组成。胶黏剂的组成根据具体的要求与用途还可包括阻燃剂、促进剂、发泡剂、消泡剂、着色剂和防腐剂等。

（1）黏料。黏料是胶黏剂的基本组分,它对胶黏剂的胶接性能,如胶接强度、耐热性等起着决定性的作用。通常用的黏料含有天然高分子化合物(如蛋白质、皮胶、鱼胶等)和合成高分子化合物(如热固性树脂、热塑性树脂、弹性材料等)。

（2）固化剂。固化剂又称硬化剂,是胶黏剂中最主要的配合材料,作用是直接或通过催化剂与主体聚合物进行反应,固化后把固化剂分子引进树脂中,使原来是热塑性的线型主体聚合物变成坚韧和坚硬的体形网状结构。

（3）增韧剂。增韧剂的活性基团直接参与胶黏剂的固化反应,并进入到固化产物最终形成的一个大分子的链结构中。没有加入增韧剂的胶黏剂固化后,其性能较脆,易开裂,实用性差。加入增韧剂的胶黏剂,均有较好的抗冲击强度和抗剥离性。不同的增韧剂还可不同程度地降低其内应力、固化收缩率,提高低温性能和柔韧性等。常用的增韧剂有聚酰胺树脂、合成橡胶、缩醛树脂等。

（4）稀释剂。稀释剂的主要作用是降低胶黏剂的黏度,增加胶黏剂的浸润能力,改善工艺性能。有的能降低胶黏剂的活性,从而延长使用期。但加入量过多,会降低胶黏剂的胶接强度、耐热性、耐介质性能。常用的稀释剂有丙酮、漆料等多种与黏料相容的溶剂。

（5）填料。填料可以提高胶接接头的强度、抗冲击韧性、耐磨性、耐老化性、硬度、最高使用温度和耐热性,降低线膨胀系数、固化收缩率和成本等。常用的填料有氧化铜、氧化镁、银粉、瓷粉、云母粉、石棉粉、滑石粉等。

2.胶黏剂的分类

胶黏剂的品种繁多,组成不同,用途各异,分类方法如下:

（1）按来源分类。按来源胶黏剂可分为天然胶黏剂和合成胶黏剂。天然胶黏剂的原料主要来自自然界,动物胶有骨胶、虫胶、鱼胶等;植物胶有淀粉、松香。合成胶黏剂就是由合成树脂或合成橡胶为主要原料配制而成的胶黏剂,如热固型胶黏剂有环氧、酚醛、丙烯酸双脂、有机硅、不饱和聚酯等;橡胶型胶黏剂有氯丁橡胶、丁腈橡胶、硅橡胶等;热塑性胶黏剂有聚醋酸乙烯酯、乙烯、醋酸乙烯酯等。

（2）按用途分类。按用途,胶黏剂可分为通用胶黏剂和专用胶黏剂。通用胶有一定的胶接强度,对一般材料都能进行胶接,如环氧树脂等。专用胶黏剂包括金属用、木材用、玻璃用、橡胶用、聚乙烯泡沫塑料用等胶黏剂。

（3）按强度分类。按胶接强度，胶黏剂可分为结构胶黏剂和非结构胶黏剂。结构胶黏剂胶接的接头不仅有足够的剪切强度，而且具有较高的不均匀扯离强度，能长时间内承受振动、疲劳和冲击等载荷，同时还具有一定的耐热性和耐候性。非结构胶黏剂在较低的温度下有一定的强度，随着温度的升高，胶接强度迅速下降，所以这类胶黏剂主要用于胶接不重要的零件，或用于临时固定。

（4）按温度分类。按胶黏剂固化温度，胶黏剂可分为室温固化胶黏剂、中温固化胶黏剂、高温固化胶黏剂。室温是指温度小于 30 ℃，中温是指 30～99 ℃，高温是指大于 100 ℃以上能固化的胶黏剂。

（5）按基料分类。按胶黏剂基料物质，胶黏剂可分为树脂型、橡胶型、无机及天然胶黏剂等。

（6）按特殊性能分类。按其他特殊性能，胶黏剂可分为导电、导磁、点焊胶黏剂等。

9.8.3　胶接工艺

胶接工艺包括胶接前的准备、接头设计、配制胶黏剂、涂敷、合拢、固化和质量检测等。

1. 胶接前的准备

被胶接物表面的结构状态对胶接接头强度有着直接的影响。被胶接物在加工、运输、储存过程中，表面会存在氧化、油污、灰尘及其他杂质等，在胶接前必须清除干净。常用的表面清除方法有脱脂处理法、机械处理法和化学处理法。

2. 胶接接头设计

（1）胶接接头的几种受力形式。一个胶接接头在实际的使用中不会只受到一个方向的力，而是受到一个或几种力的集合，为了便于受力分析，把实际的胶接接头受力简化为拉伸、剪切、剥离、劈裂等形式，如图 9.32 所示。

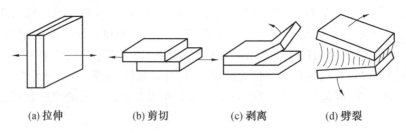

(a) 拉伸　　　　(b) 剪切　　　　(c) 剥离　　　　(d) 劈裂

图 9.32　胶接接头几种受力形式

（2）设计胶接接头时应遵守以下原则。一个高质量的胶接接头主要与胶黏剂的性能、合理的胶接工艺和正确的胶接接头形式三个方面有着密不可分的关系。设计胶接接头时应考虑以下几点：

①尽可能使胶接接头胶层受压、受拉伸和剪切作用，不要使接头受剥离和劈裂作用。图 9.33 为接头受力对比。图 9.33(b) 所示接头胶层的受力要好于图 9.33(a)，对于不可避免受剥离和劈裂的，应采用图 9.34 所示的措施来降低胶层的剥离和劈裂。

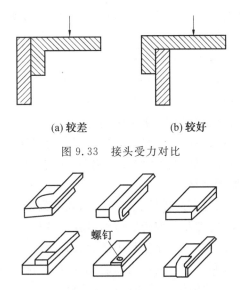

(a) 较差　　　　(b) 较好

图 9.33　接头受力对比

图 9.34　降低胶层受剥离和劈裂的措施

②合理设计较大的胶接接头面积,提高接头承载能力。

③为了进一步提高胶接接头的承载能力,应采用胶一焊、胶一铆、胶一螺栓等复合胶接的接头形式,如图 9.35 所示。

④设计的胶接接头应便于加工。

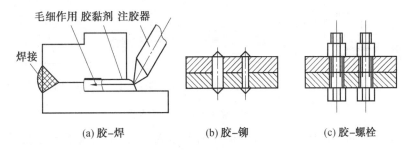

(a) 胶–焊　　　　(b) 胶–铆　　　　(c) 胶–螺栓

图 9.35　复合胶接的接头形式

3. 胶黏剂的配制与涂敷

(1)胶黏剂的配制。胶黏剂配制的性能直接影响胶接接头的实用性能,因此配制要按合理的顺序进行。胶黏剂有单组分、双组分和多组分等多种类型。单组分的胶黏剂可直接使用。配制双组分或多组分的胶黏剂时,必须准确计算、称取各组分的质量,质量误差不得超过 2%。胶黏剂在配制前应放在温度为 15~25 ℃(特殊的品种例外)、阴暗不透明、对胶黏剂没有破坏作用的密闭容器内。配制胶黏剂要根据用量而定,用量小可采用手工搅拌,用量较大时应选用电动搅拌器进行搅拌。搅拌中各组分一定要均匀一致,对一些相容性差、填料多、存放时间长的胶黏剂,在使用前要重新进行搅拌,对黏度变大的胶黏剂还需加入溶剂稀释后搅拌。

(2)胶黏剂的涂敷。涂敷就是采用适当的方法和工具将胶黏剂涂敷在胶接部位表面,涂敷方法有刷涂、浸涂、喷涂、刮涂等。根据胶黏剂的使用目的、胶黏剂的黏度、被胶接物的性质,可选用不同的涂胶方法。如果配制时的气温过低,胶黏剂黏度过大,可采用水浴加热或先将胶黏剂放入烘箱中预热。

涂敷的胶层要均匀,为避免黏合后胶层内存有空气,涂胶时均采用由一个方向到另一个方向涂敷,速度以 2~4 cm/s 为宜,胶层厚度为 0.08~0.15 mm。对溶剂型胶接剂和带孔性的被胶接物,需涂胶 2~3 遍,在涂敷第二道前,要准确掌握第一道胶溶剂挥发完全后再涂第二道,如果胶层内残存过多的溶剂则会降低胶接强度,但过分干燥胶层会失去黏附性。对于不含溶剂的热固性胶黏剂,涂敷后要立即黏合,避免长时间放置吸收空气中的水分,或使固化剂(如环氧胶黏剂的脂肪胺类固化剂)挥发。

4.胶黏剂的固化和质量检验

所谓固化就是胶黏剂通过溶剂挥发、溶体冷却、乳液凝聚等物理作用,或通过缩聚、加聚、交联、接枝等化学反应,使其胶层变为固体的过程。胶接物合拢后,为了获得硬化后所希望的胶接强度,必须准确地掌握固化过程中压力、温度、时间等参数及其工艺。

(1)固化压力。加压有利于胶黏剂对表面的充分浸润,排出胶层内的溶剂或低分子挥发物,控制胶层厚度,防止因收缩引起的被胶接物之间的接触不良,提高胶黏剂的流动性等。适中的压力可很好地控制胶层厚度,充分发挥胶黏剂的胶接作用,保证胶层中无气孔等。加压的大小与胶黏剂及被胶接物的种类有关,对于脆性材料或加压后易变形的塑料,压力不易过大。一般情况下,无溶剂胶黏剂比溶剂性胶黏剂加压要小;对于环氧树脂胶黏剂,采用接触压力即可。图 9.36 为常用的几种加压方法。

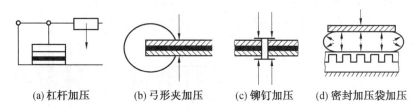

(a) 杠杆加压　　(b) 弓形夹加压　　(c) 铆钉加压　　(d) 密封加压袋加压

图 9.36　常用的几种加压方法

(2)温度和时间。固化温度主要根据胶黏剂的成分决定,固化温度过低,基体的分子链运动困难,致使胶层的交联密度过低,固化反应不完全,要使固化完全则必须增加固化时间。如果温度过高,会引起胶液流失或使胶层脆化。固化温度高低均会降低接头的胶接强度。对一些可在室温下固化的胶黏剂,通过加温可适当加速交联反应,并使固化更充分更完全,从而缩短固化时间。

固化温度与固化时间是相辅相成的,固化温度越高,固化时间应短一些;固化温度越低,固化时间应长一些。

对胶接产品主要是进行 X 光、超声波探伤、放射性同位素或激光全息摄影等无损检验,以防胶接接头存在严重的缺陷。

复习思考题

1.焊接方法可分为几类? 各有何特点?

2. 焊接电弧中各区的温度是多少？用直流和交流电焊接，效果一样吗？

3. 焊接冶金过程的特点是什么？焊条的药皮和焊剂在焊接过程中起什么作用？

4. 何谓焊接热影响区？低碳钢焊接时热影响区分为哪些区段？各区段对焊接接头性能有何影响？减小热影响区的办法是什么？

5. 焊接变形有哪些基本形式？为预防和减小焊接变形有哪些措施？

6. 埋弧焊与焊条电弧焊相比有何特点？其应用范围如何？

7. 氩弧焊与 CO_2 气体保护焊相比，其特点有何异同？各自的应用范围如何？

8. 钎焊和熔焊的实质差别是什么？

9. 为防止合金结构钢焊后产生裂纹，应采取哪些措施？

10. 为什么铜及铜合金的焊接比低碳钢的焊接困难得多？

第10章 粉末冶金与非金属材料成形

10.1 粉末冶金成形

10.1.1 粉末冶金成形工艺

粉末冶金成形工艺是制取金属材料和制品的方法之一。典型的粉末冶金工艺过程是,原料粉末的制备,粉末物料在专用压模中加压成形,得到一定形状和尺寸的压坯;压坯在低于基体金属熔点的温度下加热,使制品获得最终所需的物理、力学性能。粉末冶金成形工艺既是制造具有特殊性能材料的技术,又是一种能降低成本、大批量制造机械零件的无切削、少切削加工工艺。由于粉末冶金的生产工艺与陶瓷的生产工艺在形式上类似,故这种工艺方法又称金属陶瓷法。

粉末冶金工艺可以用于制造板、带、棒、管、丝等各种型材,以及齿轮、链轮、棘轮、轴套等各种零件;可以制造质量仅百分之几克的小制品,也可以用热等静压法制造近两吨重的大型坯料。

粉末冶金生产工艺过程包括粉末制备、预处理、压制、烧结和后处理。

1. 粉末制备

金属粉末的制备有机械法、物理法和化学法三大类。机械法制取粉末是将原材料机械地粉碎而化学成分基本上不发生变化的工艺过程,其可分为机械破碎法和液态雾化法两种。物理法和化学法则是借助物理的或化学的作用,改变原材料的聚集状态或化学成分而获得粉末的工艺过程。

机械法包括机械破碎法和液态雾化法;物理法包括气相沉积法与液相沉积法;化学法包括还原法、电解沉积法和化学置换法。粉末制备的方法很多,应用最广泛的是还原法、雾化法和电解法;而气相沉积法和液相沉淀法在特殊应用时也很重要。

2. 预处理

粉末的预处理是指为了满足产品最终性能的需要或压制成形过程的要求,在粉末压制成形之前对粉末原料进行的预先处理。粉末预处理包括退火、筛分、混配料和制粒四种工艺。

其中混配料工艺包括配料与混合两个阶段,是根据配料计算并按规定的粒度分布把各种金属粉末与适量的成形剂进行充分混合的过程。混合的目的是使性能不同的组元形成均匀的混合物,以利压制和烧结时状态均匀一致。

混合时除基本原料粉末外,还有合金组元,如铁基中加入碳、铜、铝、锰、硅等粉末;游离组元,如摩擦材料中加入的 SiO_2、Al_2O_3 及石棉粉等粉末;工艺性组元,如作为润滑剂的石蜡、机油等组元。

3. 压制

压制是将松散的粉末置于封闭的模具型腔内加压,使之成为具有一定形状、尺寸、密度与强度的型坯,为后续烧结工序做准备。粉末冶金的压制成形方法很多,主要有封闭钢模压制成形、流体等静压压制成形、粉末锻造成形、三轴向压制成形、高能率成形、挤压成形、振动压制成形、连续成形等。

压实后的密度通常为固体材料的 80% 左右。压制不仅使粉末成形,而且还决定制品的密度及其均匀性,进而对其最终性能起决定性影响,密度越大,粉末冶金制品的强度越高。

4. 烧结

金属粉末的压坯,在低于基体金属熔点下进行加热,粉末颗粒之间产生原子扩散、固溶、化合和熔接,致使压坯收缩并强化的过程称为烧结。粉末冶金制品因都需要经过烧结,故也称烧结制品(或零件)。

为了达到所要求的性能和尺寸精度,在烧结过程中需要控制升温速度、烧结温度与时间、冷却速度以及炉内保护气氛等因素。若烧结温度过高或加热时间过长,会使型坯歪曲变形,晶粒粗大,产生“过烧”废品;若烧结温度过低或加热时间过短,会降低型坯的结合强度,产生“欠烧”废品;若升温速度过快,可能使坯块中的成形剂、水分及某些杂质剧烈挥发,导致坯块产生裂纹,并使氧化物还原不完全;若冷却速度不同,会得到不同的显微组织,烧结制品的强度与硬度亦不能保证。

5. 后处理

许多粉末冶金制品在烧结后可直接使用,但有些制品还要进行必要的后处理。后处理工艺种类很多,如整形、浸渍和表面涂层或处理等,在具体选择时应依据产品要求确定。

10.1.2　粉末冶金制品的结构工艺性

用粉末冶金法制造机器零件时,除必须满足机械设计的要求外,还应考虑压坯形状是否适合压制成形,即制品的结构必须适合粉末冶金生产的工艺要求。

由于粉末的流动性不好,有些形状不易在模具内压制成形;有的虽然能成形,也因型坯各处的密度不均匀而导致各处强度不够均匀,影响成品质量,另外所需压制的比压较大,模具的薄弱部位易损坏。为此,在设计时必须充分考虑其结构工艺性,总的原则是:零件结构应尽量简单,方便压制、脱模;利于粉末均匀填充,压坯致密且密度均匀;有利于简化压模结构,提高使用寿命。具体应注意以下几点:

①零件的壁厚不能过薄,一般不小于 2 mm,并尽量使壁厚均匀。法兰只宜设计在工件的一端,两端均有法兰的工件,难于成形。

②零件的长度(L)与直径(D)之比要尽可能小,最好是 $L/D < 2$,决不能超过 3,否则不易压实。

③零件上沿压制方向最好是均匀一致的截面,沿压制方向的模截面有变化时,只能是沿压制方向逐渐缩小,而不能逐渐增大,否则无法压实。

④阶梯圆柱形制件每级直径之差不宜大于 3 mm,每级的长度与直径之比应小于 3,否则不易压实。应尽可能避免多级阶梯形结构。

⑤零件应避免有内外尖角,圆角半径应不小于 0.5 mm;或设计出 45°倒角,以避免模具上出现尖锐刃边。

⑥零件上应避免狭长槽和细长臂,这些结构会导致压模制造困难,降低寿命。

⑦零件上不应设计与压制方向垂直的孔和槽等结构;零件上也无法压出网状花纹和内外螺纹。

⑧与压制方向一致的内孔、外凸台等,要有一定的锥度以便脱模。

10.2 非金属材料成形概述

非金属材料是指除金属材料之外的所有材料的总称,主要包括有机高分子材料、无机非金属材料和复合材料三大类。随着高新技术的发展,使用新材料的领域越来越多,所提出的要求也越来越高。对于要求密度小、耐腐蚀、电绝缘、减震消声和耐高温等性能的工程构件,传统的金属材料已难以胜任,而非金属材料对这些性能却有着各自的优势。另外,单一金属或非金属材料无法实现的性能,可通过复合材料得以实现。典型的复合材料包括无机非金属基复合材料、有机高分子基复合材料及金属基复合材料。

非金属材料的来源十分广泛,大多成形工艺简单,生产成本较低,已经广泛应用于轻工、家电、建材、机电等各行各业中。在工程领域应用最多的非金属材料主要是塑料、橡胶、陶瓷及各种复合材料。非金属材料成形具有以下特点:

(1)可以是流态成形也可以是固态成形,可以制成形状复杂的零件。例如,塑料可以用注塑、挤塑、压塑成形,还可以用浇注和粘接等方法成形;陶瓷可以用注浆成形,也可用注射、压注等方法成形。

(2)非金属材料通常是在较低温度下成形,成形工艺较简便。

(3)非金属材料的成形一般要与材料的生产工艺结合。例如,陶瓷应先成形再烧结,复合材料常常是将固态的增强料与呈流态的基料同时成形。

10.2.1 非金属材料的发展

人类社会的发展在很大程度上取决于生产力的发展,生产力水平的高低往往以劳动工具为代表,而劳动工具的进步又离不开材料的发展。早在一百万年以前,人类开始用石头做工具,标志着人类进入旧石器时代。大约一万年以前,人类知道对石头进行加工,使之成为精致的器皿或工具,从而标志着人类进入新石器时代。在新石器时代,人类开始用皮毛遮身。8 000 年前中国就开始用蚕丝做衣服,4 500 年前印度人开始种植棉花,这些都标志着人类使用材料促进文明进步。在新石器时代,人类已发明了用黏土成形,经火烧固化而成为陶器。陶器不但成为器皿,而且成为装饰品,历史上虽无陶器时代的名称,但其对人类文明的贡献却不可估量。这是人类有史以来第一次使用自然界存在的物质(黏土和水),发明制造了自然界没有的物品(陶器)。陶器可以盛水、煮食物。水在 100 ℃ 沸腾而保持恒温,食物的营养成分不但不被破坏,而且更易于消化吸收。人类的饮食习性由烧烤发展为蒸煮,人类自身生存状况有了彻底改观,因此有史学家认为陶器是人类最伟大的发明。时至今日,满足人类居住的建筑材料仍以非金属材料为主。随着 5 000 年前的青铜、3 000 年前的铁以及后来钢等金属材料的出现,人类在 18 世纪发明了蒸汽机,19 世纪发明了电动机、平炉和转炉炼钢。金属材料使人类农业繁荣并逐步走向工业时代,把人类带进了现代物质文明。随着有机化学的发展,人造合成纤维的发明是人类改造自然材料的又一里程碑。目前各种有机合成材料几乎渗透到人类日常生活的各个领域。高性能的陶瓷材料以及各种复合材料支撑了航空航天事业的不断发展,使人类的文明走向宇宙。以单晶硅、激光材料、光导纤维为代表的新材料的出现,使人类仅用 50 年就进入了信息时代。所以非金属材料对人类社会文明的进步发挥着重大的作用。在现代科学技术的推动下,材料科学发展迅速,材料的种类日益增多,不同功能的新材料不断涌现,原有材料的性能不断改善与提高,以满足人类未来的各种使用需求。因此,材料特别是品种繁多的新型非金属材料是未来高科技的基石、先进工业生产的支柱和人类文明发展的基础。

10.2.2　非金属材料的选择

由于非金属材料的种类繁多,不同类型、成分、性能及不同成形方法的非金属材料,在工程实际中的使用和选择是一个很复杂的过程。设计师和工程师在选择非金属材料时主要应考虑以下因素:

①满足使用性能和工艺性能。

②防止出现失效事故。

③经济性。

④考虑可持续发展选材。

此外,材料的选择是一个系统工程,在一个部件或者装置中,所选用的各种材料要能够在一起使用,而不能因相互作用而降低对方的性能。

因此,在大多数情况下材料的选择是一个反复权衡的复杂过程,在某种意义上,其重要性不亚于材料本身的研究开发。

10.3　塑料成形

塑料是一类以天然或合成树脂为主要成分,在一定温度压力条件下经塑制成形,并在常温下能保持形状不变的高分子工程材料。

塑料具有一定的耐热、耐寒及良好的力学、电气、化学等综合性能,可以替代非铁金属及其合金,作为结构材料用来制造机器零件或工程结构。塑料具有质轻、耐蚀、电绝缘的特点,具有良好的耐磨和减磨性,具有良好的成形工艺性等,并具有丰富的资源而成为应用很广泛的高分子材料,在工农业、交通运输业、国防工业及日常生活中均得到广泛应用。

10.3.1　工程塑料的组成和性能

1.塑料的组成

一般来说,塑料是由树脂和若干种添加剂(如填充剂、增塑剂、润滑剂、着色剂、稳定剂、固化剂和助燃剂)组成。

(1)树脂。树脂是塑料的主要组分,是塑料中能起黏结作用的部分,并使塑料具有成形性能。

(2)填充剂。填充剂的主要作用是改变塑料的某些性能,降低塑料成本,扩大塑料的应用范围。

(3)增塑剂。增塑剂是用来提高树脂可塑性的,常用增塑剂有氧化石蜡、磷酸酯类等。

(4)润滑剂。润滑剂是为防止塑料在成形过程中粘模而加入的添加剂。

(5)着色剂。着色剂是使塑料制品具有美丽色彩的有机或无机颜料。

(6)固化剂。固化剂是热固性塑料所必需的添加剂,目的在于促使线型结构转变为体型结构,成形后获得坚硬的塑料制品。

(7)稳定剂。稳定剂又称防老化添加剂,主要作用是提高某些塑料受热或光照的稳定性。

(8)其他添加剂。塑料添加剂除上述几种外还有助燃剂(如氧化锑等)、抗静电剂、发泡剂、溶剂、稀释剂等。

2. 工程塑料的力学性能

力学性能是决定工程塑料使用范围的重要指标之一,工程塑料具有较高的强度,良好的塑性、韧性和耐磨性,可代替金属制造机器零件或构件,尤其是某些工程塑料的比强度(材料拉伸强度与密度之比)很高,大大超过金属的比强度(如玻璃纤维增强塑料),可制造减轻自重的各种结构件。

10.3.2 工程塑料的分类

工程塑料按树脂受热的行为分为热塑性塑料与热固性塑料。

(1)热塑性塑料。其分子结构主要为线型或支链线型分子结构。其工艺特点是受热软化、熔融,具有可塑性,冷却后坚硬;再受热又可软化,基本性能不变,可重复使用;可溶解在一定的溶剂中。成形工艺简便,形式多种多样,生产效率高,可直接注射、挤压、吹塑成形。如聚乙烯、聚丙烯、ABS等。

(2)热固性塑料。热固性塑料具有体型分子结构,热固性塑料一次成形后,质地坚硬、性质稳定,不再溶于溶剂中,受热不变形,不软化,不能回收。成形工艺复杂,大多只能采用模压或层压法,生产效率低。如酚醛塑料、环氧塑料等。

10.3.3 工程塑料的成形

1. 塑料成形加工技术分类

塑料的成形,按各种成形加工技术在生产中所属成形加工阶段的不同,可将其划分为一次成形技术、二次成形技术和二次加工技术三类。

2. 塑料的一次成形技术

塑料的一次成形是指将粉状、粒状、纤维状和碎屑状固体塑料、树脂溶液或糊状等各种形态的塑料原料制成所需形状和尺寸的制品或半制品的技术。这类成形方法很多,目前生产上广泛采用注射、挤出、压制、浇铸等方法成形。

(1)注射成形。注射成形主要应用于热塑性塑料和流动性较大的热固性塑料,可以成形几何形状复杂、尺寸精确及带各种嵌件的塑料制品,如电视机外壳、日常生活用品等。

目前注射制品约占塑料制品总量的 30%。近年来新的注射技术如反应注射、双色注射、发泡注射等的发展和应用,为注射成形提供了更加广阔的应用前景。

(2)挤出成形。挤出成形又称挤塑成形或挤出模塑。首先将粒状或粉状的塑料加入到挤出机(与注射机相似)料斗中,然后由旋转的挤出机螺杆送到加热区,逐渐熔融呈黏流态,最后在挤压系统作用下,塑料熔体通过具有一定形状的挤出模具(机头)口模而成形为所需断面形状的连续型材。

(3)压制成形。压制成形是指主要依靠外压的作用实现成形物料造型的一次成形技术。压制成形是塑料加工中最传统的工艺方法,广泛用于热固性塑料的成形加工。根据成形物料的形状和加工设备及工艺的特点,压制成形可分为模压成形和层压成形。模压成形是将粉状、粒状、碎屑状或纤维状的热固性塑料原料放入模具中,然后闭模加热加压而使其在模具中成形并硬化,最后脱模取出塑料制件,其所用设备为液压机、旋压机等。

3. 塑料的二次成形技术

塑料的二次成形是指在一定条件下将塑料半制品(如型材或坯件等)通过再次成形加工,以获得制品的最终形样的技术。目前生产上采用的有中空吹塑成形、热成形和薄膜的双向拉伸成形等二次成形技术。

10.3.4 塑料制品的结构工艺性

塑料制品的结构设计包括塑料件的尺寸精度、表面粗糙度、脱模斜度、塑件的壁厚、局部结构(如圆角、加强肋、孔、螺纹、嵌件等)和分型面的确定等。

塑料制品的结构设计特点是,满足使用性能和成形工艺的要求,力求做到结构合理、造型美观、便于制造。塑料制品的结构工艺性需考虑以下问题:

1. 尺寸精度

影响塑料制品尺寸精度的因素主要有:塑料收缩率波动的影响,模具的制造精度及使用过程中的磨损,成形工艺条件,零件的形状和尺寸大小等。资料表明,模具制造误差和由收缩率波动引起的误差各占塑料制品尺寸误差的 1/3。对于小尺寸的塑料制品,模具的制造误差是影响塑料制品尺寸精度的主要因素,而对大尺寸的塑料件,收缩率波动引起的误差则是影响尺寸精度的主要因素。

塑料制品的尺寸精度是根据使用要求,同时要考虑塑料的性能及成形工艺条件确定的。目前,我国对塑料制品的尺寸公差,主要引用 SJ1372—78 标准,见表 10.1。该标准将塑料制品的精度分为 8 个等级,由于 1 级和 2 级精度要求高,目前极少采用。对于无尺寸公差要求的自由尺寸,可采用 8 级精度等级。孔类尺寸的公差取(+)号,轴类尺寸的公差取(−)号,中心距尺寸取表中数值之半,再冠以(±)号。

表 10.1 塑料制品的尺寸公差数值表 mm

公称尺寸	精度等级							
	1	2	3	4	5	6	7	8
	公差数值							
0~3	0.04	0.06	0.08	0.12	0.16	0.24	0.32	0.48
3~6	0.05	0.07	0.08	0.14	0.18	0.28	0.36	0.56
6~10	0.06	0.08	0.10	0.16	0.20	0.32	0.40	0.61
10~14	0.07	0.09	0.12	0.18	0.22	0.36	0.44	0.72
14~18	0.08	0.10	0.12	0.20	0.24	0.40	0.48	0.80
18~24	0.09	0.11	0.14	0.22	0.28	0.44	0.56	0.88
24~30	0.10	0.12	0.16	0.24	0.32	0.48	0.64	0.96
30~40	0.11	0.13	0.18	0.26	0.36	0.52	0.72	1.04
40~50	0.12	0.14	0.20	0.28	0.40	0.56	0.80	1.20
50~65	0.13	0.16	0.22	0.32	0.46	0.64	0.92	1.40
65~80	0.14	0.19	0.26	0.38	0.52	0.76	1.04	1.60
80~100	0.16	0.22	0.30	0.44	0.60	0.88	1.20	1.80
100~120	0.18	0.25	0.34	0.50	0.68	1.00	1.36	2.00
120~140		0.28	0.38	0.56	0.76	1.12	1.52	2.20
140~160		0.31	0.42	0.62	0.84	1.24	1.68	2.40
160~180		0.34	0.46	0.68	0.92	1.36	1.84	2.70
180~200		0.37	0.50	0.74	1.00	1.50	2.00	3.00
200~225		0.41	0.56	0.82	1.10	1.64	2.20	3.30
225~250		0.45	0.62	0.90	1.20	1.80	2.40	3.60
250~280		0.50	0.68	1.00	1.30	2.00	2.60	4.00
280~315		0.55	0.74	1.10	1.40	2.20	2.80	4.40
315~355		0.60	0.82	1.20	1.60	2.40	3.20	4.80
355~400		0.65	0.90	1.30	1.80	2.60	3.60	5.20
400~450		0.70	1.00	1.40	2.00	2.80	4.00	5.60
450~500		0.80	1.10	1.60	2.20	3.20	4.40	6.40

对于不同品种塑料制品,在 SJ 1372—78 中建议采用三种精度等级,见表 10.2。设计塑料制品时可参考选用。

表 10.2 精度等级的选用

类别	塑料品种	建议采用的精度等级		
		高精度	一般精度	低精度
1	聚苯乙烯,ABS,聚甲基丙烯酸甲酯,聚碳酸酯,酚醛塑料,聚砜,聚苯醚,氨基塑料,30%玻璃纤维增强塑料	3	4	5
2	聚酰胺(6、66、610、9、1010),氯化聚醚,硬聚氯乙烯	4	5	6
3	聚甲醛,聚丙烯,聚乙烯(高密度)	5	6	7
4	软聚氯乙烯,聚乙烯(低密度)	6	7	8

2. 表面粗糙度

塑料制品的表面粗糙度主要由模具的表面粗糙度决定。一般模具成形表面的粗糙度比塑料制品的表面粗糙度增大 1~2 级,因此塑料制品的表面粗糙度不宜过高,否则会增加模具的制造费用。对于不透明的塑料制品,由于外观对外表面有一定要求,而对内表面只要不影响使用,可比外表面粗糙度增大 1~2 级。对于透明的塑料制品,内外表面的粗糙度应相同,表面粗糙度 Ra 为 0.8~0.05 μm(镜面),因此需要经常抛光型腔表面。

3. 脱模斜度

为了使塑料制品易于从模具中脱出,在设计时必须保证制品的内外壁有足够的脱模斜度,脱模斜度与塑料品种、制品形状和模具结构等有关,一般情况下脱模斜度取 $30'$~ $2°$,常见塑料的脱模斜度见表 10.3。

表 10.3 常见塑料的脱模斜度

塑料种类	脱模斜度
聚乙烯,聚丙烯,软聚氯乙烯	$30'$~$1°$
尼龙,聚甲醛,氯化聚醚,聚苯醚,ABS	$40'$~$1°30'$
硬聚氯乙烯,聚碳酸酯,聚砜,聚苯乙烯,有机玻璃	$50'$~$2°$
热固性塑料	$20'$~$1°$

选择脱模斜度一般应掌握以下原则:对较硬和较脆的塑料,脱模斜度可以取大值;如果塑料的收缩率大或制品的壁厚较大,应选择较大的脱模斜度;对于高度较大及精度较高的制品,应选较小的脱模斜度。

4. 制品壁厚

制品壁厚首先取决于使用要求,但是成形工艺对壁厚也有一定要求,塑件壁太薄,使充型时的流动阻力加大,会出现缺料和冷隔等缺陷;而壁太厚,塑件易产生气泡、凹陷等缺陷,同时也会增加生产成本。塑件的壁厚应尽量均匀一致,避免局部太厚或太薄,否则会造成因收缩不均产生内应力,或在厚壁处产生缩孔、气泡或凹陷等缺陷。塑料制品的壁厚一般为 1~4 mm,大型塑件的壁厚可达 6 mm 以上,各种塑料的壁厚值参见表 10.4 和表10.5。

表 10.4 热塑性塑料制品的最小壁厚和建议壁厚 mm

塑料名称	最小壁厚	建议壁厚		
		小型制品	中型制品	大型制品
聚苯乙烯	0.75	1.25	1.6	3.2~5.4
聚甲基丙烯酸甲酯	0.8	1.5	2.2	4.0~6.5
聚乙烯	0.8	1.25	1.6	2.4~3.2
聚氯乙烯(硬)	1.15	1.6	1.8	3.2~5.8
聚氯乙烯(软)	0.85	1.25	1.5	2.4~3.2
聚丙烯	0.85	1.45	1.8	2.4~3.2

续表 10.4

塑料名称	最小壁厚	建议壁厚		
		小型制品	中型制品	大型制品
聚甲醛	0.8	1.4	1.6	3.2～5.4
聚碳酸酯	0.95	1.8	2.3	4.0～4.5
聚酰胺	0.45	0.75	1.6	2.4～3.2
聚苯醚	1.2	1.75	2.5	3.5～6.4
氯化聚醚	0.85	1.35	1.8	2.5～3.4

表 10.5　热固性塑料制品的壁厚范围　　　　　　　　　　mm

塑料种类	壁厚		
	木粉填料	布屑粉填料	矿物填料
酚醛塑料	1.5～2.5(大件 3～8)	1.5～9.5	3～3.5
氨基塑料	0.5～5	1.5～5	1.0～9.5

5. 加强肋、圆角、孔、螺纹及嵌件

(1)加强肋。在不增加壁厚的情况下,增加塑件的强度和刚度,避免塑件变形翘曲。加强肋的尺寸如图 10.1 所示。

加强肋的设计应注意以下几个方面:

①加强肋与塑件壁连接处应采用圆弧过渡。

②加强肋厚度不应大于塑件壁厚。

③加强肋的高度应低于塑件高度的 0.5 mm以上,如图 10.2 所示。

④加强肋不应设置在大面积塑件中间,加强肋分布应相互交错,如图 10.3 所示,以避免收缩不均而引起塑件变形或断裂。

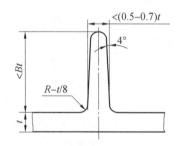

图 10.1　加强肋的尺寸

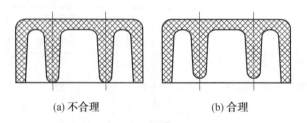

(a) 不合理　　　　　　　　(b) 合理

图 10.2　加强肋的高度

(2)圆角。除使用要求尖角外,所有内外表面的连接处都应采用圆角过渡,一般外圆弧的半径是壁厚的 1.5 倍,内圆弧的半径是壁厚的 0.5 倍。

(3)孔。塑料制品上的孔应尽量开设在不减弱制品强度的部位,孔与孔之间、孔与边

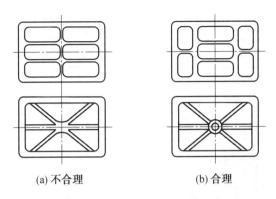

(a) 不合理   (b) 合理

图 10.3　加强肋应交错分布

距之间应留有足够距离,以免造成边壁太小而破裂,不同孔径的孔边壁最小厚度见表 11.6。塑料制品上固定用孔的四周应采用凸边或凸台来加强,如图 10.4 所示。

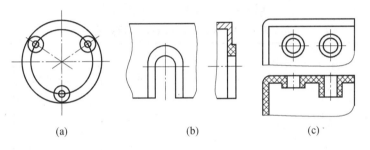

(a)   (b)   (c)

图 10.4　孔的加强肋

表 10.6　孔与边壁的最小距离　　　　mm

孔　　径	2	3.2	5.6	12.7
孔与边壁的最小距离	1.6	2.4	3.2	4.8

由于盲孔只能用一端固定的型芯成形,其深度应浅于通孔。通常注射成形时,孔深不超过孔径的 4 倍,压塑成形时压制方向的孔深不超过孔径的 2 倍。

当塑件孔为异型孔(斜孔或复杂形状孔)时,要考虑成形时模具结构,可采用拼合型芯的方法成形,以避免侧向抽芯结构,图 10.5 为几种复杂孔的成形方法。

(4)螺纹。塑料制品上的螺纹可以直接成形,通常无须后续机械加工,故应用较普遍。塑料成形螺纹时,外螺纹的大径不宜小于 4 mm,内螺纹的小径不宜小于 2 mm,螺纹精度一般低于 3 级。在经常装卸和受力较大的地方,不宜使用塑料螺纹,而应在塑料中装入带螺纹的金属嵌件。由于塑料成形时的收缩波动,塑料螺纹的配合长度不宜太长,一般不超过 7～8 牙,且尽量选用较大的螺距,如果需要使用细牙时可按表 10.7 选用。为防止塑料螺纹最外圈崩裂或变形,螺孔始端应有 0.2～0.8 mm 深的台阶孔,螺纹末端与底面也应留有大于 0.2 mm 的过渡段。图 10.6 为塑料螺纹的形状。

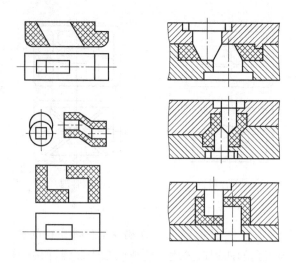

图 10.5　几种复杂孔的成形方法

表 10.7　塑料螺纹的细牙选用范围

螺纹公称直径 /mm	螺纹种类				
	公制标准螺纹	一级细牙螺纹	二级细牙螺纹	三级细牙螺纹	四级细牙螺纹
0～3	＋	－	－	－	－
3～6	＋	－	－	－	－
6～10	＋	＋	－	－	－
10～18	＋	＋	＋	－	－
18～30	＋	＋	＋	＋	－
30～50	＋	＋	＋	＋	＋

注:表中"＋"建议采用范围,"－"为不采用范围。

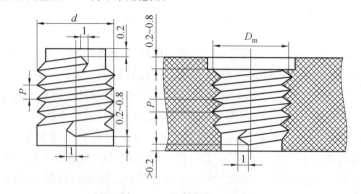

图 10.6　塑料螺纹的形状

　　(5)嵌件。嵌件是在塑料制品中嵌入的金属或非金属零件,用以提高塑件的力学性能或导电导磁性等。常见的金属嵌件形式如图 10.7 所示。

　　设计金属嵌件应注意以下几方面:

　　①金属嵌件尽可能采用圆形或对称形状,以保证收缩均匀。

　　②金属嵌件周围应有足够壁厚,以防止塑料收缩时产生较大应力而开裂,金属嵌件周

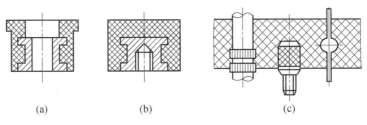

图 10.7　常见的金属嵌件形式

围的塑料壁厚见表 10.8。

③金属嵌件嵌入部分的周边应有倒角，以减小应力集中。

表 10.8　金属嵌件周围的塑料壁厚度　　　　　　　　　　　　　mm

	金属嵌件直径 D	塑料层最小厚度 C	顶部塑料层最小厚度 H
	0～4	1.5	0.8
	4～8	2.0	1.5
	8～12	3.0	2.0
	12～16	4.0	2.5
	16～25	5.0	3.0

6. 支撑面

以塑料制品的整个底面作支撑面是不稳定的，通常采用有凸起的边缘或用底脚（三点或四点）来做支撑面，如图 10.8 所示。当制品的底部有肋时，肋的端面应低于支撑面0.5 mm左右。

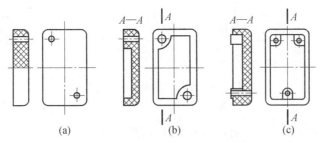

图 10.8　塑料制品的支撑面

10.4　橡胶成形

橡胶是以生胶为原料，加入适量配合剂，经硫化后所组成的高分子弹性体。橡胶是使用温度处于高弹态的高分子材料，它具有良好的弹性，弹性模量仅为 10 MPa，伸长率可达100%～1 000%，同时还具有良好的耐磨性、隔音性、绝缘性等，是重要的弹性材料、密封材料、减震防震和传动材料。

橡胶主要应用于国防、交通运输、机械制造、医药卫生、农业和日常生活等各个方面。常用的橡胶有天然橡胶和合成橡胶,天然橡胶是由天然胶乳经过凝固、干燥、加压等工序制成的片状生胶;合成橡胶胶主要有丁苯橡胶、顺丁橡胶、聚氨酯橡胶、氯丁橡胶、丁腈橡胶、硅橡胶、氟橡胶等。

只有将生胶经塑炼和混炼后才能使用。橡胶制品是以生胶为基础加入适量配合剂(硫化剂、硫化促进剂、防老剂、填充剂、软化剂、发泡剂、补强剂、着色剂等),然后再经过硫化成形获得。橡胶制品的成形方法与塑料成形方法相似,主要有压制成形、注射成形和传递成形等。

10.4.1 橡胶的压制成形

1. 压制成形工艺流程

橡胶制品的生产工艺主要包括塑炼、混炼和压制成形三个阶段。塑炼是使弹性生胶转变为可塑状态的加工工艺过程,从而增加其可塑性,获得适当的流动性,以满足混炼和成形的工艺要求。塑炼有两种方法,即机械塑炼法和化学塑炼法,前者通过机械作用,后者通过化学作用,使橡胶的大分子断裂成相对较小的分子,从而使黏度下降,可塑性增加。

混炼是将各种配合剂(硫化剂、防老剂、填充剂等)混入生胶中,制成均匀的混炼胶的过程。其基本任务是配制出符合性能要求的混炼胶(又称胶料),以便后续工序的正常进行。

橡胶的压制成形是将经过塑炼和混炼预先压延好的橡胶坯料,按一定规格和形状下料后加入到压制模中,合模后在液压机上按规定的工艺条件进行压制,使胶料在受热受压下以塑性流动充满型腔,经过一定时间完成硫化,再进行脱模、清理毛边,最后检验得到所需制品的方法。橡胶压制成形的工艺流程如图 10.9 所示。

图 10.9　橡胶压制成形的工艺流程

2. 压制工艺

橡胶的压制成形工艺主要有压延成形、压出成形、注射成形。

橡胶的压延成形是利用橡胶压延机将物料延展的工艺过程。物料通过压延机的两个辊筒间隙时,在压力作用下延展成为具有一定断面形状的橡胶制品。这种方法主要用于胶料的压片、压型;纺织物和钢丝帘等的贴胶、擦胶;胶片与胶片或胶片与挂胶织物的贴合等。

橡胶的压出工艺是利用压出机,使胶料在压出机的机筒壁和螺杆顶尖的作用下,通过螺杆的旋转,使胶料不断前进,达到挤压并初步造型的目的。可借助于压型压出各种复杂形状的半成品,如轮胎的胎面胶、内胎的胎筒、电线电缆外皮等。

橡胶的注射成形是将胶料直接从机筒注入模型进行硫化的生产方法,与塑料的注射成形相类似,将预先混炼好的胶料经料斗送入机筒,在螺杆的旋转作用下,胶料沿螺槽前进过程中,由于激烈搅拌和变形,加上机筒外部加热,温度快速升高,活塞推进注胶,胶料经喷嘴注入模腔并保压一段时间,在保压过程中,胶料在高温下进行硫化。注射成形具有生产周期短、生产率高、劳动强度低、产品质量高等优点。

3. 压制模具

橡胶压制模与一般塑料压塑模结构相同。橡胶模在设计时注意如下问题:

(1)测温孔。为保证橡胶制品的质量,硫化温度的误差应控制在±2 ℃范围内,因此,在压制模型腔附近必须设置测温孔。在压制过程中,利用水银温度计通过测温孔控制温度。测温孔应设置在型腔附近5~10 mm处。

(2)流胶槽。由于在加料时一般有5%~10%的余量,为保证制品精度,在型腔周围设置流胶槽,流胶槽半径多为1.5~2 mm的半圆形,在流胶槽与型腔之间开设一些小沟,使多余的胶料排出。

10.4.2 橡胶注射成形

1. 橡胶注射成形工艺过程

橡胶注射成形的工艺过程包括预热塑化、注射、保压、硫化、脱模和修边等工序。将混炼好的胶料通过加料装置加入料筒中加热塑化,塑化后的胶料在柱塞或螺杆的推动下,经过喷嘴射入到闭合的模具中,模具在规定的温度下加热,使胶料硫化成形。

在注射成形过程中,由于胶料在充型前一直处于运动状态受热,因此各部分的温度较压制成形时均匀,且橡胶制品在高温模具中短时即能完成硫化,制品的表面和内部的温差小,硫化质量较均匀。橡胶制品的注射成形具有质量较好、精度较高、生产效率较高的工艺特点。

2. 注射成形工艺条件

注射成形工艺条件主要有料筒温度、注射温度(胶料通过喷嘴后的温度)、注射压力、模具温度和成形时间。

(1)料筒温度。胶料在料筒中加热塑化,在一定温度范围内提高料筒温度可以使胶料的黏度下降,流动性增加,有利于胶料的成形。

一般柱塞式注射机料筒温度控制在70~80 ℃;螺杆式注射机因胶温较均匀,料筒温度控制在80~100 ℃,有的可达115 ℃。

(2)注射温度。注射温度一般控制在不产生焦烧的温度下,尽可能接近模具温度。

(3)注射压力。注射压力是注射时螺杆或柱塞施于胶料单位面积上的力,注射压力大,有利于胶料充模,还使胶料通过喷嘴时的速度提高,剪切摩擦产生的热量增大,这对充模和加快硫化有利。采用螺杆式注射机时,注射压力一般为80~110 MPa。

(4)模具温度。在注射成形中,由于胶料在充型前已经具有较高的温度,充型之后能迅速硫化,表层与内部的温差小,故模具温度较压制成形的温度高,一般可高出30~50 ℃。注射天然橡胶时,模具温度为170~190 ℃。

(5)成形时间。成形时间是指完成一次成形过程所需的时间,它是动作时间与硫化时间之和。由于硫化时间所占比例最大,故缩短硫化时间是提高注射成形效率的重要环节。

硫化时间与注射温度、模具温度、制品壁厚有关。表 10.9 是天然橡胶注射成形与压制成形时间对比表,由表中可以看出注射成形时间较压制成形时间少得多。

表 10.9 天然橡胶注射成形与压制成形时间对比表

成形方法	料筒温度/℃	注射温度/℃	模具温度/℃	成形时间
注射成形	80	150	175	80 s
压制成形	—	—	143	20～25 min

10.5 陶瓷成形

陶瓷是由天然或人工合成的粉状矿物原料和化工原料组成,是经过成形和高温烧结制成的,由金属和非金属元素构成化合物反应生成的多晶体相固体材料。

10.5.1 陶瓷的组织结构及性能

1.陶瓷的组织结构

普通陶瓷的典型组织是由晶体相、玻璃相和气体相组成的。特种陶瓷的原料纯度高,组织比较单一。如 Al_2O_3 质量分数在 95% 以上的氧化铝陶瓷,其成分主要是由 Al_2O_3 晶体和少量气体相组成。

2.陶瓷的性能

(1)陶瓷的力学性能。陶瓷的弹性模量一般都较高,极不容易变形。有的先进陶瓷有很好的弹性,可以制成陶瓷弹簧。陶瓷的硬度很高,绝大多数陶瓷的硬度远高于金属。陶瓷的耐磨性好,是制造各种特殊要求的易损零部件的好材料。例如,用碳化硅陶瓷制造的各种泵类的机械密封环,寿命很长,可以用到整台机器报废为止。陶瓷的抗拉强度低,但抗弯强度较高,抗压强度更高,一般比抗拉强度高一个数量级。

陶瓷材料一般具有优于金属的高温强度,在 1 000 ℃ 以上的高温下陶瓷仍能保持其室温下的强度,而且高温抗蠕变能力强,是工程上常用的耐高温材料。传统陶瓷在室温下几乎没有塑性。近年来还发现一些陶瓷具有超塑性,断裂前的应变可达到 300% 左右。传统陶瓷的韧性低脆性大,而许多先进陶瓷材料则是既坚且韧,如增韧氧化锆陶瓷就非常坚韧。

(2)陶瓷的物理性能。

① 热性能。陶瓷的线膨胀系数较小,比金属低得多;陶瓷的热传导主要是靠原子的热振动来完成的,不同陶瓷材料的导热性能不同,有的是良好的绝热材料,有的则是良好的导热材料,如氮化硼和碳化硅陶瓷。

热稳定性陶瓷材料在温度急剧变化时具有抵抗破坏的能力。热膨胀系数大、导热性能差、韧性低的材料热稳定性不高。多数陶瓷的导热性差、韧性低,故热稳定性差。但也有些陶瓷具有高的热稳定性,如碳化硅等。

② 导电性。多数陶瓷具有良好的绝缘性能,但有些陶瓷具有一定的导电性,如压电

陶瓷、超导陶瓷等。

③ 光学特性。陶瓷一般是不透明的,随着科技发展,目前已研制出了如制造固体激光器材料、光导纤维材料、光存储材料等陶瓷新品种。

(3)陶瓷的化学性能。陶瓷的结构非常稳定,通常情况下不可能同介质中的氧发生反应,不但室温下不会氧化,即使 1 000 ℃以上的高温也不会氧化,并且对酸、碱、盐等的腐蚀有较强的抵抗能力,也能抵抗熔融金属(如铝、铜等)的侵蚀。

10.5.2　陶瓷的分类及应用

陶瓷按组成可分为硅酸盐陶瓷、氧化物陶瓷、非氧化物陶瓷(氮化物陶瓷、碳化物陶瓷和复合陶瓷);按性能可分为高强度陶瓷,铁电陶瓷、耐酸陶瓷、高温陶瓷、压电陶瓷、高韧性陶瓷、电解质陶瓷、光学陶瓷、电介质陶瓷、磁性陶瓷和生物陶瓷等;按用途可分为日用陶瓷、艺术(陈列)陶瓷、卫生陶瓷、建筑陶瓷、电器陶瓷、电子陶瓷、化工陶瓷、纺织陶瓷等。

由于陶瓷材料具有其他材料所没有的高刚性、质量轻、耐蚀性等特性,从而被有效地应用在精密测量仪器和精密机床等上面。另外,因为陶瓷材料具有很好的化学稳定性和耐腐蚀性,在生物工程以及医疗等方面也得到广泛的应用。

10.5.3　陶瓷的成形

成形技术是制备陶瓷材料的一个重要环节。陶瓷制造经历数千年历史,直到 20 世纪中叶因为烧结理论的创立获得了飞速发展。二十世纪七八十年代关于超细粉体制备和表征的发展,促使陶瓷工艺有了第二次大飞跃。当前阻碍陶瓷材料进一步发展的关键之一是成形工艺技术没有突破,压力成形还不能满足形状复杂性和密度均匀性的要求。

成形工艺是陶瓷材料制备过程的重要环节之一,在很大程度上影响着材料的微观组织结构,决定了产品的性能、应用和价格。过去的陶瓷材料学家比较重视烧结工艺,而成形工艺一直是一个薄弱环节,不被人们所重视。现在人们已经逐渐认识到在陶瓷材料的制备工艺过程中,除了烧结过程之外,成形过程也是一个重要环节。在成形过程中形成的某些缺陷(如不均匀性等)仅靠烧结工艺的改进是难以克服的,成形工艺已经成为制备高性能陶瓷部件的关键技术,它对提高陶瓷材料的均匀性、重复性和成品率,降低陶瓷制造成本具有十分重要的意义。

陶瓷成形工艺大致分为以下五种类型:注浆成形、滚压成形、塑压成形、压制成形及等静压成形。

1. 注浆成形

(1)工艺过程。将制备好的坯料泥浆注入多孔性模型内,由于多孔性模型的毛细管具有吸水性,泥浆在贴近模壁的一侧被模子吸水而形成均匀的泥层,并随时间的延长而加厚,当达到所需的厚度时,将多余的泥浆倾出,最后该泥层继续脱水收缩而与模型脱离,从模型取出后即为毛坯。

(2)工艺特点。一方面适合成形各种产品,形状复杂、不规则、小薄、体积较大而且尺寸要求不严的器具,如花瓶、汤碗、椭圆形盘、茶壶等;另一方面,坯体结构均匀,但含水量大且不均匀,干燥与烧成收缩大。

　　(3)注浆方法。

　　①空心注浆法(单面注浆)。要求浆料流动性和稳定性好,粒度细,密度小($1.55\sim$ 1.70 g/cm³),脱模水分为15%～20%。吸浆时间决定坯体厚度,同时与模具温度、湿度、泥浆性质有关。适合小薄件生产。

　　②实心注浆(双面注浆)。与空心浇注相比,料浆密度大,浆料粒度可稍粗,触变性可稍差。

　　③强化注浆成形方法。在注浆过程中人为地施加外力,加速注浆的进行,使吸浆速度和坯体强度得到明显改善的方法。

　　④真空注浆。模具外抽真空,或模具在负压下成形,造成模具内外压力差,提高成形能力,减小坯体的气孔和针眼。

　　⑤压力注浆。通过提高泥浆压力来增大注浆过程推动力,加速水分的扩散,不仅可缩短注浆时间,还可减少坯体的干燥收缩和脱模后坯体的水分。注浆压力越高,成形速度越大,生坯强度越高。但是受模型强度的限制。模型的材料为石膏模型、多孔树脂模型、无机填料模型等。

　　根据压力的大小可将压力注浆分为:微压注浆,压力＜0.03 MPa,采用石膏模型;中压注浆,压力为0.15～0.4 MPa,采用强度较高的石膏模型,树脂模型;高压注浆,压力大于2 MPa,采用高强度树脂模型。

　　注浆成形常见缺陷分析:

　　①开裂。由于收缩不均匀产生的应力引起,如石膏模各部分干湿不均;制品厚薄差;注浆不连续而形成含气夹层;解凝剂用量不当,有凝聚倾向;泥浆未经陈腐,水分不均,流动性差;可塑黏土用量不当;脱模过早或过迟;干燥温度过高。

　　②坯体生成不良或缓慢。电解质用量不当,浆料中有促进凝聚的杂质(如石膏、硫酸钠等);泥浆或模具水分过高;泥浆温度过低(低于10 ℃);模具气孔率低、吸水率低。

　　③脱模困难。新模表面有油膜;泥浆或模具水分过多;泥浆黏土用量过多;泥浆原料颗粒过细。

　　④气泡针孔。模具过干、过湿、过热或过旧;泥浆排气不良;注浆过快,不利于排气;模具设计不利于排气;浆料存放过久或温度过高;模具内浮尘未清。

　　⑤变形。原因同开裂。

2. 滚压成形

　　滚压成形的工艺原理和特点是,成形时盛放着泥料的石膏模型和滚压头分别绕自己的轴线以一定的速度同方向旋转。滚压头在旋转的同时逐渐靠近石膏模型,对泥料进行滚压成形。优点:坯体致密、组织结构均匀、表面质量高。

　　阳模滚压(外滚压):滚压头决定坯体形状和大小,模型决定内表面的花纹。

　　阴模滚压(内滚压):滚压头形成坯体的内表面。

　　(1)滚压成形的主要控制因素。

　　①对泥料的要求。水分低、可塑性好。成形时模具既有滚动,又有滑动,泥料主要受压延力的作用。要求有一定的可塑性和较大的延伸量。可塑性低,易开裂;可塑性高,水分多易黏滚头。阳模滚压和阴模滚压对泥料的要求有差别,阴模滚压受模型的承托和限

制,可塑性可以稍低,水分可稍多。

②滚压过程控制。分压下(轻)、压延(稳)、抬起(慢)三个阶段。

③主轴转速(n_1)和滚头转速(n_2)。控制生产效率;对坯料的施力形式,控制坯体的密度均匀和表面光洁。滚压头的温度,热滚压时为 $100\sim130\ ℃$,在泥料表面产生一层气膜,防止黏滚头,坯体表面光滑。冷滚压时可用塑料滚压头,如聚四氟乙烯。

(2)滚压成形常见缺陷。

①黏滚头。泥料可塑性太强或水分过多;滚头转速太快;滚头过于光滑及下降速度慢;滚头倾角过大。

②开裂。坯料可塑性差;水分太少,水分不均匀;滚头温度太高,坯体表面水分蒸发过快,引起坯体内应力增大。

③鱼尾。坯体表面呈现鱼尾状微凸起,原因是滚头摆动;滚头抬离坯体太快。

④底部上凸。滚头设计不当或滚头顶部磨损;滚头安装角度不当;泥料水分过低。

⑤花底。坯体中心呈菊花状开裂,原因是模具过干过热;泥料水分少;转速太快;滚头中心温度高;滚头下压过猛;新模具表面有油污。

3. 塑压成形

塑压成形是采用压制的方法,迫使可塑泥料在模具中发生形变,得到所需坯体的成形工艺。

模型为 α 型半水石膏,内部盘绕多孔性纤维管,用以通压缩空气或抽真空。成形压力与坯泥的含水量有关,坯体的致密度比滚压法高。因此需要采用多孔性树脂模、多孔金属模来提高模型强度。

滚头转速要与主轴转速相适应,一般是以主轴转速与滚头转速的比例(转速比)作为一个重要的工艺参数来控制的。当二者速度相同时,主轴和滚头做相对运动,当二者速度不同时,主轴和滚头除了做相对滚动,还做相对滑动。滚动有利于坯料的均匀分布,但是会在坯体上留下滚动的痕迹,降低坯体的表面光洁度。阳模滚压成形时,滚动的效应大于阴模滚压成形。具体转速及其比例根据实际情况确定。

4. 压制成形

将含有一定水分(或其他黏结剂)的粒状粉料填充于模具之中,对其施加压力,使之成为具有一定形状和强度的陶瓷坯体的成形方法称为压制成形,又称模压成形或者干压成形。粉料含水量为 $8\%\sim15\%$ 时为半干压成形;粉料含水量为 $3\%\sim7\%$ 时为干压成形;特殊的压制工艺(如等静压法),坯料水分可在 3% 以下。

压制成形的模具可用工具钢制成。产品外形是否合理,决定了模具设计是否合理,甚至影响成形质量。因此,有时对产品的外形做一些修改,使模具设计合理。模具设计应遵循的原则是,便于粉料填充和移动,脱模方便,结构简单,设有透气孔,装卸方便,壁厚均匀,材料节约等。模具加工应注意尺寸精确,配合精密,工作面要光滑等。

压制成形的施压设备有机械压机、油压机或水压机等。

5. 等静压成形

等静压成形的原理是,装在封闭模具中的粉体在各个方向同时均匀受压而成形的方法。等静压成形是干压成形技术的一种新发展,但模型的各个面上都受力,故优于干压成形。

等静压成形过程,该工艺主要是利用了液体或气体能够均匀地向各个方向传递压力的特性来实现坯体均匀受压成形的。

等静压成形与干压成形的主要差别是,粉料各个方向受压,粉料颗粒的直线位移减少,利于把粉料压到相当的密度,同时消耗在粉料颗粒运动时的摩擦功相应减少,提高了压制效率。

粉料内部和外部介质中的压强相等,因此空气排出困难,限制通过增大压力来压实粉料的可能,故生产中有必要排除装模后粉料中的少量空气。

等静压成形的优点:

①与施压强度大致相同的其他压制成形相比,等静压成形可以得到较高的生坯密度,且密度在各个方向上都比较均匀。

②生坯内部的应力小(压强的方向性差别小于其他成形方法,颗粒间、颗粒与模型间的摩擦力减小)。

③成形的生坯强度高,内部结构均匀,不会像挤压成形那样使颗粒产生有规则的定向排列。

④可以采用较干的坯料成形,不必或很少使用黏合剂或润滑剂,有利于减少干燥和烧成收缩。

⑤对制品的尺寸和尺寸之间的比例没有很大的限制。

10.6　复合材料成形

10.6.1　复合材料的定义、分类和性能

1.复合材料的定义

复合材料是由两种或两种以上的组分材料通过适当的制备工艺复合在一起的新材料,其既保留原组分材料的特性,又具有原单一组分材料所无法获得的或更优异的特性。

从理论上说,金属材料、陶瓷材料或高分子材料相互之间或同种材料之间均可复合形成新的复合材料。如在高分子材料/高分子材料、陶瓷材料/高分子材料、金属材料/高分子材料、金属材料/金属材料、陶瓷材料/金属材料、陶瓷材料/陶瓷材料之间的复合,都已获得许多种高性能新型复合材料。复合材料通常由基体材料和增强材料两部分组成,基体一般选用强度韧性好的材料,如聚合物、橡胶、金属等,而增强材料则选用高强度、高弹性模量的材料,如玻璃纤维、碳纤维和硼纤维等。

2.复合材料的性能

(1)比强度和比模量大。复合材料的突出优点是比强度(强度/密度)与比模量(弹性模量/密度)高,比强度和比模量是度量材料承载能力的一个指标,比强度越高,同一零件的自重越小;比模量越高,零件的刚度越大。常见纤维增强复合材料与钢等金属材料的性能见表10.10。因此,这些特性为某些要求自重轻和刚度好的零件提供了理想的材料。

表 10.10　常见纤维增强复合材料与钢等金属材料的性能

材料名称	密度/(g·cm⁻³)	抗拉强度/(×10³MPa)	拉伸弹性模量/(×10⁵MPa)	比强度/(×10⁶m)	比模量/(×10⁸m)
钢	7.8	1.03	2.10	0.13	0.27
铝	2.80	0.47	0.75	0.17	0.27
钛	4.50	0.96	1.14	0.21	0.25
玻璃钢	2.00	1.06	0.40	0.53	0.21
高强碳纤维/环氧复合材料	1.45	1.50	1.40	1.03	0.97
高模石墨纤维/环氧复合材料	1.60	1.07	2.40	0.67	1.50
芳纶/环氧复合材料	1.40	1.40	0.80	1.00	0.57
硼纤维/环氧复合材料	2.10	1.38	2.10	0.66	1.00
硼纤维/铝复合材料	2.65	1.00	2.00	0.38	0.75

（2）抗疲劳性能好。多数金属的疲劳极限是抗拉强度的 40%～50%，而碳纤维聚酯树脂复合材料则可达 70%～80%。

（3）耐热性高。碳纤维增强树脂复合材料的耐热性比树脂基体有明显提高，而金属基复合材料在耐热性方面更显示出其优越性，碳化硅纤维、氧化铝纤维与陶瓷复合，在空气中能耐 1 200～1 400 ℃高温，要比所有超高温合金的耐热性高出 100 ℃以上。该材料用于汽车发动机，使用温度可高达 1 370 ℃。

（4）减振性能好。结构的自振频率除与结构本身形状有关外，还与材料的比模量的平方根成正比。高的自振频率避免了工作状态下共振而引起的早期破坏。而且复合材料中纤维与基体界面具有吸振能力，因此其振动阻尼很高。

（5）高韧性和抗热冲击性。

（6）绝缘、导电和导热性。玻璃纤维增强塑料是一种优良的电气绝缘材料，用于制造仪表、电机与电器中的绝缘零部件，这种材料还不受电磁影响，不反射无线电波，微波透过性良好，还具有耐烧蚀性、耐辐照性，可用于制造飞机、导弹和地面雷达罩等。而金属基复合材料具有良好的导电和导热性能，可以使局部的高温热源和集中电荷很快扩散消失，有利于解决热气流冲击和雷击问题。

（7）耐烧蚀性、耐磨损。

（8）特殊的光、电、磁性能等。

复合材料除具有上述性能外，还具有可设计性，可以根据对材料的性能要求，在基体、增强材料的类型和含量上进行选择，并进行适当的制备与加工。在制品制造时，复合材料还适合一次整体成形，具备良好的加工性能。

10.6.2　复合材料的应用

复合材料的基体可以是聚合物(树脂)、金属材料和无机非金属材料,增强材料可以是各类纤维、晶须和颗粒。以下主要介绍聚合物基复合材料和陶瓷基复合材料。

1. 聚合物基复合材料

在结构复合材料中发展最早、研究最多、应用最广和用量最大的是聚合物基复合材料(PMC)。众所周知,现代复合材料是以 20 世纪 40 年代玻璃纤维增强塑料(玻璃钢)的出现为标志。经过近 80 年的发展,已经研究开发出了具有各种优异性能及应用的聚合物基复合材料,包括玻璃纤维、碳纤维、芳纶纤维、硼纤维、碳化硅纤维等各种增强的复合材料。其中为了获得更高比强度比模量的复合材料,除主要用于玻璃钢的酚醛树脂、环氧树脂和聚酯外,研究与开发了许多具有耐热性好的基体树脂,如聚酰亚胺(PI)、聚苯硫醚(PPS)、聚醚砜(PES)和聚醚醚酮(PEEK)等热塑性树脂。

(1)玻璃钢(玻璃纤维增强塑料,GFRP)。GFRP 是一类采用玻璃纤维增强以酚醛树脂、环氧树脂、聚酯树脂等热固性树脂以及聚酰胺、聚丙烯等热塑性树脂为基体的聚合物基复合材料。同时 GFRP 又是物美价廉的复合材料。

GFRP 的突出特点是密度低、比强度高。其密度为 $1.6 \sim 2.0 \ \text{g/cm}^3$,比轻金属铝还低;而比强度要比最高强度的合金钢还要高 3 倍,"玻璃钢"的名称就是由此而来的。因此玻璃钢在需要轻质高强材料的航空航天工业首先得到广泛应用。在波音 B—747 飞机的机内外结构件中玻璃钢的使用面积达到了 $2\,700 \ \text{m}^2$,如雷达罩、机舱门、燃料箱、行李架和地板等。由于火箭结构材料不但要求具有高比强度和比模量,而且还要求材料具有耐烧蚀性能,因此玻璃钢用于制作火箭发动机的壳体和喷管。

在现代汽车工业中为了减轻自重、降低油耗,玻璃钢也得到了大量应用,如汽车车身、保险杠、车门、挡泥板、灯罩以及内部装饰件等。

除了比强度高外,玻璃钢还具有良好的耐腐蚀性,在酸、碱、海水甚至有机溶剂等介质中都很稳定,耐腐蚀性超过了不锈钢。因此,在石油化工工业中玻璃钢得到了广泛应用,如玻璃钢制成的贮罐、容器、管道、洗涤器、冷却塔等。值得一提的是,采用玻璃钢制作的体育用品也越来越多,大到快艇、帆船、滑雪车,小到自行车、赛车、滑雪板等应有尽有。此外,玻璃钢具有透光、隔热、隔音和防腐等性能,因此作为轻质建筑材料用于建筑工程的各种玻璃钢型材,这也是玻璃钢应用最广泛的领域。

(2)碳纤维增强聚合物基复合材料(CFRP)。在要求高模量的结构件中,往往采用高模量的纤维,如碳纤维、B 纤维或 SiC 纤维等增强。其中应用最广泛的是碳纤维增强聚合物基复合材料(CFRP)。CFRP 密度更低,具有比玻璃钢更高的比强度和比模量,比强度是高强度钢和钛合金的 $5 \sim 6$ 倍,是玻璃钢的 2 倍,比模量是这些材料的 $3 \sim 4$ 倍。因此 CFRP 应用在航天工业中,如航天飞机有效载荷舱门、副翼、垂直尾翼、主起落架门、内部压力容器等,使航天飞机减重达 2 吨之多。此外,在空间站大型结构桁架及太阳能电池支架也采用 CFRP。在航空工业,CFRP 首先在军用飞机中得到应用,如美国 F—14、F—16、F—18上主翼外壳、后翼、水平和垂直尾翼等,军用直升机主旋翼和机身等。现在甚至在研究全机身 CFRP 的战斗机。同样,在民用飞机中也在大量采用 CFRP,如波音 B—757、

B—777 上的阻流板、方向舵、升降舵、内外副翼等。由于碳纤维的价格高,CFRP 主要应用于航空航天领域。但随着碳纤维研究开发工作的深入,碳纤维价格也在不断降低,因此在玻璃钢应用的一些领域也开始采用更轻、更强和刚度更好的 CFRP。如体育用品中的网球拍、高尔夫球杆、钓鱼竿等。同样为减轻车体质量,降低油耗,提高车速,汽车的部分部件也开始采用 CFRP,甚至在大型混凝土结构遭受一定的破坏后(如地震),用 CFRP 片材进行修复,可节省大量资金。

2. 陶瓷基复合材料

用陶瓷作基体,以纤维或晶须作为增强物所形成的复合材料称为陶瓷基复合材料。通常陶瓷基体有玻璃陶瓷、氧化铝、氮化硅、碳化硅等。

陶瓷基复合材料的制备工艺有粉末冶金法、浆体法、溶胶—凝胶法等。陶瓷基复合材料的粉末冶金法与金属基复合材料的粉末冶金法相似;浆体法是采用浆体形式使复合材料的各组元保持散凝状(增强物弥散分布),使增强材料与基体混合均匀,可直接浇注成形,也可通过热压或冷压后烧结成形;溶胶—凝胶法是使基体形成溶液或溶胶,然后加入增强材料组元,经搅拌使其均匀分布,当基体凝固后,这些增强材料组元则固定在基体中,经干燥或一定温度热处理,然后压制、烧结得到复合材料的工艺。

陶瓷基复合材料的成形方法分为两类,一类是针对陶瓷短纤维、晶须、颗粒等增强体,复合材料的成形工艺与陶瓷基本相同,如料浆浇铸法、热压烧结法等;另一类是针对碳、石墨、陶瓷连续纤维增强体,复合材料的成形工艺常采用料浆浸渗法、料浆浸渍后热压烧结法和化学气相渗透法。

(1)料浆浸渗法。将纤维增强体编织成所需形状,用陶瓷浆料浸渗,干燥后进行烧结。该法的优点是不损伤增强体,工艺较简单,无须模具;缺点是增强体在陶瓷基体中的分布不够均匀。

(2)料浆浸渍后热压烧结法。将纤维或织物增强体置于制备好的陶瓷粉体浆料里浸渍,然后将含有浆料的纤维或织物增强体制成一定结构的坯体,干燥后在高温高压下热压烧结为制品。与浸渗法相比,该方法所获制品的密度与力学性能均有所提高。

(3)化学气相渗透法。将增强纤维编织成所需形状的预成形体,并置于一定温度的反应室内,然后通入某种气源,在预成形体孔穴的纤维表面上产生热分解或化学反应沉积出所需陶瓷基质,直至预成形体中各孔穴被完全填满,获得高致密度、高强度、高韧度的制件。

复习思考题

1. 什么是粉末冶金? 粉末冶金技术作为一种材料制备方法与其他方法相比,具有哪些优点和缺点?

2 粉末冶金制品有哪几种压制成形方法? 各有什么特点?

3. 什么是粉末的预处理?

4. 简述粉末冶金制品的烧结过程。

5. 金属粉末的制备方法分哪几类? 简述各类方法的基本原理。

6. 粉末冶金制品生产的主要工序有哪些？指出各工序的注意事项。

7. 简述粉末冶金制品结构工艺性特点，并举例说明。

8. 列举几种你所知道的粉末冶金制品（如机械零件、生活用品）。

9. 非金属材料成形具有哪些特点？

10. 简述注射、挤出、压制成形各具有的特点。

11. 简述橡胶注射成形工艺过程。

12. 橡胶的压制成形特点有哪些？

13. 橡胶材料的主要特点是什么？常用的橡胶种类有哪些？

14. 什么是塑料？列举常用的热固性塑料与热塑性塑料，说明两者的主要区别。

15. 设计塑料制品的结构工艺性时应注意哪些事项？

16. 陶瓷具有什么样的组织结构？试述它与性能的关系。

17. 简述复合材料的成形过程及其应用。

18. 复合材料的原材料、成形工艺和制品性能之间存在什么关系？

参考文献

[1]郝用兴. 机械制造技术基础[M].3 版. 北京:机械工业出版社,2014.

[2]齐乐华. 工程材料与机械制造基础[M]. 北京:高等教育出版社,2015.

[3]胡忠举,宋昭祥. 现代制造工程技术实践[M].3 版. 北京:机械工业出版社,2014.

[4]颜兵兵. 机械制造基础[M]. 北京:机械工业出版社,2012.

[5]潘玉良. 机械工程基础[M]. 北京:科学出版社,2009.

[6]任家隆,刘志峰. 机械制造基础[M].3 版. 北京:高等教育出版社,2015.

[7]刘越南. 机械系统设计[M]. 北京:机械工业出版社,1999.

[8]王新荣,王晓霞. 机械制造工艺及夹具设计[M]. 哈尔滨:哈尔滨工业大学出版
    社,2014.

[9]京玉海. 机械制造基础[M]. 重庆:重庆大学出版社,2005.

[10]张亮峰. 机械加工工艺基础与实习[M]. 北京:高等教育出版社,1999.

[11]陈队志. 机械制造基础工艺实习[M]. 兰州:甘肃教育出版社,2003.

[12]马保吉. 机械制造基础工程训练[M]. 西安:西北工业大学出版社,2009.

[13]邓文英. 金属工艺学下册[M].5 版. 北京:高等教育出版社,2008.

[14]张木清,于兆勤. 机械制造工程训练教材[M]. 广州:华南理工大学出版社,2004.

[15]张学政,李家枢. 金属工艺学实习教材[M]. 北京:高等教育出版社,2002.

[16]王瑞芳. 金工实习[M]. 北京:机械工业出版社,2001.

[17]卢秉恒. 机械制造技术基础[M]. 北京:机械工业出版社,2005.

[18]刘英,袁绩乾. 机械制造技术基础[M]. 北京:机械工业出版社,2008.

[19]司乃钧. 机械加工工艺基础[M]. 北京:高等教育出版社,2001.

[20]冯辛安. 机械制造装备设计[M]. 北京:机械工业出版社,1999.

[21]谷春瑞. 机械制造工程实践[M]. 天津:天津大学出版社,2004.

[22]胡黄卿. 金属切削原理与机床[M]。北京:机械工业出版社,2004.

[23]路剑中,孙家宁. 金属切削原理与刀具[M]. 北京:机械工业出版社,2005.

[24]王启平. 机床夹具设计[M]. 哈尔滨:哈尔滨工业大学出版社,1996.

[25]金捷. 机械制造技术[M]. 北京:清华大学出版社,2006.

[26]于骏一,邹青. 机械制造技术基础[M]. 北京:机械工业出版社,2006.

[27]吉卫喜. 现代制造技术与装备[M]. 北京:机械工业出版社,2010.

[28]李伟. 先进制造技术[M]. 北京:机械工业出版社,2005.

[29]李斌. 数控加工技术[M]. 北京:高等教育出版社,2005.

[30]白基成,郭永丰,刘晋春. 特种加工技术[M]. 哈尔滨:哈尔滨工业大学出版社,2006.

[31]齐乐华. 工程材料及成形工艺基础[M]. 西安:西北工业大学出版社,2002.

[32]杨方. 机械加工工艺基础[M]. 西安:西北工业大学出版社,2002.

[33]傅水根,马二恩,张学政. 机械制造工艺基础[M]. 北京:清华大学出版社,1999.

[34]杨松样.柔性制造系统(FMS)的发展与展望[J].硫磷设计与粉体工程,2001(6):27-29.

[35]宁汝新.CAD/CAM技术[M].北京:机械工业出版社,1999.

[36]王雅然.金属工艺学[M].北京:机械工业出版社,1999.

[37]范悦.工程材料及机械制造基础[M].北京:航空工业出版社,1997.

[38]周美玲,谢建新.材料工程基础[M].北京:北京工业大学出版社,2001.

[39]杜丽娟.工程材料成形技术基础[M].北京:电子工业出版社,2003.

[40]吕广庶,张远明.工程材料及成形技术基础[M].北京:高等教育出版社,2001.

[41]王允禧.金属工艺学[M].北京:高等教育出版社,1985.

[42]梁耀能.工程材料及加工工程[M].北京:机械工业出版社,2001.

[43]任家烈,吴爱萍.先进材料的连接[M].北京:机械工业出版社,2000.

[44]严绍华.材料成形工艺基础[M].北京:清华大学出版社,2001.

[45]盛晓敏,邓朝晖.先进制造技术[M].北京:机械工业出版社,2003.

[46]王俊勃,屈银虎.金工实习教程[M].西安:西北工业大学出版社,2000.

[47]盛晓敏,邓朝晖,杨旭静.先进制造技术[M].北京:机械工业出版社,2000.

[48]林建榕.机械制造基础[M].上海:上海交通大学出版社,2000.

[49]刘晋春,赵家齐.特种加工[M].北京:机械工业出版社,1998.

[50]袁哲俊,王先逵.精密和超精密加工技术[M].北京:机械工业出版社,1999.

[51]王先逵.精密及超精密加工[M].北京:机械工业出版社,1991.

[52]刘贺云,柳世传.精密加工技术[M].武汉:华中理工大学出版社,1991.

[53]张建华.精密与特种加工技术[M].北京:机械工业出版社,2003.

[54]王丽英.机械制造技术[M].北京:中国计量出版社,2003.

[55]戴斌煜,王薇薇.金属液态成形原理[M].北京:国防工业出版社,2010.

[56]贾志宏,傅明喜.金属材料液态成形原理[M].北京:化学工业出版社,2008.

[57]郝兴明,王伯平,史保萱.金属工艺学[M].北京:海洋出版社,2002.

[58]魏华胜.铸造工程基础[M].北京:机械工业出版社,2002.

[59]任正义.材料成形工艺基础[M].哈尔滨:哈尔滨工程大学出版社,2004.

[60]范金辉,华勤.铸造工程基础[M].北京:北京大学出版社,2009.

[61]李新城.材料成形学[M].北京:机械工业出版社,2000.

[62]王国凡.材料成形与失效[M].北京:化学工业出版社,2002.

[63]侯英伟.材料成形工艺[M].北京:中国铁道出版社,2002.

[64]罗继相,王志海.金属工艺学[M].武汉:武汉理工大学出版社,2016.

[65]万里.特种铸造工学基础[M].北京:化学工业出版社,2009.

[66]万仁芳.砂型铸造设备[M].北京:机械工业出版社,2007.

[67]王录才,宋延沛.铸造设备及其自动化[M].北京:机械工业出版社,2013.

[68]吴浚郊.铸造设备[M].北京:中国水利水电出版社,2008.

[69]樊自田.铸造设备及自动化[M].北京:化学工业出版社,2009.

[70]周锦照.铸造机械设备[M].武汉:华中理工大学出版社,1989.

[71]曹瑜强.铸造工艺及设备[M].北京:机械工业出版社,2016.

[72]张华诚.粉末冶金实用工艺学[M].北京:冶金工业出版社,2004.

[73]闫洪.锻造工艺与模具设计[M].北京:机械工业出版社,2012.

[74]何柏林,徐先锋.材料成型工艺基础[M].北京:化学工业出版社,2010.

[75]刘全坤.材料成形基本原理[M].北京:机械工业出版社,2010.

[76]胡亚民,华林.锻造工艺过程及模具设计[M].北京:中国林业出版社,2006.

[77]林建榕.工程材料及成形技术[M].北京:高等教育出版社,2007.

[78]江树勇.材料成型技术基础[M].北京:高等教育出版社,2010.

[79]翁其金,徐新成.冲压工艺及冲模设计[M].2版.北京:机械工业出版社,2012.

[80]李体彬.冲压成型工艺[M].北京:化学工业出版社,2011.

[81]夏巨谌,张启勋.材料成型工艺[M].北京:机械工业出版社,2005.

[82]曾珊琪,丁毅.材料成型基础[M].北京:化学工业出版社,2011.

[83]董湘怀.金属塑性成形原理[M].北京:机械工业出版社,2011.

[84]王纪安.工程材料与成形工艺基础[M].3版.北京:高等教育出版社,2013.

[85]常春.材料成形基础[M].2版.北京:机械工业出版社,2009.

[86]林三宝,范成磊,杨春利.高效焊接方法[M].北京:机械工业出版社,2012.

[87]赵熹华,冯吉才.压焊方法及设备[M].北京:机械工业出版社,2011.

[88]张学军.航空钎焊技术[M].北京:航空工业出版社,2008.

[89]赵熹华.焊接检验[M].北京:机械工业出版社,1996.

[90]中国机械工学会焊接学会.焊接手册[M].3版.北京:机械工业出版社,2014.

[91]王宗杰.熔焊方法及设备[M].2版.北京:机械工业出版社,2016.

[92]杜双明,王晓刚.材料科学与工程概论[M].西安:电子科技大学出版社,2011.

[93]何柏林,徐先锋.材料成形工艺基础[M].北京:化学工业出版社,2010.

[94]孙广平,李义.材料成形技术基础[M].北京:国防工业出版社,2011.